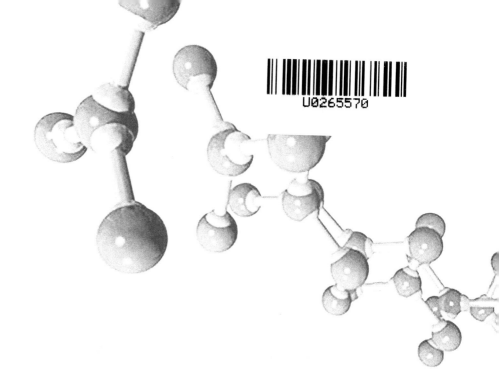

姚其正　王亚楼　编著

药物合成
基本技能与实验

Basic Laboratory Techniques and Experiments
of Drug Synthesis

化学工业出版社

·北京·

图书在版编目（CIP）数据

药物合成基本技能与实验/姚其正，王亚楼编著．
北京：化学工业出版社，2008.8（2019.8重印）
ISBN 978-7-122-03015-3

Ⅰ．药… Ⅱ.①姚…②王… Ⅲ．药物化学-有机合成-化学实验 Ⅳ．TQ460.31-33

中国版本图书馆 CIP 数据核字（2008）第 075975 号

责任编辑：杨燕玲　　　　　　　　　　　　文字编辑：单连慧
责任校对：李　林　　　　　　　　　　　　装帧设计：天女来设计

出版发行：化学工业出版社（北京市东城区青年湖南街 13 号　邮政编码 100011）
印　　装：北京科印技术咨询服务有限公司数码印刷分部
720mm×1000mm　1/16　印张 14¼　字数 290 千字　2019 年 8 月北京第 1 版第 6 次印刷

购书咨询：010-64518888　　　　　　　　售后服务：010-64518899
网　　址：http://www.cip.com.cn
凡购买本书，如有缺损质量问题，本社销售中心负责调换。

定　　价：45.00 元　　　　　　　　　　　　版权所有　违者必究

前　　言

　　药物合成的重要任务是根据药物设计原理合成出具有生物活性或/和有治疗、缓解、预防和诊断疾病，改善人类机体功能、免疫功能等作用的具有确切化学结构的有机化学物质。

　　迄今，化学合成药物为人类的健康已做出巨大的贡献，进入 21 世纪，药物合成仍然是研发创新药物首要与必要的技术与过程，现代药物合成在生命科学等多个重要科学领域中起着巨大的作用，具有迷人的前景。

　　现代药物合成是有机合成中的一个重要分支，它对整个有机合成化学的发展也起着先驱作用，它吸收、运用和发展有机合成化学中全部已有的理论、技术与方法，同时又推动着有机合成策略、反应和方法学的前进，成为有机合成可以大有作为的一个最活跃领域，使这个已有近 200 年历史的学科不断焕发出青春的光辉。

　　现代药物合成包括合成理论、策略、反应和方法，所以，"药物合成反应"这一本科药学专业基础课是理论与实验并重的课程，只有通过合成理论的学习和药物合成实验技能的培训，以及多种合成反应实验的实践，才能使学生较全面、扎实地掌握这一课程的相关知识。

　　本书是在中国药科大学 1993 年编写的《药物合成反应实验》讲义的基础上，结合药物合成技术发展和多年教学实践而重新编著的，以作为与"药物合成反应"理论课程配套的一本实验教材。

　　本书分为 3 章，另附有附录。第 1 章为药物合成实验的一般知识，主要介绍药物合成实验的一般常识、安全知识和注意事项等，并附有一个阅读材料，介绍药物合成实验室废弃物的处置方面的知识，贯彻"绿色化学"理念，从理论和技术角度，在实验源头上树立起减少和避免污染的思想。第 2 章着重介绍药物合成实验的基本技能与操作，内容丰富，实用具体，附图生动清晰，既具有最新的技能与技术，又对原有技能与技术充实了新方法与过程，呈现先进性与时代感；整章涵盖了药物合成准备、反应过程控制、产品分离与后处理等药物合成全过程所需的技能与操作；在药物研究中，通常所合成的目标化合物的量很少，因而在该章第 2 节还介绍了微量与半微量合成知识、技能与操作，这是药物合成所需要的。第 3 章为药物合成实验，提供了包括卤化、酰化、烃化、缩合、重排、氧化、还原、硝化与水解八大类反应的 27 个实验，每类反应之后均附有一个阅读材料，或是某一反应规律与内容的总结，或是某些规则的介绍，或是某些反应与试剂的应用归纳等，每篇阅读材料力求信息量大，有条理，有参考价值，这构成本书的另一大特色；本章最后一节为综合实验，收载了 5 种药物的制备，每种药物都经多步反应而制得，以达到综合应用本书实验技能和反应的目的。本书最后附有 8 个实用的图表，这些图表在药物合成实践中有很高的使用频率。

本实验教材在内容上具有较多的新特点，编者希望它能对使用者在药物合成实验技能培养与提高上有所帮助。

在编写本书过程中得到很多同事的支持与帮助，编者的研究生参与了部分文字录入与图表绘制、校对工作，在此一并向他们表示衷心的感谢！

由于水平所限，书中的错误与不妥之处在所难免，恳请读者批评指正。

编　　者
2008 年 5 月于南京

目　　录

第1章 药物合成实验的一般知识

药物合成化学是有机合成化学的一个分支，近一个多世纪以来，它在有机合成化学的理论、反应和方法的发现和发展中起着重要的推动作用。有机药物的合成是在应用各类反应以及新试剂、新方法的基础上得到实现的，并且又经药物合成实验过程的验证、补充而得到发展与走向完善，所以，"药物合成反应"这一专业基础课是理论与实验并重的课程，只有通过合成理论的学习和药物合成实验技能的培训，以及多种合成反应实验的实践，才能较全面地、较扎实地掌握这一课程的相关知识。

药物合成实验课是药物化学、制药工程等本科专业学生必修的一门课程，它是专业教学中理论联系实际的一个重要环节，因此，药物合成实验课程的基本任务是：

① 通过实验对药物合成理论和较多的合成反应进行具体验证，使学生对理论知识有更深刻的理解和认识；

② 熟悉药物合成实验中常用的仪器、设备和装置等，训练和掌握药物合成实验的基本技能和操作；

③ 培养学生具有合成药物及其中间体的初步能力，即根据原料与产物的结构与性质能正确地选择合成反应、控制反应条件和分离纯化、鉴定的方法，初步具有分析和解决实验中所出现问题的能力；

④ 熟悉与掌握药物合成实验中实验安全的注意事项，增强安全意识、环境保护意识和"绿色化学"理念；

⑤ 培养理论联系实际、严谨求实的实验作风和良好的科学态度与工作习惯，以及实事求是、准确记录实验数据及对实验结果进行综合整理分析的能力。

安全进行实验是药物合成实验的最基本和最重要的要求，在实验前，必须认真学习与阅读本章有关药物合成实验的常用知识和第2章的药物合成实验的基本技能与操作等内容。

1.1 药物合成实验中有机化学试剂常识

1.1.1 有机化学试剂的特有性质

药物合成实验中用到的有机化学试剂品种很多，它们和无机化学试剂相比最主要的不同点在于：有机化合物都含有碳和氢等原子，所以，这两类化合物在性质上有较大的差别，与无机物相比较，有机物熔点低，不易导电，受热易分解，绝大多数可燃，主要有以下特性。

（1）易燃性　绝大多数有机化合物、有机溶剂是可燃的，一部分是易燃的，其中有少数燃烧速度很快，有的还会由于燃烧过快而发生燃爆，或在有限空间里急速燃烧而发生爆炸。对于起火燃烧危险性大小的标度方法，常见的有以下几种。

① 闪点（flash point）。指液体或挥发性固体的蒸气在空气中出现瞬间火苗或闪光的最低温度点。若温度高于闪点，药品随时都可能被先闪后燃，而发生火灾。有机化学试剂闪点在−4℃以下者为一级易燃品；在−4～21℃者为二级易燃品；在21～93℃者为三级易燃品。测定闪点有开杯和闭杯两种方式，大部分在文献中都有注明。查阅相关文献即可推测某种具体的有机试剂起火燃烧的危险性大小，对于易燃有机液体的保管，更要注意闪点，特别注意贮存温度要尽可能低于易燃物的闪点，以防突发性火灾。实验室中常用的有机溶剂大多数为一级易燃品。

② 火焰点。在开杯试验中若出现的火苗能持续燃烧，则可持续燃烧5s以上的最低温度称为火焰点，也叫着火点（着火点也可定义为：达到可燃物质着火燃烧所需要的最低温度，这个最低温度称为该可燃物质的着火点，也常称燃点）。当有机物的闪点在100℃以下时，火焰点与闪点相差甚微，当闪点在100℃以上时，火焰点一般高出闪点5～20℃。

固体可燃物一般火焰点较高，许多物质的火焰点是不固定的，这与物质的分散程度关系很大，分散程度大即颗粒越细，表面积越大，火焰点越低。例如，刨花和木块同是木材，前者的火焰点就要比后者低很多。又如弥漫在空气中的可燃性小液滴与空气中氧气充分接触，形成气溶胶状态，遇到电火花或火星，或点火就会发生燃烧或爆炸，所以，药物合成实验室里不允许用明火加热。

③ 自燃点。分为受热自燃和自热自燃两种情况。前者指样品受热引起燃烧的最低温度；后者指样品在空气中由于发生缓慢氧化作用产生的热量积累，自动升温，没有点火，物质自发地燃烧，这最终导致起火燃烧的最低温度称为自热自燃点。自燃点越低，起火燃烧的危险性越大，易燃性越大。

自热自燃点涉及有机物的稳定性，对于易发生氧化的有机物，应在绝氧/隔空气、低温、隔潮和避光等条件下贮存，或者随用随购，随用随制备，一次性用完，不残留，以避免产生保存的问题。

（2）爆炸性

① 燃爆。燃爆指易燃气体或蒸气在空气中由于燃烧太快，产生的热量来不及散发而导致的爆炸。易燃气体或易燃液体的蒸气与空气混合，在一定的浓度范围内遇到明火即发生爆炸，而低于或高于这个浓度范围则不会爆炸。这个浓度范围称为爆炸极限或燃爆极限，爆炸极限通常以体积分数来表示（表1-6），其浓度范围越宽广，则发生爆炸的危险性就越大。

② 自爆。发生自爆的化学物质较多，包括有机物与无机物。有机物如亚硝基有机化合物、多硝基有机化合物、叠氮有机化合物、高卤酸胺盐、多炔烃和雷酸盐等在较高温度或遇到撞击时会自行爆炸；过氧化物在浓缩到一定程度或遇到较强还

原剂时会剧烈反应而发生爆炸。无机物如金属钾、钠在遇水时会猛烈反应，放出氢气而发生燃烧/爆炸；重氮盐在干燥时也会自行爆炸；此外，氯酸、高氯酸和氮的卤化物等化合物在一定的条件下也易发生爆炸。对于这些化合物既要在实验前了解其特性与保存方法，也要注意它们的使用条件。

（3）毒性 实验室中所用的有机化学药品除葡萄糖等极少数之外都是有毒的。有机化学试剂的化学毒性有急性毒性、亚急性毒性、慢性毒性和特殊毒性之分，此处只介绍急性毒性和慢性毒性的粗浅常识。

① 急性毒性。急性毒性指以饲喂、注射或涂皮等方式对实验动物施药一次所造成的伤害情况。最常见的标度方法是 LD_{50}[lethal dose，半（数）致死量]，单位是 mg/kg。其物理意义是施药一次造成半数（50%）实验动物死亡时，平均每千克体重的实验动物所用的药品的毫克数，一般都要同时注明动物种类和施毒方式。例如，三乙胺的 LD_{50} 为 460mg/kg(小鼠，口服)。不同种动物，不同的施药方式，则有一些近似的折算方法，可参见相关专著。根据半致死量的大小将急性毒性分为5个等级（表1-1）。一些常见的有机化合物的半致死量数据可以从相关手册中查取，据此可知实验中所使用试剂的急性毒性，从而采取资料提供的相关防护措施。一些毒性较大的有机化合物，一般在化合物的标签上都有其相应的毒物与毒性级别的图标或文字，使用前应注意了解。

表 1-1　急性毒性的 5 个等级

毒性级别	大鼠一次经口 LD_{50}/(mg/kg)	6 只大鼠吸入 4h 死亡 2～4 只时浓度/ppm	兔涂皮时 LD_{50}/(mg/kg)	对人的可能致死量	
				每千克体重/g	60kg 体重的总量/g
剧毒	<1	<10	<5	0.05	0.1
高毒	1～	10～	5～	0.05～	3
中等毒	50～	100～	44～	～0.5	30
低毒	500～	1000～	350～	5～	250
微毒	5000～	10000～	2180～	>15	<1000

注：摘自龚梓初等编写的《化学物质毒性全书》，上海科学技术文献出版社，1991。

② 慢性毒性。慢性毒性指长期反复接触的化学药品对人体所造成的伤害情况，用 TLV 来标度，TLV 是 threshold limit value 的缩写，一般译为极限安全值或阈限值，通俗点说就是化工车间空气中最高允许浓度，即在工作环境的空气中含此毒物的蒸气或粉尘所能允许的最大浓度。在此浓度以下，操作者长期反复接触（以每天 8h，每周 5 天计）而不造成危害，其单位是 mg/m^3，即每立方米空气中含此毒物的毫克数。TLV 值越小，则慢性毒性越大，关于职业性接触毒物危害程度分级见表1-2。在较早的文献中，也有以 ppm 为单位的，如有必要，可按下式折算：

$$ppm = mg/m^3 \times \frac{22.4}{毒物的分子质量}$$

一些常见有机化合物的 TLV 值可从有机化学专业手册中查取。

表 1-2　职业性接触毒物危害程度分级（GB 5044—85）

序号	指标	Ⅰ（极度危害）	Ⅱ（高度危害）	Ⅲ（中度危害）	Ⅳ（轻度危害）
1	急性毒性（LC_{50} 或 LD_{50}）（吸入）/(mg/m³)	<200	200～	2000～	>20000
	急性毒性（LC_{50} 或 LD_{50}）（经皮）/(mg/kg)	<100	100～	500～	>2500
	急性毒性（LC_{50} 或 LD_{50}）（经口）/(mg/kg)	<25	25～	500～	>5000
2	急性中毒状况	易中毒，后果重	可中毒，预后好	偶可中毒	尚无急性中毒但有影响
3	慢性中毒状况	患病率高（≥5％）	患病率较高（≥5％）或症状发生率高（≥20％）	偶有中毒病例，或症状发生率较高（≥10％）	无慢性中毒而有慢性影响
4	慢性中毒后果	脱离后继续进展，或不能治愈	脱离后可基本治愈	脱离后可恢复，不致造成严重后果	脱离后可自行恢复，无不良后果
5	致癌性	人类致癌	人可疑致癌	动物致癌	无致癌性
6	最高容许浓度/(mg/m³)	<0.1	0.1～	1.0	>10

（4）酸碱性、刺激性和腐蚀性　有机强酸如磺酸、冰醋酸等具有相当强的酸性和腐蚀性以及刺激性气味；有机强碱如胺类等具有很强的碱性，并往往带有强烈的恶臭等；许多有机化合物可以透过皮肤被吸收，有的直接对黏膜有刺激性（化学危险品刺激作用的分级见表 1-3），使用时必须有防护措施，同时也应在通风橱内取用这些化合物。

表 1-3　化学危险品刺激作用的分级（根据对人和动物的刺激阈浓度）/(mg/m³)

分级	人主观感觉到刺激	家兔呼吸速率改变	大鼠呼吸系统改变	猫唾液分泌增加
Ⅰ 极强刺激	<20	<500	<50	<900
Ⅱ 强刺激	20～200	500～5000	50～500	900～9000
Ⅲ 中等刺激	201～2000	5001～50000	501～5000	9001～90000
Ⅳ 弱刺激	>2000	>50000	>5000	>90000

　　注：摘自经济互助委员会、公共卫生协作常设委员会，《工业毒理学问题》（英文），GKNT，莫斯科，1986。

　　以上这些易燃、易爆、有毒、有腐蚀性、有刺激性的有机化合物在其标签说明上都有相应图识标记，应充分注意和熟悉。在 Aldrich、Sigma 和 Fluka 等常用的化学试剂目录手册中均有各种有机化合物易燃、毒性、腐蚀性和刺激性等的说明，应养成经常翻阅化学参考书、工具书和手册的习惯，这对了解有机化合物的知识与性质，采用相应的防护方法大有帮助。

1.1.2 有机化学试剂取用常识

（1）规格　有机化学试剂按其纯度分成不同的规格，国内生产的试剂分为四级（表 1-4）。

表 1-4　国内生产的试剂的规格

试剂级别	中文名称	代号及英文名称	标签颜色	主要用途
一级品	保证试剂"优级纯"	G. R. （guarantee reagent）	绿	用作基准物质，用于分析鉴定及精密的科学研究
二级品	分析试剂"分析纯"	A. R. （analytical reagent）	红	用于分析鉴定及要求高的药物合成实验和科学研究
三级品	化学纯粹试剂"化学纯"	C. P. （chemically pure）	蓝	用于要求较低的分析试验和要求较高的药物及其中间体的合成实验
四级品	实验试剂	L. R. （laboratory reagent）	棕、黄或其他	用于一般性的有机化合物的合成实验和科学研究

试剂的规格越高，纯度也越高，价格就越贵。凡较低规格试剂可以满足需求者的实验要求，就不要用高规格试剂。在药物合成实验中大量使用的是二级品~四级品有机化学试剂，合成的产品量较大时可以用工业品代替。在取用试剂时要核对标签，以确认所用试剂名称、规格无误。标签松动、脱落的要及时贴好，分装试剂时要随手贴上标签，标签被腐蚀或损坏，要立即更换新标签。

（2）固体试剂的称取　固体试剂用天平称取。目前药物合成实验室中大都采用数字显示的电子天平，有多种规格。最常用的有两种：一种的感量为 0.01g，最大称量量为 200g 或 300g，规格大体上与传统的托盘扭力天平相当；另一种的感量为 0.0001g，最大称量量为 100g，规格大体上与传统的分析天平相当，可根据需要称量的量及要求的准确程度选用。天平的感量越小则越精密，价格越高，对操作的要求也越严格。各种天平的使用方法不尽相同，应按照使用说明书调试和使用。

称取固体试剂应该注意：不可使天平"超载"。如果需要称量的量多于天平的最大称量量，则应分批称取。不可使试剂直接接触天平的任何部位。一般固体试剂可放在表面皿或烧杯中称量；特别稳定且不吸潮的也可放在称量纸上称量；吸潮性或挥发性固体需放在称量瓶或干燥的锥形瓶中塞住瓶口称量；金属钾、钠应放在盛有惰性溶剂的容器中称量，最后以差减法求取净重。固体试剂在开瓶后可用牛角匙移取，有时也用不锈钢刮匙挑取，任何时候都不允许用手直接抓取。取用后应随手将原瓶盖好，不允许将试剂瓶敞口放置。

（3）液体试剂的量取　液体试剂一般用量筒或量杯量取，用量少时可用移液管或注射器量取，用量少且计量要求不严格时也可用滴管吸取。取用时要小心勿使其洒出，观察刻度时应使眼睛与液面的弯月面底部平齐。试剂取用后应随手将原瓶盖好。黏度较大的液体应像称取固体那样称取，以免因量器的黏附而造成误差过大。吸潮性液体要尽快量取，发烟性或可放出有害气体的液体应在通风橱内量取，腐蚀性液体应戴上乳胶手套或塑料薄膜一次性手套量取。挥发性液体或溶有过量气体的液体（如浓氨水、盐酸甲醇溶液等）在取用时应先将瓶子稍作冷却，然后开瓶取用，取量过程必须戴防护眼镜并在通风橱内进行。

1.2 药物合成实验应注意的基本事项

在药物合成实验过程中，经常要使用易燃的溶剂，如乙醚、甲醇、乙醇、异丙醇、乙酸乙酯和甲苯等；易燃易爆的气体和药品，如氢气、乙炔和干燥的苦味酸（2,4,6-三硝基苯酚）等；有毒药品，如氰化钠、硝基苯和某些有机膦化合物等；有腐蚀性的试剂，如氯磺酸、浓硫酸、浓硝酸、浓盐酸、氢氧化钠及溴等。如上节所述，这些药品和化合物如果使用不当，就有可能产生着火、爆炸、烧伤或中毒等事故。此外，易碎的玻璃器皿、煤气和电器设备等使用处理不当也会发生事故。但是，上述这些事故都是可以预防的，只要实验者认真进行实验预习和预先熟悉所要使用的化学试剂与药品等的物理化学性质、毒性与有关防护措施等，加强安全意识，实验过程中集中注意力，而不是掉以轻心和犯经验主义等错误，严格执行操作规程，就能有效地避免事故的发生，维护个人、他人与实验室的安全，正常地进行和完成实验。

1.2.1 实验室的一般注意事项

① 进入实验室前，应穿好不易产生静电的棉织实验工作套服或工作服，严禁穿拖鞋进入实验室，进室后应首先打开窗户和其他通风设备通风。

② 实验开始前，应认真检查仪器是否完好无损，装置是否正确稳妥。实验中应该经常注意检查仪器有无漏气、碎裂，观察反应进行是否正常，实验操作是否规范等情况。

③ 对估计可能发生危险的实验，应有充分的准备和防护措施，如在有防护的实验台面上进行实验（如在通风橱中），在操作时应该使用防护眼镜、面罩、口罩和手套等，必要时需应用特别的仪器设备，备用防毒面具、防护背心等。在实验室中，有时即使一块普通抹布也能起十分重要的作用，抹布除了用于清洁桌面、擦手外，当蒸馏时，干抹布可包裹在蒸馏头附近，作保暖层用；当少许溶剂在桌面或反应瓶内燃烧时，可用一块湿抹布覆盖上去，以隔断空气而扑灭火焰等。

④ 实验中所用的药品与溶剂不得随意散失、遗弃或带出实验室，实验中产生的废弃固体与液体应放到规定的垃圾桶和容器中，不准随意倒入下水道。

⑤ 对反应中产生有害气体的实验和实验中使用有害的易挥发溶剂时，应按规定在实验室通风橱内进行，并按要求尽量把有害气体吸收处理，溶剂应注意回收，实验室的门窗应打开，以免污染实验室环境，影响身体健康。

⑥ 实验结束后要细心洗手，严禁在实验室内吸烟或进食及饮水，严禁在实验中带耳机听广播、音乐等。

⑦ 将玻璃管（棒）或温度计插入橡胶塞中时，应先检查塞孔大小是否合适，

玻璃管（棒）端面是否平光，用布裹住玻璃管（棒），并在玻璃管（棒）端面等处涂些甘油等润滑剂后旋转而入。握玻璃管（棒）的手应靠近塞子，防止因玻璃管（棒）折断而刺伤皮肤。

⑧ 充分熟悉安全消防用具如灭火器、砂箱以及急救箱的放置地点，熟悉使用方法，并多加爱护。安全消防用具及急救药品不准随便移动位置或作他用。

⑨ 不做未经许可的实验，不允许用嘴吸移液管取液体试剂。

⑩ 实验结束后，要清洗实验器皿，拆卸装置，物归原处，清洁台面，打扫卫生，最后离开实验室人员应检查实验室的门、窗、水、电是否关好。

1.2.2　火灾、爆炸、中毒、触电事故的预防

① 实验室中使用的有机溶剂大多是易燃的。因此，盛有易燃有机溶剂的容器不得靠近火源和加热器，严禁用明火对盛有有机溶剂的反应容器直接加热，必须用水浴、油浴或可调电压的加热套加热。加热乙醚或二硫化碳时，更应特别注意，最好用预先加热的或水蒸气加热的热水浴。实验室中不应储存较多的易燃有机溶剂，强氧化剂和强还原剂严禁放在一起。

② 回流或蒸馏有机溶剂时应放沸石，以防止液体过热暴沸而冲出。若在加热后发现未放沸石，则应停止加热，待液体稍冷后再放沸石。在过热液体中放入沸石会导致液体迅速沸腾，冲出瓶外而引起烫伤、火灾等事故。不要用火焰直接加热烧瓶，而应在其间加石棉网，或如①所述应用其他加热方法。同时还应注意冷凝管内水流是否保持畅通，干燥管是否阻塞不通，仪器连接处塞子是否紧密，以免有机溶剂蒸气逸出着火。

③ 易燃有机溶剂（特别是低沸点易燃溶剂）在室温条件下也具有较大的蒸气压。空气中混杂易燃有机溶剂的蒸气达到某一极限时（表 1-5），形成气溶胶，偶有明火或电火花极易发生燃烧与爆炸。大多数有机溶剂蒸气都较空气的密度大，会沿着桌面或地面飘移至较远处，或沉积在低洼处，因此，切勿将易燃溶剂倒入废物缸中，更不能用开口容器盛放易燃溶剂。倾倒易燃溶剂时应远离火源，最好在通风橱中进行。蒸馏易燃溶剂（特别是低沸点易燃溶剂）时，整套装置切勿漏气，接受器支管应接橡皮管，将余气通往室外。

表 1-5　常用易燃溶剂蒸气爆炸极限

溶剂名称	沸点/℃	闪点/℃	空气中的含量(体积分数)/%
甲　醇	64.9	11	6.72～36.50
乙　醇	78.5	12	3.28～18.95
乙　醚	34.5	−45	1.85～36.50
丙　酮	56.2	−17.5	2.55～12.80
苯	80.1	−11	1.41～7.10

④ 使用易燃、易爆气体，如氢气、乙炔等（易燃气体爆炸极限见表 1-6）时，要防止气体逸出，要保持室内空气流通，严禁使用明火，并应防止发生电火花及其他撞击火花的产生，如敲击、鞋钉摩擦、马达碳刷、化纤等织物的静电火花或电气

开关所产生的火花。

表1-6　易燃气体爆炸极限

气　体	空气中的含量(体积分数)/%	气　体	空气中的含量(体积分数)/%
氢气(H$_2$)	4～74	甲烷(CH$_4$)	4.5～13.1
一氧化碳(CO)	12.5～74.2	乙炔(CH≡CH)	2.5～8.0
氨(NH$_3$)	15～27		

⑤ 常压操作时应使全套装置有一定的地方通向大气，切勿造成密闭体系。减压蒸馏时，要用圆底烧瓶或吸滤瓶作接受器，不可用锥形瓶或有伤纹玻璃容器，否则会发生瓶体爆裂，磨口接头要涂真空油脂，除有利于密封外，也有便于开启的作用。加压操作时（如高压釜、封管等）应经常注意釜内压力有无超过安全负荷，选用封管的管壁厚度是否适当、管壁是否均匀，并要有防护措施。

⑥ 有些有机化合物遇氧化剂时会发生猛烈的分解、氧化反应，而引起爆炸或燃烧，操作前应掌握相关知识，操作时应特别小心。存放药品时，应将氯酸钾、过氧化物、浓硝酸等强氧化剂和有机药品分开存放。

⑦ 开启储有挥发性液体的瓶塞和安瓿时，必须先充分冷却然后开启（开启安瓿时需用布包裹）；开启时瓶口必须指向无人处，以免由于液体喷溅而造成伤害。如遇瓶塞不易开启时，必须注意瓶内储存物的性质，切不可贸然用火加热或乱敲瓶塞等法处理。

⑧ 有些实验可能生成有危险性的化合物，操作时需特别小心，一定要备有防护措施。有些类型的化合物具有爆炸性，如叠氮化物、干燥的重氮盐、硝酸酯、多硝基化合物等，使用时必须严格遵守操作规程，应有防爆措施。有些有机化合物如乙醚或四氢呋喃，久置后会生成易爆炸的过氧化合物，须按相关资料方法特殊处理后应用。

⑨ 有毒药品应认真操作，妥为保管，不许乱放。实验中所用的剧毒物质应有专人负责收发、登记，并向使用者提出必须遵守的操作规程，使用者要做详细的使用记录。实验后的有毒残渣必须做妥善而有效的分解处理，集中回收，不准乱丢；所使用的容器和相关玻璃仪器、加料勺等都必须消毒，彻底清洗。

⑩ 有些有机物质会渗入皮肤或刺激皮肤，因此，在接触这些有毒的固体或液体物质时，必须戴橡皮手套，操作后应立即洗手。切勿让毒品沾及五官或伤口，例如氰化钠沾及伤口会随血液循环至全身，严重者会造成中毒死亡事故。

⑪ 在反应过程中可能生成有毒或有腐蚀性气体的实验应在通风橱内进行；在使用通风橱时，当实验开始后不要把头伸入橱内。使用后的器皿应及时清洗。

⑫ 使用电器时，应防止人体与电器导电部分直接接触，不能用湿的手或手握湿物接触电插头。为了防止触电，装置和设备的金属外壳等都应连接地线。湿度大的阴雨天更应注意用电的安全；实验时，应先连接好电路，后接通电源，实验后应先切断电源，再将连接电源的插头拔下。修理电器，应先切断电源；不能用试电笔

去测试高压电，使用高压电源应有专门的防护措施；使用的保险丝要与实验室允许的用电量相符，绝对不允许用其他金属丝代替保险丝；发生触电，应迅速切断电源，再行抢救。

1.2.3　事故的处理与急救

实验中如果遇到事故应立即采取适当措施，并报告教师。

（1）火灾　一旦发生火灾，应保持沉着镇静，不必惊慌失措，应立即采取各种相应措施，控制火势蔓延，以减小事故损失。首先，应立即熄灭附近所有火源（如关闭煤气），切断电源，并移开附近的易燃物质。少量溶剂（几毫升）着火，可任其烧完。锥形瓶内溶剂着火可用石棉网或湿布盖熄。小火可用湿布或黄砂盖熄。火势较大时应首先报火警，同时根据具体情况采用下列灭火器材。

a. 四氯化碳灭火器。用以扑灭电器内或电器附近之火，但不能在狭小和通风不良的实验室中应用，因为四氯化碳在高温时会生成剧毒的光气；此外，四氯化碳和金属钠接触也会发生爆炸。使用时只需连续抽动唧筒，四氯化碳即会由喷嘴喷出。

b. 二氧化碳灭火器。是实验室中最常用的一种灭火器，它的钢筒内装有压缩的液态二氧化碳，使用时打开开关，二氧化碳气体即会喷射出，用以扑灭有机物及电器设备的着火。使用时应注意，一手提灭火器，一手应握在喷二氧化碳喇叭筒的把手上。因喷出的二氧化碳压力骤然降低，温度也骤降，手若捏在喇叭筒上易被冻伤。

c. 泡沫灭火器。内部分别装有含发泡剂的碳酸氢钠溶液和硫酸铝溶液，使用时将筒身颠倒，两种溶液即混合反应生成硫酸氢钠、氢氧化铝及大量二氧化碳。灭火器筒内压力突然增大，大量二氧化碳泡沫喷出。

无论用何种灭火器，皆应从火的四周开始向中心扑灭。

以下几种情况不能用水灭火。

a. 金属钠、钾、镁、铝粉、电石和过氧化钠着火，用水浇会产生氢气，扩大火势，并有爆炸的可能，应用干沙灭火；

b. 比水轻的易燃液体，如汽油、苯或丙酮等着火，绝对不能用水浇，因为这样反而会使火焰蔓延开来，可用泡沫灭火器；

c. 有灼烧的金属或熔融物的着火时，应用干沙或干粉灭火器扑灭；

d. 电器设备或带电系统着火，应迅速切断电源，可用沙、二氧化碳灭火器或四氯化碳灭火器，禁止用水或泡沫灭火器等导电液体灭火。

若衣服着火，切勿奔跑，应用厚的外衣或湿毯包裹使熄灭。较严重时，衣服着火者应躺在地上（以免火焰烧向头部）滚灭，或用防火毯紧紧包住，直至熄灭。实验室如有淋冲设备，应立即用水冲灭，或打开附近的自来水开关用水冲淋熄灭。烧伤严重者应急送医疗单位。

（2）割伤　伤口较小时，取出伤口中的玻璃或固体物，用蒸馏水冲洗后涂上红药水，用绷带扎住止血，或用创可贴包扎止血消毒。大伤口则应先按紧主血管以防止大量出血，急送医疗单位诊治。

（3）烫伤　轻伤涂以玉树油或鞣酸油膏，重伤涂以烫伤油膏后送医疗单位。

（4）试剂灼伤皮肤

① 酸。立即用大量水洗，再以 3％～5％碳酸氢钠溶液洗，最后用水洗。严重时要消毒，拭干后涂烫伤油膏后送医疗单位。

② 碱。立即用大量水洗，再以 2％醋酸溶液洗，最后用水洗，严重时同上处理。

③ 溴。立即用大量水洗，再用酒精擦至无溴液存在为止，然后涂上甘油或烫伤油膏。

④ 钠。可见的小钠块用镊子移去，其余与碱灼伤处理相同。

（5）试剂溅入眼内　任何情况下都要首先用以下方法洗涤，急救后送医疗单位。

① 酸。用大量水洗（条件好的实验室应备有冲洗眼睛的水笼头，可直接、方便地冲洗），再用 1％碳酸氢钠溶液洗。

② 碱。用大量水洗，再用 1％硼酸溶液洗。

③ 溴。用大量水洗，再用 1％碳酸氢钠溶液洗。

④ 玻璃。用镊子移去碎玻璃，或在盆中用水洗，切勿用手擦动。

（6）中毒　有毒物质溅入口中尚未咽下者应立即吐出，用大量水冲洗口腔。如已吞下，应根据毒物性质给予解毒剂，并立即送医疗单位。

① 腐蚀性毒物。对于强酸，先饮大量水，然后服用氢氧化铝膏、鸡蛋白；对于强碱，也应先饮大量水，然后服用醋、酸果汁、鸡蛋白。不论酸或碱中毒皆再以牛奶灌注，不要吃催吐剂。

② 刺激剂及神经性毒物。先服用牛奶或鸡蛋白使之立即冲淡或缓和，再用一大匙硫酸镁（约 30g）溶于一杯水中催吐。有时也可用手指伸入喉部促使呕吐，然后立即送医疗单位。

③ 吸入气体中毒者，将中毒者移至室外，解开衣领或纽扣，使呼吸顺畅。吸入少量氯气或溴者，可用碳酸氢钠溶液漱口。

（7）为处理事故需要，实验室应备有急救箱，内置以下一些物品

① 绷带、医用消毒纱布、脱脂药棉、橡皮膏、创可贴、医用镊子和剪刀等。

② 医用凡士林、玉树油或鞣酸油膏、烫伤油膏及消毒剂等。

③ 醋酸溶液（2％）、硼酸溶液（1％）、碳酸氢钠溶液（1％和饱和的两种）、75％乙醇、甘油、红汞和龙胆紫等。

1.3　危险物质和危险装置的使用

1.3.1　汞的安全使用

在药物合成实验室中会经常使用到汞，如汞温度计、汞真空计以及一些反应需

要汞、汞盐或含汞化合物作反应试剂或催化剂，因此，对汞的毒性和相应的安全使用知识应有所了解。

汞中毒分急性和慢性两种。急性中毒多为高汞盐，如 $HgCl_2$ 误入口中所致，$0.1\sim0.3g$ 即可致死。吸入汞蒸气会引起慢性中毒，症状有食欲不振、恶心、便秘、贫血、骨骼和关节痛、精神衰弱等。汞蒸气的最大安全浓度为 $0.1mg/m^3$，而 $20℃$ 时汞的饱和蒸气压为 $0.0012mmHg(0.16Pa)$，超过安全浓度 100 倍。所以，使用汞必须严格遵守安全用汞操作规定。

（1）安全用汞操作规定

① 不要让汞直接暴露于空气中，因在室温下汞即能蒸发，故盛汞的容器中应在汞面上覆盖一层水。

② 装汞的仪器下面一律放置浅瓷盘，防止汞滴散落到桌面上和地面上。

③ 一切转移汞的操作也应在浅瓷盘内进行（盘内装水）。

④ 实验前要检查装汞的仪器是否放置稳固，橡皮管或塑料管连接处要缚牢。

⑤ 储汞的容器要用厚壁玻璃器皿或瓷器。用烧杯暂时盛汞不可多装以防破裂。

⑥ 若有汞掉落在桌上或地面上，先用吸汞管尽可能将汞珠收集起来，然后用硫黄盖在汞溅落的地方，并摩擦使之生成 HgS；也可用 $KMnO_4$ 溶液使其氧化；也可用锌粉或 $FeCl_3$ 溶液来清除。

⑦ 擦过汞或汞齐的滤纸或布必须放在有水的瓷缸内。

⑧ 盛汞器皿和装汞的仪器应远离热源，严禁把装汞仪器放进烘箱。

⑨ 使用汞的实验室应有良好的通风设备，保持室内空气流通，纯化汞应在专用实验室的通风橱中进行。

⑩ 手上若有伤口，切勿接触汞或汞盐。

（2）汞的纯化　汞中的两类杂质：一类是外部沾污，如盐类或悬浮脏物，可用多次水洗及在滤纸上刺一小孔过滤除去。另一类是汞与其他金属形成的合金，例如极谱实验中，金属离子在汞阴极上还原成金属并与汞形成合金。这种杂质可选用下面几种方法纯化。

① 易氧化的金属（如 Na、Zn 等）可用硝酸溶液氧化除去。方法是：将汞倒入装有毛细管或包有多层绸布的漏斗，汞分散成细小汞滴洒落在 10% HNO_3 中，自上而下与溶液充分接触，金属被氧化成离子溶于溶液中，而纯化的汞聚集在底部。一次酸洗如不够纯净，可酸洗数次。

② 蒸馏。汞中溶有重金属（如 Cu、Pb 等），可用蒸汞器蒸馏提纯。蒸馏应在严密的通风橱内进行。

③ 电解提纯。汞在稀 H_2SO_4 溶液中阳极电解可有效地除去轻金属，电解电压 $5\sim6V$，电流 $0.2A$ 左右，此时轻金属溶解在溶液中，当轻金属快溶解完时，汞才开始溶解，此时溶液变浑浊，汞面有白色 $HgSO_4$ 析出。这时降低电流继续电解片刻即可结束。将电解液分离掉，汞在洗汞器中用蒸馏水多次冲洗。

1.3.2 压缩气体钢瓶的安全使用

实验室常用的压缩气体,如氢气、氮气、氧气、氩气、乙炔、二氧化碳、氧化亚氮等,都可以通过购置气体钢瓶获得。一些气源,如氢气、氮气、氧气和氯化氢等也可以购置发生器来使用。

(1) 压缩气体钢瓶的种类和标志　通常上述气体都是在加压的条件下贮存在钢瓶(或称高压气瓶)中。由于各种气体性质不同,有的易燃易爆,有的有毒,所以对钢瓶的要求各不相同,为了防止各种钢瓶的混用,统一规定了钢瓶的颜色和标记以区别,部分气瓶瓶身涂漆颜色及标志见表1-7。

表1-7　部分气瓶瓶身涂漆颜色及标志

气体类别	气瓶瓶身颜色	标字样	标字颜色	横条颜色
氧气	天蓝	氧	黑	—
氢气	深绿	氢	红	红
氮气	黑	氮	黄	棕
纯氩气	灰	纯氩	绿	—
氦气	棕	氦	白	—
硫化氢	白	硫化氢	红	红
丁烯	红	丁烯	黄	黑
氧化氮	灰	氧化氮	黑	—
二氧化硫	黑	二氧化硫	白	黄
二氧化碳	黑	二氧化碳	黄	—
乙烯	紫	乙烯	红	—
乙炔	白	乙炔	红	—
氨	黄	氨	黑	—

(2) 压缩气体钢瓶的安全使用

① 钢瓶应放置在阴凉、干燥、通风以及远离热源的地方,严禁明火,避免日光直晒。玻璃钢瓶应防止浸水及与强酸、强碱接触。在实验室中应尽量少放钢瓶。

② 搬运钢瓶时旋上瓶帽,轻拿轻放,最好用专用的钢瓶推车搬运,防止摔碰、敲击、滚动或剧烈振动。

③ 使用钢瓶时,如直立放置应有支架或用铁丝绑住,以免摔倒;如水平放置应垫稳,防止滚动;还应防止油和其他有机物沾污钢瓶。

④ 钢瓶使用时要用减压表,一般可燃气体(氢、乙炔)钢瓶阀门螺纹是反向的;不燃或助燃气体(氮、氧等)钢瓶阀门螺纹是正向的,减压器安装时螺扣要上紧,不得漏气。各种减压表不得混用。开启阀门时应站在减压表的另一侧,以防减压表脱出而击伤。

⑤ 钢瓶中的气体不可用完,应留有 0.05% 表压以上的气体,以防止重新灌气时发生危险。

⑥ 用可燃气体时一定要有防回火装置(有的减压表带有此种装置),在导管中塞细铜丝网,管路中加液封可以起保护作用。

⑦ 钢瓶应定期做技术、试压检验（一般钢瓶三年检验一次，氢气钢瓶每次用完，灌气前必须检验），逾期未经检验或锈蚀严重时，不得使用。

⑧ 易发生聚合反应的气体钢瓶，如乙烯、乙炔等，应在储存期限内使用。

⑨ 氧气瓶及其专用工具严禁与油类接触，氧气瓶上不得有油类物质存在。

⑩ 氧气瓶、可燃性气瓶与明火距离应不小于 10m，不能达到时，应有可靠的隔热防护措施，并不得小于 5m。

⑪ 气体不用时必须在钢瓶阀门上装上帽盖后保存。开启用气时，必须先小渐大，调节好速度后再使用。

⑫ 遇到着火等危急情况时，应立即扑灭火焰，关闭钢瓶阀门，用大量水冷却钢瓶，并尽快搬走钢瓶。

1.3.3　其他危险化合物的使用注意事项

在药物合成过程中常要使用各种各样的化学试剂和药品，并且还要合成出各种新的药物中间体和新化合物，它们的性质有的已有所了解，有的事先还没全面掌握，其中很多可能有毒、易/可燃或具有爆炸性，但只要在思想上重视并正确地使用和保管，完全可以避免问题或事故的发生。

（1）对于易燃化学品包括气体（表 1-6）、液体（如很多有机溶剂等，参见表 1-5）、固体（如红磷、萘、铝粉和镁粉等）和自燃物质（如黄磷）　除按"1.2.2 火灾、爆炸、中毒、触电事故的预防"的要求处理外，还应做到以下几点。

① 在实验室里的保存量不宜过大，少量的须密塞放在阴凉处保存，并远离火源、电源。

② 用过的溶剂不得倒入下水道，必须设法回收；含有机溶剂的滤渣等固体不能丢入废物缸内，有余火的火柴头等禁止丢入废物缸内。

③ 某些易燃物质在空气中能自燃，如黄磷，必须保存在盛水玻璃瓶中，再放在金属筒中保存；自水中取出，立即使用，不得在空气中露置太久，并应仔细检查是否有散落在桌面或地面上，用后必须采用适当方法销毁残余部分。

④ 易爆炸化学物质。一般来说，易爆炸的单质物质的分子组成中常含有以下原子团或为如下物质：臭氧或过氧化物（—O—O—），氯酸盐、高氯酸盐，氮的氯化物（═N—Cl），亚硝基化合物（—N═O），重氮或叠氮化合物（—N═N—），雷酸盐，硝基化合物和硝酸盐，乙炔化合物等。

在药物合成中，如使用到以下多组分混合物质时，应清醒认识到它们易发生爆炸：高氯酸＋乙醇等有机物，高锰酸钾＋甘油或其他有机物，高锰酸钾＋硫酸或硫，硝酸＋镁或碘化氢，硝酸铵＋酯类或其他有机物，硝酸盐＋氯化亚锡，硫＋氧化汞等。以下物质或混合物遇到水也易引起爆炸：金属钠或钾，硝酸铵＋锌粉，过氧化物＋铝等。

总之，平时要多查阅化学与化工资料与手册，以熟悉、掌握和积累相关物质（特别是氧化物）的种类与性质。

（2）对于易爆炸化学物质　除按"1.2.2　火灾、爆炸、中毒、触电事故的预防"的要求处理外，在药物合成中还应注意以下几点。

① 进行可能发生爆炸的实验，须在防爆装置内或有防爆玻璃隔离的通风实验台上操作，使用的易爆化学药品用量要尽量减少，或其浓度尽可能降低（如40%过氧化氢易爆炸，90%肼易爆炸），进行小量或微量试验；实验人员要切实做好个人防护，如戴防护眼镜和防爆面罩，戴多层防护手套，特别情况下，应穿戴防弹背心等。

② 对不了解防护方法与措施的实验，必须在实验前查资料搞清楚再做，做到了解实验过程、发生爆炸的可能先兆、预防与处理措施，切不可大意。

③ 苦味酸须保存在水中；一切可爆危险品应由专人到危险品仓库领取，跟踪登记签字，直至负责使用完毕。

④ 易爆物质不允许随意丢弃或带出实验室；其残渣或未反应的余量必须妥善处理或销毁，如卤氮化物用氨处理，使成碱性物质而销毁；叠氮化物以及雷酸银等物可经酸处理而销毁；过氧化物用还原方法销毁等，以防止事故，保证安全。

⑤ 使用易爆物质的反应，应密切关注反应过程中的温度和反应瓶内压的变化，如发生异常应立即采取必要的措施；遇水而易发生爆炸的反应或过程，应采用切实措施做好隔潮，杜绝因反应瓶中内压下降而发生水倒吸的现象。

⑥ 对于放置易产生过氧化物的溶剂，如乙醚、四氢呋喃、二氧六环以及某些不饱和碳氢化合物，在蒸馏或使用前须先检测其中是否有过氧化物（一般常用碘化钾或低铁盐与硫氰化钾来检测），或直接用还原剂处理（常用硫酸亚铁酸性溶液或氯化亚铜溶液处理）后再使用或精制，以防发生爆炸。

（3）有毒化学药品

① 在药物合成实验室中，有毒化学药品（其种类可参见有关化学实验室"安全手册"，以及本章前两节中相关内容）侵入人体途径主要有以下3种。

a. 由呼吸道吸入，其对策是：所有有毒实验必须在通风橱内进行，实验人员戴口罩，严禁在实验室内吸烟，并注意室内空气流通，必要时应戴防毒面具等防护；

b. 由消化道侵入，其对策是：严禁用口吸代替橡皮球（洗耳球）经移液管吸取液态化学药品，不允许在实验室内进食或饮水，不用实验用具煮食，下班时必须洗手，严禁穿实验服去食堂、宿舍；

c. 经内皮黏膜侵入，其对策是：进行相关实验时必须戴防护眼镜、防护手套，皮肤有伤口时一定要包扎完好，发现或已知自己对某些药品有过敏反应，切忌接触或调换实验内容。

② 在药物合成实验中常用到氰化物或氰氢酸作反应试剂，这里特别增加这方面的防护和销毁知识，供实验中参考。这类化合物毒性极强，致毒作用极快，空气中氰氢酸含量达3/10000即可数分钟内致人死亡；内服极少量氰化物，也会很快致人中毒死亡。取用时，须特别注意！

a. 氰化物必须密封保存，否则易发生以下反应，而放出极毒的氰化氢（HCN

气体）。

空气中：$\qquad KCN+H_2O+CO_2 \longrightarrow KHCO_3+HCN\uparrow$

或 $\qquad 2KCN+H_2O+CO_2 \longrightarrow K_2CO_3+2HCN\uparrow$

遇潮气： $\qquad KCN+H_2O \longrightarrow KOH+HCN\uparrow$

遇酸： $\qquad KCN+HCl \longrightarrow KCl+HCN\uparrow$

b. 要有严格的领用保管制度（这类化合物为公安部门管制化合物，取用时须多人在场，相互证明，并在有与公安部门联机摄像头的监督下取用），取用时必须戴多层厚口罩、防护眼镜和手套，手上有伤口时不得进行该项实验。

c. 弄碎氰化物时，必须用有盖研钵，在通风橱内进行，但不要抽风。

d. 氰化物的销毁。处理方法常用氯碱法，其作用原理是用含氯氧化剂在偏碱条件下，将氰基氧化分解为 N_2 和 CO_2（或 $NaHCO_3$），反应式如下：

$$NaCN+NaOCl \xrightarrow{pH>10} NaOCN+NaCl \qquad (1\text{-}1)$$

$$2NaOCN+3NaOCl+H_2O \xrightarrow{pH=8} N_2+3NaCl+2NaHCO_3 \qquad (1\text{-}2)$$

式(1-1) 反应在 $pH>10$ 条件下进行，若 pH 值在 10 以下加入氧化剂，则会发生如下反应：

$$HCN+NaOCl \xrightarrow{pH<10} NaOH+CNCl$$

产生刺激性较大的有害气体 CNCl，因此处理中要特别注意！式(1-2) 反应若 pH值过高，则反应时间过长，以 pH 在 8 附近较好。由式(1-1) 计算，理论上氧化分解1g CN^- 至 NaOCN，需 NaOCl 的量为 2.87g；连同式(1-2) 一起，理论上将 1g CN^-氧化成 N_2、CO_2（或 $NaHCO_3$），则需 NaOCl 的量为 7.17g。具体操作步骤如下。

首先将含氰化物的废液加到 NaOH 溶液中，调节 $pH>10$，加入约 10% 的NaOCl 溶液，搅拌 20min，再加 NaOCl 溶液（NaOCl 用量要高于以上理论量），搅拌后，放置 5h（用氧化-还原光电计检测反应终点，也可用氰离子试纸或检测箱检测反应终点）。达终点后，加入 5%～10% 硫酸或盐酸，使 pH 至 7.5～8.5，放置过夜。再加入 Na_2SO_3 溶液，还原过量/剩余的氯。最后，再次检测确实无 CN^-，才可排放。

氧化氰化物的含氯氧化剂还可用 Cl_2（氯气）、HOCl 和 $Ca(OCl)_2$，都必须在碱性条件（$pH>10$）下使用。

实验室中销毁氰化物的方法还有臭氧氧化法，需实验室具备臭氧发生装置，也必须在碱性条件下进行氧化，pH 值宜为 11～12，要用铜离子或锰离子催化加快反应，这样也能完全将氰化物销毁。

在实验室中销毁氰化物的方法还有普鲁士蓝法，该法是以生成铁氰络合物的形式使之沉淀分离的方法，较适用处理含有大量重金属的氰化物废液，显然，要彻底销毁氰化物，不易实现，应以运用上述氧化法为好。

e. 使用过的仪器、桌面、称量容器等均要由实验人员亲自按上述销毁方法处理，用水冲净；手、脸等暴露皮肤也应仔细洗净，工作服要换洗。

总之，含氰化物的废液、废物一定要在碱性条件下及时处理，严禁在酸性条件下处置和放置贮存。

1.4 实验预习、实验记录和实验报告

1.4.1 实验预习与预习报告

实验预习是药物合成实验的重要环节，对保证药物合成实验成功完成、获得较高收率起着关键的作用。因而，学生必须认真进行课前实验预习，对要做的实验应有尽可能全面和深入的了解，教师有义务拒绝那些未进行预习的学生做实验。预习的具体要求如下。

① 通过预习了解和熟悉实验目的、要求、原理（包括化学反应原理和实验操作原理）与反应式（正反应及主要副反应）、主要反应物、试剂和产物的物理、化学性质（通过手册、辞典或参考书查找出相应的理化常数）、用量（如 g、mL、mol）和规格等内容，并做预习报告，摘录以上内容于预习报告本上。

② 写出简明实验步骤或实验步骤流程图。应根据实验教材内容，通过理解，用自己的语言改写成简单明了的实验步骤（不是照抄实验操作内容！），步骤中的一些文字可用符号简化或英文缩略语表示，例如：试剂可写为分子式，克＝g，毫升＝mL，加热＝△，加＝＋，沉淀＝↓，气体逸出＝↑，天＝d，时＝h，分＝min，秒＝s，……，实验中所需的仪器装置以示意图代之。在实验前形成一个实验过程提纲，将实验操作流程图式化，在实验中有可能发生的差错与危险情况，以及相应的处置方法都应在实验预习报告中给出详细的说明，为实验有条不紊地进行做好准备。

③ 在预习报告中还要列出粗产物纯化过程及原理，明确各步操作的目的、要求等内容。

1.4.2 实验记录

认识来源于实践，药物合成实验是巩固和验证理论课知识、培养学生理论联系实际等基本科学素质的主要途径，实验过程中要做到：操作认真，观察仔细，思考积极，忠实记录。一个完整而准确的实验记录是实验的重要组成部分，如果丢失这样的记录则意味着实验工作没做或白做。

药物合成实验记录对于学习药学的学生来说更为重要，因为药物合成实验是仿制药物研究，更是创新药物研究的最重要实验之一，其实验记录是药物开发的原始档案资料，是药物开发过程中后续实验研究的基础，在实验中应当严肃认真、忠实地做实验记录，培养做好药物研究原始记录档案的严谨作风。一份好的实验记录应当能让化学专业人士完全看得懂，并能清楚地知道你实验的内容，包括：步骤（要做什么？应是一个过程）、现象（发生了什么？）和结论（实验结果及其意味着什么？），具体地说就是：所用物料的数量、溶液浓度、实验条件、后处理过程以及实际观察到的现象（如反应温度的变化、体系颜色的改变、结晶或沉淀的产生或消失

以及是否放热或有气体放出等）和测得的各种原始数据、实验所得到的产物和其性质等。实验记录应做到简单明了，及时真实，准确清楚，不要涂改，以保证实验记录的完整性、连续性、原始性和可重复性。

实验过程记录推荐用下列表格形式记录在实验记录本上，表头上要记录实验日期、室温和天气等客观条件。

实验日期：　年　月　日　　室温：　　　　　　　　天气：

时　　间	实验操作与条件	实验现象与结果

注：表中"时间"是指在某时间段完成的实验步骤、操作等，如 2：10～2：20，在室温下加原料 A 等，诸如此类。

实验完毕后，应将实验产物盛于样品瓶中（固体产物可放在硫酸纸袋中或培养皿中），贴好标签，交给教师。标签格式如下（以正溴丁烷为例）。

正溴丁烷

（*n*-bromobutane）

沸程：99～103℃

产量：　　　　18g

瓶重：　　　15.5g

×××（姓名）

年　　月　　日

若是固态产品，标签上应填写熔点数据。

1.4.3　实验报告

在实验操作完成之后，必须对实验进行总结，整理归纳实验数据，讨论观察到的现象与结果，分析出现的问题并提出解决问题的思路、方法等。根据上述目的，撰写出药物合成实验报告，这是对学生进行综合与分析能力的培养和训练，是完成整个实验的一个重要组成部分，是把直接的感性认识提高到理性认识的必要步骤。做好实验报告同样也是每个科研人员应完成的功课，是应具有的基本素质之一。

实验报告具备向上级或导师等汇报、与他人进行学术交流等功能，同时也是积累储存、备查科技参考信息的手段，基于实验报告的重要性，对于药物合成实验课程的报告不能仅认为是完成了一项普通的课外作业而已。

药物合成实验报告应以下述格式（或内容）来完成：

① 实验报告的标题；

② 实验目的与要求；

③ 反应原理（包括主反应、副反应的配平反应方程式以及与之有关的反应机

理）；

④ 主要试剂和产物的理化常数（常用表格形式）；

⑤ 试剂规格及用量（包括相应的摩尔用量）；

⑥ 实验装置简图或图式实验步骤；

⑦ 实验记录（利用"1.4.2"节中的表格记录）；

⑧ 产率计算（产品以克计量，以百分数计产率）；

⑨ 讨论与建议（讨论内容既有实验体会与成功的经验总结，也可以是实验欠佳或失败的原因分析与对策，提出对实验改进的意见或建议）。

药物合成实验报告中还应包括完成指定的思考题。

上述①～⑥项内容应在实验预习中完成，即为"实验预习报告"的中心内容。

1.4.4　产率的计算

药物合成反应中，理论产量是指根据反应方程式计算得到的产物的数量，即实验所用原料全部转化成产物，同时在分离和纯化过程中没有损失的产物的数量（以克计量）。产量（实际产量）是指实验中实际分离获得的纯粹产物的数量（以克计量）。百分产率是指实际得到的纯粹产物的质量和计算的理论产量的比值，即：

$$百分产率＝（实际产量÷理论产量）×100\%$$

【实例】　用20g环己醇和催化量的硫酸一起加热，脱水可得到12g环己烯，计算环己烯的百分产率。

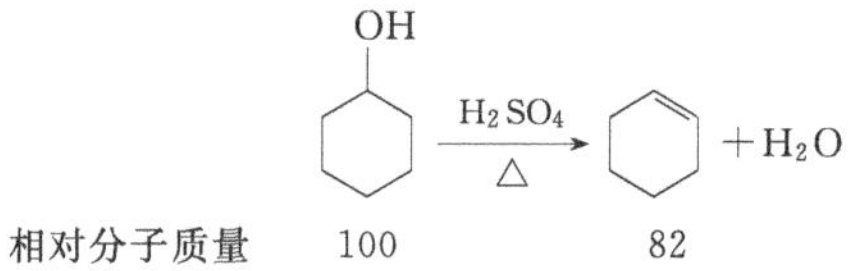

根据化学反应式，1mol 环己醇能生成 1mol 环己烯，今用 20g 环己醇，即 20/100＝0.2mol 环己醇，理论上应得 0.2mol 环己烯，理论产量为 82g×0.2＝16.4g，但实际产量为 12g，所以百分产率为：

$$（12÷16.4）×100\%＝73\%$$

在有机药物合成实验中，产率通常不可能达到理论值，这是由于下面一些因素影响所致。

① 可逆反应。在一定的实验条件下，化学反应建立了平衡，反应物不可能完全转化成产物。

② 有机化学反应比较复杂，在发生主要反应的同时，一部分原料消耗在副反应中。

③ 分离和纯化过程中所引起的损失。

为了提高产率，可采用多种方法，例如，酯化反应是可逆反应，常用回流带水方法，带走产生的水，以提高酯化产率。又如，常常增加其中某一反应物的用量，究竟选择哪一个物料过量要根据药物合成化学反应的实际情况、反应的特点、各物料的相对价格、在反应后是否易于除去，以及对减少副反应是否有利等因素来决定。

阅读材料：药物合成实验室废弃物的处置

在药物合成实验中要使用各种溶剂以完成溶解、反应、萃取和洗涤等操作，通常从实验室中产生的废液，虽然与工业废液相比在数量上是很少的，但是，由于其反应种类多，故废液组成经常变化而显得复杂，最好不要集中处理，从经济、健康、环保和安全多方面要求考虑，实验使用后的溶剂废液应由各个实验室、最好由各个实验小组或每个操作人根据废弃液性质，分别及时尽量回收、分离、精制和再利用，并在对实验没有影响的情况下，反复回收使用。同时，作为药物合成实验人员应不断学习、熟悉与掌握已确定的废液处理方法与标准，保持高度热情去研究出更为合理的处理方法。

本部分主要介绍实验室废液一般处理方法与注意事项。

1. 废液收集、贮存一般应注意的事项

① 废液浓度超过表 1-8 所列浓度时，必须进行处理。如处理设施比较齐全时，可把废液的处理浓度限制放宽。

② 最好将废液按表 1-8 中所列方法分别处理；也可将能统一处理（例如用相同的方法如焚烧法等）的各种化合物收集后进行处理。

③ 处理含有络合物或螯合物之类的废液时，有干扰成分存在，要把含有这些成分的废液另行收集。

④ 下面所列的废液不能相互混合：

a. 过氧化物与有机物；

b. 氰化物、硫化物、次氯酸盐与酸；

c. 盐酸、氢氟酸等挥发性酸与不挥发性酸；

d. 浓硫酸、磺酸、羟基酸、聚磷酸等酸类与其他酸；

e. 铵盐、挥发性胺与碱。

⑤ 选用无破损并不会被废液腐蚀的容器进行收集；将所收集的废液的成分及含量明确地写在标签上，贴牢，并将废液容器存放于安全、通风、阴凉干燥处保存；毒性特别大的废液，尤要十分注意妥善保存。

⑥ 对含硫醇、胺等会发出臭味或不愉快气味的废液，会形成硫化氢、磷化氢等有毒气体的废液，以及易燃性大的二硫化碳、乙醚之类废液，要采取适当的措施防止泄漏，并应尽快进行处理。

⑦ 含有过氧化物、含硝基等可爆炸性物质的废液，要谨慎地操作，并应当尽快进行处理，不宜贮存。

⑧ 含有放射性物质的废弃物或废液，应严格按照有关的规定，用另外的方法收集，严防泄漏，谨慎地进行处理。

表 1-8　应予处理的化学废液的最低浓度、收集分类和处理方法

分类			对象物质	浓度/(mg/L)	收集分类	处理方法
无机类废液	有害物质		Hg(包括有机 Hg)	0.005	Ⅰ	硫化物共沉淀法、吸附法
			Cd	0.1	Ⅱ	氢氧化物沉淀法、硫化物沉淀法、吸附法
			Cr(Ⅵ)	0.5	Ⅲ	还原、中和法、吸附法
			As	0.5	Ⅳ	氢氧化物共沉淀法
			CN	1	Ⅴ(难以分解的另行分类)	氯碱法、电解氧化法、臭氧氧化法、普鲁士蓝法
			Pb	1	Ⅵ	氢氧化物共沉淀法、硫化物沉淀法、碳酸盐沉淀法、吸附法
	污染物质		重金属类 Ni	1	Ⅶ	氢氧化物共沉淀法、硫化物共沉淀法、碳酸盐法、吸附法
			Co	1		
			Ag	1		
			Sn	1		
			Cr(Ⅲ)	2		
			Cu	3		
			Zn	5		
			Fe	10		
			Mn	10		
			其他(Se、W、V、Mo、Bi、Sb 等)	1		
			B	2	Ⅷ	吸附法
			F	15	Ⅸ	吸附法、沉淀法
			氧化剂、还原剂	1%	Ⅹ	氧化、还原法
			酸、碱类物质	若不含其他有害物质,中和稀释后,即可排放	Ⅺ	中和法
			有关照相的废液	只排放洗净液	Ⅻ	氧化分解法
有机类废液	有害物质		多氯联苯	0.003	ⅩⅢ	碱分解法、焚烧法
			有机膦化合物(农药)	1	ⅩⅣ	碱分解法、焚烧法
	污染物质		酚类物质	5	ⅩⅤ	焚烧法、溶剂萃取法、吸附法、氧化分解法、水解法、生物化学处理法
			石油类物质	5	ⅩⅥ	
			油脂类物质	30	ⅩⅦ	
			一般有机溶剂(由 C、H、O 元素组成的物质)	100	ⅩⅧ	
			除上项以外的有机溶剂(含 S、N、卤素等成分的物质)	100	ⅩⅨ	
			含有重金属的溶剂	100	ⅩⅩ	
			其他难以分解的有机物质	100	ⅩⅪ	

注:1. 上表所列的浓度为金属或所标明化合物的浓度。

2. 上表所列有机类废液,其中也可含有表中所列无机类废液的物质,但如果无机物质的浓度超过表中所列的无机类废液该项浓度,该废液应另行收集和处理。

3. 有机类废液的浓度系指含水废液的浓度。

2. 废液的回收处理

药物合成实验者应具有强烈的保护环境意识和责任感，自觉采取措施，回收处理废液，防止污染。实验室常用的废液处理方法有（以防止水质污染为目标，参见表 1-8）：化学法、离子树脂交换法、吸附法、电解法、蒸发浓缩法、膜分离法以及生物处理法等，方法的选择应根据废液成分的物理化学性质以及实验室具备的条件来决定。

（1）化学法　化学法是通过向被污染的废液中投加化学药剂，使污染物与所投加的化学药剂的成分发生化学反应，从而使废液的酸、碱度得到改善，使污染物以沉淀物的形态被除去，或形成相应的盐，用水萃取而分离等。

（2）离子交换法　离子交换法在含重金属离子废水处理过程中有着较为广泛的应用，其实质是通过不溶性离子化合物（离子交换剂）上的可交换离子与溶液中的其他同性离子进行交换反应，以达到去除废水中重金属离子的目的。

（3）吸附法　吸附法是利用吸附剂对废水中某些溶解性物质及胶体物质的选择性吸附，来进行废水处理的一种方法。

吸附分为物理吸附和化学吸附。

物理吸附是指吸附剂与被吸附物质之间通过分子之间引力而产生的吸附；化学吸附是指吸附剂与被吸附物质之间发生了化学反应，生成了化学键。

（4）如实验室对有害化学混合物或废液不具备处理条件，自身不进行处理时应遵循以下原则：

① 在实验室中，对化学品的处置的规定和程序应符合良好实验室行为标准。

② 实验室危险废弃物应该按回收、吸收、水溶解、化学分解等分类收集，贮存于规定的容器中，贴上标签，并标明每种容器危害性质和风险性。

③ 对化学、物理及火灾危害应有足够可行的控制措施，应定期对这些措施进行监督，以确保其有效可行，应保存监管记录。

④ 实验室废弃物应按照国家有关规定制定详细的危险废物转移程序，移交给环境保护或废物处理部门统一处理。

⑤ 危害废弃物接收单位（环保）应按接收联单的内容如实填写，联单保存期限为 5 年。

⑥ 对实验室中所用的每种化学品的废弃物和安全处理应有明确的书面程序，其中包括对相关法规的引用、处理方法及详细说明，以保证完全符合要求，使这些物质安全、合法地脱离实验室控制。

3. 其他情况下产生的废弃化学品的处理

药物合成化学实验室所使用的有毒有害的剩余化学试剂和样品以及过期变质试剂必须分类包装，按其性质妥善保存，按上"2.（4）-⑥"条款处理，或按以下方法处理：

危险性化学物品如质量不合格、使用剩余部分或者失效不能使用时，要及时进行销毁处理，销毁处理可根据危险品性质，采用爆炸法、燃烧销毁法、水溶解法、化学分解法等方法。严禁随意弃置堆放和排入地下以及其他任何水系，以防引起火灾和环境污染。

以上仅一般地介绍实验室废弃物/液处置的目的、目标、基本处理原则与方法，具体的某种废液的处理过程要参考、学习相关法规、资料与书籍。

建议学习与遵守国家颁布的以下条例与法规：

①《危险化学品安全管理条例》，中华人民共和国国务院令第 344 号，自 2002 年 3 月 15 日起施行。

②《中华人民共和国环境保护法》、《中华人民共和国大气污染防治法》和《中华人民共和国水污染防治法》等法规。

第2章 药物合成实验的基本技能与操作

2.1 合成中常规基本技能和操作

2.1.1 抽真空

抽真空（减压）操作是药物合成实验室常用的基本操作，有一些实验过程常要做真空处理，如加氢还原反应与绝氧条件下的反应等都需真空抽去反应容器中的空气，以便反应顺利进行与保障安全；某些氧化反应和缩合反应也需在真空下进行，以便抽去反应中不断产生的气体，如卤化氢等，利于反应的发生方向；有许多后处理操作也需要在真空或减压条件下进行，例如减压下的蒸馏、升华、干燥、过滤（抽滤）和绝热等。又如用于贮藏冷冻剂干冰、液氮等的杜瓦瓶，是双层薄壁、内层镀银和高真空（$<10^{-5}$mmHg）的玻璃容器，抽成高真空后，两薄壁间热导率极低，这种容器的绝热性质胜过所有其他装置，这个原理也适用于蒸馏柱的夹套（内层镀银的夹套）。

2.1.1.1 真空的产生和设备

使用真空泵是获得真空的主要方法。为了使用上的方便，一般将压力划分为以下几个范围。

"粗"真空（水泵真空）：约 $1.33 \times 10^{-3} \sim 101.33 \times 10^{-3}$ MPa（约 $10 \sim 760$mmHg）；

"次高真空"（油泵真空）：约 $0.01 \times 10^{-3} \sim 0.13 \times 10^{-3}$ MPa（约 $0.1 \sim 1$mmHg）；

"高"真空（扩散泵真空）：$<0.13 \times 10^{-6}$ MPa（$<10^{-3}$mmHg）。

（1）水泵（包括水喷射泵或循环水泵） 能达到的真空度受到水的蒸汽压的限制，当水压很足水温又低时可以获得 $1.07 \times 10^{-3} \sim 2 \times 10^{-3}$MPa（8-15mmHg）的真空。

（2）油泵 旋片式油真空泵（图 2-1）是由一个圆筒形的金属套筒构成的，旋片泵主要由定子、转子、旋片、定盖、弹簧等零件组成。其结构是利用偏心地装在定子腔内的转子（转子的外圆与定子的内表面相切，两者之间的间隙非常小）和转子槽内滑动的借助

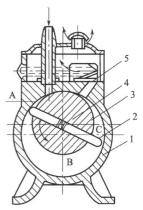

图 2-1 旋片式油真空泵
工作原理示意图

1—泵体；2—旋片；3—转子；
4—弹簧；5—排气阀

弹簧张力和离心力紧贴在定子内壁的两块旋片，当转子旋转时，始终沿定子的内壁滑动。

两个旋片把转子、定子内腔和定盖所围成的月牙形空间分隔成 A、B、C 三个部分，当转子按图示方向旋转时，与吸气口相通的空间 A 的容积不断地增大，A 空间的压强不断地降低，当 A 空间内的压强低于被抽容器内的压强时，根据气体压强平衡的原理，被抽的气体不断地被抽进吸气腔 A，此时正处于吸气过程。B 腔的空间的容积正逐渐减小，压力不断地增大，此时正处于压缩过程。而与排气口相通的空间 C 的容积进一步地减小，C 空间的压强进一步地升高，当气体的压强大于排气压强时，被压缩的气体推开排气阀，被抽的气体不断地穿过油箱内的油层而排至大气中，在泵的连续运转过程中，不断地进行着吸气、压缩和排气过程，从而达到连续抽气的目的，这样就可以使系统达到所需的真空度。

易凝结的蒸气在泵的减压这一侧是气态的，但在加压这一侧会凝结，并溶解在泵油中。因而，泵油的蒸气压升高（它决定着能达到的最大真空度），也就是说泵所能达到的真空度降低。为了防止蒸气的凝结，在真空泵的压缩室上开一小孔，并装上精细的调节阀，当打开阀并调节入气量时，转子转到某一位置，空气就通过此孔掺入压缩室以降低压缩比，从而使大部分蒸气不致凝结而和掺入的气体一起被排出泵外，起此作用的阀门称为气镇阀。这样，就把可凝结蒸气的分压降低到相应的露点数值以下。因此，现在的泵都装备有气镇阀。但是，操作中使用气镇会使真空度有些降低。当泵不是在大气压下工作而是用水喷射泵与它的排出阀相连时，则蒸气凝结的危险可以降低。

由于在使用气镇的情况下，仍会吸入一定量的易凝结的蒸气，因此，应该在用油泵减压前首先用水泵减压除去易凝结的蒸气，或在沸水浴上蒸馏除去易挥发的组分和可溶于油的气体。此外，必须在仪器装置和油泵之间安放一个用甲醇/干冰冷却或液氮冷却的冷阱（图 2-2），用这种方法可凝结的蒸气被"冻结"。这些预防手段就能保证油泵有好的真空度和长的工作寿命。一般使用 100h 后或者真空度已经变差时，就必须更换泵油。为了防止腐蚀性气体和蒸气进入油泵，必须在冷阱前配有吸收或吸附腐蚀性气体和蒸气的装置（如碱塔等）。

单级旋片式真空泵所能达到的真空度约为 $6.67 \times 10^{-6} \sim 1.33 \times 100^{-5}$ MPa($0.05 \sim 0.1$ mmHg)。旋片式真空泵可以和同种类型的泵联用，即把这个泵的真空室一侧与另一个泵的排气管相连接（二级油泵）。用这种方法可得到 1.33×10^{-7} MPa(10^{-3} mmHg）的真空度。

（3）扩散泵　要获得"高"真空（压强 $< 1.33 \times 10^{-7}$ MPa），应使用油扩散泵或汞扩散泵。扩散泵最大可以获得 1.33×10^{-10} MPa(10^{-6} mmHg)

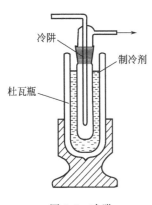

冷阱
制冷剂
杜瓦瓶

图 2-2　冷阱

的高真空度，但是它与机械油泵相比，不能从大气压开始工作，需要油泵作为前级泵，先将系统真空度抽到 1.33×10^{-6} MPa(10^{-2}mmHg) 后才能工作，所以要获得 1.33×10^{-7} MPa(10^{-3}mmHg) 以上的真空度时，必须选择合适抽气速率的油泵和扩散泵配合起来工作。

汞扩散泵的性能虽然较佳，但是汞蒸气有毒，所以现在已较少使用。油扩散泵使用的是室温下饱和蒸气压低于 1.33×10^{-8} MPa (10^{-4}mmHg) 的硅油 (Dowcorning702 或 703)，国产的 274 号、275 号硅油也可以使用。汞扩散泵和油扩散泵的工作原理是一样的。

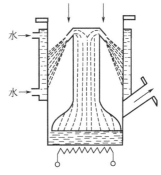

图 2-3 是一个单喷嘴油扩散泵示意图。在前级泵不断抽真空的情况下，泵底的油被加热，形成蒸气沿中央管筒上升，在顶部（喷口盖）受到阻挡，从喷口高速喷出，从待抽真空体系进来的空气分子会因扩散而进入该高速油蒸气流。由于油分子的质量和速度都比空气分子大得多，所以空气分子进入蒸气流后就被捕集，沿着油蒸气流喷出的方向流

图 2-3　单喷嘴油扩散泵示意图

动，重新扩散出来的机会很少。这样，从泵顶进入的低压空气进入蒸气流后逐步浓集而增加密度，达到前级泵能够作用的范围而被抽出。完成了"输入任务"的油蒸气被水冷却或空气冷却，油沿泵壁凝结为液体流回泵底，然后被重新加热汽化，反复使用。为了提高扩散泵抽气速率，可增加并列喷口的数目，以增加油蒸气与被抽气体接触的表面积。

2.1.1.2　真空的测量

测量真空的仪器称为真空计（或称"真空规"）。某些真空计可以直接测量气体的压强，称为绝对真空计，另一些是利用一些与压强有关的物理量（如热导率、电阻率等）的变化来间接测量，称为相对真空计。相对真空计要用绝对真空计校准后才能显示出相应的真空度。

测量 $1.33 \times 10^{-4} \sim 2.67 \times 10^{-2}$ MPa($1 \sim 200$mmHg) 范围的压力可以用水银差压计、Banner 短式压力计或真空表等仪器，若是测量 $1.33 \times 10^{-4} \sim 1.33 \times 10^{-7}$ MPa($1 \sim 10^{-3}$mmHg) 范围内的压力，则就要用到下面介绍的仪器。

(1) 麦氏 (Mcleod) 真空计　这是一种在实验室中比较常用的真空计，它有各种改进的形式，图 2-4 是一种旋转式麦氏真空计示意图，可以测量不低于 1.33×10^{-8} MPa(10^{-4}mmHg) 的真空度。真空计通过 A 以磨口或真空橡皮管与待测系统相连接，测量前需水平放置，如图 2-4(a)，此时待测系统的低压气体充满真空规。测量时将它竖起来，汞自动进入测量球与毛细管中，如图 2-4(b)，这时汞从容器 B 流出，将 CD 区域的气体压缩到毛细管的 CE 一端内，仔细控制比较毛细管 F（其内径与闭管 CD 内径相同）内的汞面与 CD 的顶端相平，如图 2-4(c) 所示，这时闭管内汞面所指的刻度板上的真空度就是待测体系的真空度。

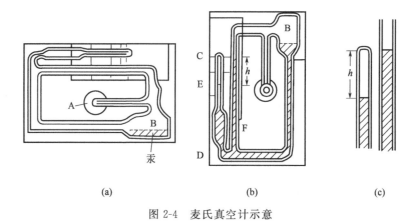

(a)	(b)	(c)

图 2-4 麦氏真空计示意

（2）**热导式真空计** 气体的热导率 K 与其压强 P 有关，在低气压时，K 与压强 P 成正比，即 $K=bP$。

因而，可以通过测量气体的热导率来间接测量压力，利用这一原理进行工作的真空计统称为热导式真空计。测定气体热导率有两种方法，一种是用热电偶直接安置真空系统中的，以恒定电流加热的电热丝的温度，称为热偶真空计；另一种是测定电热丝的电阻随温度的变化，称为 Pirani 真空计。

热偶真空计的结构和线路见图 2-5。真空计管中有 4 根引出线，其中两根是热丝 3 的引出线，另两根是一对热偶 4 的引出线，热偶的另一端（热端）与热丝 3 在 A 点焊牢，测量时通过调节器 6（可变电阻）将热丝加热电流调至定值，然后从毫伏表上读出热电偶产生的电势，当气压改变时，测得的电势值也不同。

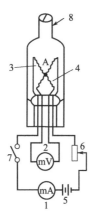

图 2-5 热偶真空计的结构和线路

1—加热电流表；2—毫伏表；3—热丝；
4—热偶；5—电源；6—调节器；
7—开关；8—导管

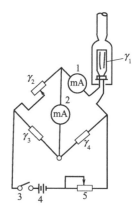

图 2-6 Pirani 真空计的结构和线路

γ_1—皮氏计管热丝的电阻；γ_2—可变
电阻；γ_3、γ_4—固定电阻；
1, 2—毫安计；3—开关；
4—电池组；5—调节器

Pirani 真空计的结构和线路如图 2-6 所示。以恒定电流加热处于真空系统中的电阻丝，电阻丝温度随气体的热导率不同而变化，电阻丝的阻值也发生变化，可以通过惠斯顿电桥来测量。

以上两种热导式真空计的测量范围都在 $1.33 \times 10^{-5} \sim 1.33 \times 10^{-8}$ MPa（$10^{-1} \sim 10^{-4}$ mmHg），使用前都需要用麦氏真空计进行校正。

（3）电离真空计　电离真空计的测量范围在 $1.33 \times 10^{-7} \sim 1.33 \times 10^{-13}$ MPa（$10^{-3} \sim 10^{-9}$ mmHg），也是一种相对真空计。原理是用一只特殊的三级真空管，阴极发射电子使栅极附近气体分子电离，产生栅流，而栅流大小又与气体分子密度（压强）有关，所以可以根据栅流大小求出真空度。

（4）高频火花检漏器（电子枪）　电子枪可用于系统真空度的大致测量，或检测系统是否漏气。

电子枪基本原理是利用高频振荡产生的能量使气体放电，辉光的颜色与真空度有关。使用时接通电源，在电子枪的放电管上发生紫色的火花束，当放电簧靠近真空系统的玻璃壁时，若无漏气，则火花束在玻璃壁上无规则地跳跃，若壁上有肉眼看不见的砂眼或漏洞，则放电簧靠近时，能发出的火花束以一端对准漏洞，并在漏洞处形成一个明亮的光点。

还可以利用低压气体高频放电时的特征光辉，粗略估算真空度。电子枪发出的紫色火花束在待测体系的气体压强 $>1.33 \times 10^{-3}$ MPa（10mmHg）或 $<1.33 \times 10^{-7}$ MPa（10^{-3} mmHg）时，不能穿越玻璃进入真空系统，也不出现辉光。当压强降至 1.33×10^{-4} MPa（1mmHg）左右时，真空管道中的低压气体产生明亮的紫红色辉光，压强更低时，红色越淡，逐渐变成蓝色或蓝白色，最后消失，此时真空度已达 1.33×10^{-7} MPa（10^{-3} mmHg）以上。

2.1.1.3　真空操作

实验室高真空系统大部分是由玻璃材料制作的。良好的真空系统应该装配得使体系内的压力梯度很低，使得产生真空的设备的能量能够获得充分地利用。要做到这一点，应该在装置中尽可能避免使用直径小而长的部件，如长的真空管路、细孔旋塞、狭窄的接头以及填充得很紧的柱子等。此外，还必须注意，由于试剂瓶和平底烧瓶负压下容易破裂，所以在真空蒸馏和真空升华时只能使用圆底烧瓶。

高真空操作一定要配置冷却效果良好的冷阱，用于捕集凝聚性气体。最好在油泵和扩散泵前都加冷阱，冷却剂可选用冰-盐、干冰-醚（或丙酮）或液氮等。系统的各磨口接头处都应涂抹真空硅脂，不能融合的接头处要使用真空蜡密封。

高真空系统操作的一般顺序是：①先开前级泵（机械泵），当真空系统压力接近 10Pa 时，对冷阱进行冷却（部分浸入冷冻剂中）；②当压力达到 10^{-1} Pa 时，打开油扩散泵上的冷却水，缓慢升温加热泵油；③当系统压力达到 1.3×10^{-6} Pa 时，将冷阱全部浸入冷冻剂中，此时真空系统处于可使用状态；④停止使用时，先停止加热，待油蒸气全部冷凝后，停止冷却水，除去冷阱冷冻剂。慢慢打开前级泵与扩散泵之间的活塞，使空气缓慢地进入系统，最后再停止前级泵。

2.1.1.4 高真空操作中的安全问题

在真空蒸馏中,蒸馏瓶已被强热而又未冷却下来之前,不允许空气进入已抽空的装置中。空气骤然进入被加热的装置,会引起在装置中形成的蒸气空气混合物的爆炸。

旋转真空系统的磨口活塞时,要用两手配合操作:左手握住活塞的本体,右手向内轻轻拧转活塞,用力不能过大,以防活塞附近管道断裂。在拧转活塞以改变系统内液体压力计液面高度时要细心缓慢,防止液体因压力骤变而喷到系统内沾污系统。

玻璃真空系统容易破碎,且焊封颇为费事,因此操作使用过程中要十分认真、仔细。系统中的较大玻璃容器外部最好套上网罩,防止因内外压强悬殊而引起爆炸时玻璃向外飞溅。

应当再次着重指出:在所有的减压操作中〔蒸馏、升华、干燥(真空干燥器)和抽滤〕以及在使用杜瓦瓶和真空蒸馏柱时,务必戴上护目镜。

2.1.2 粉碎

粉碎是为了增大固体物的表面积而进行的一种操作。在药物合成实验中,经常会遇到固液两相反应,如用 KF 对有机物进行氟化,这时固体原料 KF 的粉碎程度会直接影响反应的结果。若要求所粉碎的物质在一定的粒度范围时,则需要与筛分操作相配合。实验室中通常用研钵进行粉碎操作,但是,如果物质坚硬,需要粉碎的时间较长时,或粉碎的固体量较大时,则采用球磨机粉碎较为方便。

2.1.2.1 粉碎的操作方法

(1) 用研钵粉碎(要戴防护眼镜) 通常采用瓷制研钵进行粉碎。但是,需要非常仔细地研磨数量较少的试样时,可采用"玛瑙"或氧化铝制的研钵。而粉碎特别大块且质地坚硬的物质(如硫化铁、石灰石之类)时,则用铁制研钵。但是,不管使用哪一种研钵,都必须注意以下事项。

① 把研钵放在不易滑动的橡皮板上,然后再进行操作。

② 要保持研棒垂直地进行研磨。不可将研棒像铁锤那样横着敲打。否则,往往会折断研棒。

③ 对氰化钠或五氯化磷之类会产生有毒气体的物质,一定要在通风橱内粉碎。

④ 当粉碎会伤害皮肤的物质(如氢氧化钠、碳化双环己基亚胺及五硫化二磷等)或其粉末易飞扬的物质时,可用厚纸或聚乙烯塑料片之类物质盖上研钵,如图 2-7 所示,盖子中间开一个小孔,放进研棒进行操作。

⑤ 不可使玛瑙研钵和研棒等骤冷骤热。若使其骤冷骤热,往往会发生破裂。

(2) 用球磨机粉碎 球磨机实物图见图 2-8,操作注意事项如下。

① 放入球磨机中的试样体积要比球的体积略大一些。但试样和球的总体积不能超过球磨机容积的 1/3。

② 盖上球磨机的盖时,不要忘记装上衬垫。盖的螺栓要均衡地用力拧紧。

③ 不能用球磨机粉碎会产生气体的试样。

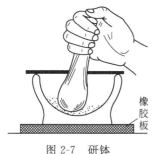

图 2-7　研钵

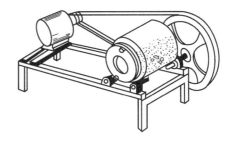

图 2-8　球磨机实物图

（3）具有吸潮性或氧化性物质的粉碎　要粉碎像氯化铝、氢氧化锂或氯化钙等易吸潮或氧化的化合物时，可把它们放入重叠 3～4 层的或厚的聚乙烯塑料袋里，在地板上用木锤细心敲打，就能很容易地达到粉碎的目的。

因撞击而易于分解着火的物质不宜进行粉碎操作，这些物质有：氯酸盐、高氯酸盐、过氧化物、硝酸盐、高锰酸盐、有机过氧化物、硝基化合物、亚硝基化合物、重氮化合物、叠氮化合物及爆炸品。

2.1.2.2　粉碎操作时需要注意的一些问题

① 在进行粉碎之前，要先了解被粉碎的物质有无由于磨擦、撞击而引起着火或爆炸的可能性，若有这种可能性，则不能进行粉碎。

② 有无因与外界空气接触而发生吸潮、氧化之类的变化的可能性，若有这种可能性，必须特别注意，并要采取相应的预防措施。

③ 大概需要粉碎到什么样的粒度？如果粉碎到所要求的粒度以后，就可结束操作。

2.1.3　溶解与熔化

所谓溶解，通常是指气体、液体或固体物质与其他的气体、液体或固体物质混合，溶质分子仅仅溶解而不发生化学变化，生成均匀的（液）相的现象。这里只介绍狭义的溶解，即关于固体（溶质）与液体（溶剂）相混合而生成溶液的溶解现象。

此外，有些试样尽管用酸等物质进行处理仍不溶解时，往往把它与助熔剂一起在高温下进行加热，使之熔化、分解，变为可溶性的物质，这种操作称为熔化，常用于矿石、合金等的分解或分析。

2.1.3.1　溶解

在药物合成实验中，为了使反应物能够迅速混合均匀，顺利发生反应，或者为了提取或精制固体化合物，常常需要将固体进行溶解。

（1）固体溶解操作的一般步骤　先用研钵将固体研细 [图 2-9(a)]，再将固体粉末倒入烧杯中，加入溶剂 [图 2-9(b)]。所加溶剂量应能使固体粉末完全溶解（必要时应根据固体的量及其在该温度下的溶解度进行计算或估算），然后用玻璃棒搅拌 [图 2-9(c)]，必要时还应加热，促使其溶解 [图 2-9(d)]。

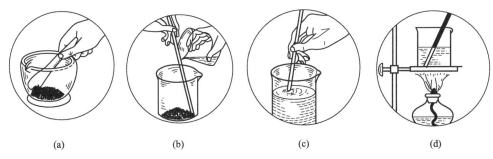

图 2-9　固体溶解操作的一般步骤

（a）研细；（b）加溶剂；（c）搅拌；（d）必要时加热

　　① 搅拌溶解。搅拌液体时，应手持玻璃棒并转动手腕，用微力使玻璃棒在容器中部的液体中均匀转动，使溶质与溶剂充分接触而逐渐溶解（图 2-10）。

　　② 加热溶解。通常大多数物质的溶解度是随温度的升高而增加的，即加热可加速固体物质的溶解。因此，必要时可根据被溶解物质的热稳定性，选用直接加热或水浴加热等间接加热的方法。热分解温度低于 100℃ 的，只能用水浴加热，水浴加热常用水浴锅或其他简易装置，如图 2-11 所示。

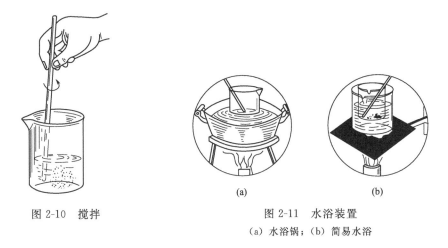

图 2-10　搅拌

图 2-11　水浴装置

（a）水浴锅；（b）简易水浴

　　③ 超声波促进溶解。随着实验室用超声波清洗器的普及使用，在药物合成实验室中也常用超声波来促进固体在溶剂中的溶解，以代替加热溶解的方式，这对热敏感或较难溶的化合物的溶解更为适合。超声波能加速溶质在溶剂中的溶解，它能促进溶剂在溶质表面的微泡形成与破裂，并伴随有能量的释放，即为空化现象。空化现象产生强烈的振动波，形成短暂的高能环境，从而促使溶质的晶格破坏，分子崩离与塌陷，使溶剂迅速地包围溶质分子，达到加速溶解的效果。

　　超声波促进溶解过程：常将盛有溶质与溶剂的玻璃容器直接置于超声波清洗器水槽的水中，然后按下超声波发生器开关，超声振动至全部溶解。水槽中水常为室温，也可用较高温度的热水，这样溶解会更快。

（2）溶解操作注意事项

① 在搅拌液体时，不能手持玻璃棒沿容器壁划动，不能将液体乱晃以搅动，甚至将液体溅出容器外，也不能用力过猛，以免碰破容器。

② 加热溶解时，也应同时搅拌。一方面使液体受热均匀，另一方面也使固体更易溶解。

③ 在超声波促进溶解时，超声波清洗器的水槽中必须盛有规定的水量，才可按下超声波发生器开关，无水条件下按此开关，会损伤超声波清洗器。

2.1.3.2　熔化

物质进行熔化时，随着所用的助熔剂不同，而有各种不同的熔化方法，现将具有代表性的助熔剂列于表 2-1。

表 2-1　用于熔化操作的助熔剂

助　溶　剂		使用的坩埚	熔化对象物质
碱性	Na_2CO_3 K_2CO_3	Pt(Au-Pd、Fe、Ni)坩埚	酸性氧化物（非金属氧化物）、高价金属氧化物及其盐类
	NaOH	Ni(Fe、Au、Ag)坩埚	难溶于酸的金属氧化物、硫化物、硫酸盐、硅酸盐及其两性金属氧化物（如 Al_2O_3）
酸性	$KHSO_4$ $K_2S_2O_7$	Pt、瓷、SiO_2 坩埚	碱性金属氧化物
氧化性	Na_2O_2（＋NaOH）	Au、Fe、Ni、Ag 坩埚	As、Sb、Cr、Fe、Mo、V、Zr 的低价氧化物，Ni、U、Sn 的矿物，Cr 的合金
还原性	KCN	Fe、Ni、Ag 坩埚	SnO_2

（1）主要操作方法

① 碱性助熔剂

a. 碳酸钠法（碳酸盐熔化法）

● 把试样熔化后盖上坩埚盖，充分加大火焰，在 900℃左右保持熔融状态。在此期间，经常打开坩埚盖，慢慢地转动坩埚使试样与助溶剂充分混合。

● 经过 40～50min，试样熔化结束，待熔融物变为透明状后，即熄灭火焰。待坩埚的温度稍降低时，把它置于干净的石板或铁板上，使其急速冷却。

● 冷却后，加入适量的水放置数分钟，熔块即很容易与坩埚分离。

熔化含有硫化物量较多的试样时，可加入少量硝酸钾（氧化性助熔剂），但必须注意，此时容易产生气体并会腐蚀坩埚。

b. 氢氧化钠法（碱熔化法）

● 使用无水氢氧化钠助熔化时，一边密切注意观察，一边用小火焰加热。

● 在 500℃左右加热约 30min，使其进行反应、熔化。

● 熔化结束后，即进行冷却。随后加入热水，将熔块溶化。

② 酸性助熔剂（硫酸氢钾法）

● 开始加热时，由于膨胀而产生泡沫，往往会使试样溢出。因此，绝不可加热过急。

●试样与助熔剂脱完水后，如果开始冒出白烟，即徐徐地加大火焰，使之升温。但是，必须注意避免加热过急。

●停止冒白烟之后，还要继续灼烧片刻。

●熔化结束，如果熔融物变为透明状后，立即把坩埚倾斜，使熔融物敷于坩埚内壁上，进行冷却。熔块冷却凝固时，因体积膨胀，有时会使坩埚破裂，应加以注意。

●未起反应的物质已凝固时，待其冷却后，加入数滴浓硫酸，再加热熔化。

●熔块的处理与碳酸钠法相同。

③ 氧化性助熔剂（过氧化钠法）

●用过氧化钠作助熔剂时，由于反应剧烈，因此一定要用微火慢慢进行加热。

●熔化反应在短时间（约 10～20min）内即结束。

●放置冷却后，加入热水，将熔块溶解。

●将此溶液煮沸，以分解剩余的过氧化物。

●不可混入有机物质。

●过氧化钠腐蚀性强，因此，可采用在坩埚内壁衬以碳酸钠的方法进行熔化。

其操作方法是，在坩埚里加入适量碳酸钠（30mL 坩埚加 10g），使之熔化。然后边旋转坩埚，边在坩埚内壁上制成碳酸钠薄层。

（2）熔化操作注意事项

① 不能错用助熔剂和坩埚。

② 助熔剂的用量为试样质量的 8～10 倍即可。

③ 加入坩埚的试样及助熔剂的总量以占坩埚容积的 1/3 为合适。

④ 将试样与助熔剂充分混合后放入坩埚，然后，把坩埚稍微倾斜地置于三脚架上，用微火慢慢加热，进行试样与助熔剂脱水。

⑤ 试样或助熔剂脱水时，常常伴有发泡现象。因而，必须十分注意加热操作，以免坩埚里的试样溢出。

⑥ 加热脱水后，逐渐加大火焰，徐徐地进行熔化。但是，如果加热过急，即会产生泡沫而飞溅，必须倍加注意。

2.1.4　加热与冷却

2.1.4.1　加热

按照阿伦尼乌斯（Arrhenius）方程，随着温度的升高，反应速率常数呈指数增加，故在药物合成实验中，经常要对反应体系加热，一般地，温度每上升 10℃，可提高反应速度一倍。另外，在溶解、蒸发、浓缩和提纯、分离化合物（如升华、蒸馏）以及测定一些物理常数时，也常需要加热。

实验室常用的热源有煤气灯、酒精灯、电炉、电热套、红外光和微波等。除少数情况外，一般玻璃仪器不能用火直接加热，否则会损坏仪器，同时由于局部过热会使有机化合物分解或发生其他不利的反应。

为了使反应完全、顺利地进行，可根据反应物的性质和反应要求、条件，选用以下几种不同的加热方式。

（1）石棉网加热　把石棉网放在三脚架或铁环上，用煤气灯、酒精灯或电炉在下面加热，石棉网上的玻璃容器与石棉网之间应留有空隙，石棉网的作用除可以避免火焰直接加热造成局部过热引起有机化合物分解或烧坏瓶底外，还有扩大受热面积和使加热较均匀之优点。但是，加热低沸点化合物或减压蒸馏时，不能用这种加热方式，故这种加热方式适用于加热物质沸点较高且不易燃烧的情况。在此种加热方式中，所用的玻璃容器常是如烧杯、锥形瓶等平底容器。

（2）水浴加热　当所加热的化合物沸点在 80℃ 以下时，或反应需在室温至90℃ 之间进行时，可选用水浴加热。将烧瓶浸入装有水的水浴锅中（勿将烧瓶底部与锅底接触），用煤气灯或电炉加热水浴锅，也可用电加热环放在水浴锅内加热，控制火或电流的大小，保持所需要的温度。水浴锅可为铜质或铝质等。对于像乙醚这样的低沸点易燃溶剂，不能用明火加热，应用预先加热好的水浴加热。有条件可使用电热恒温水浴锅则更为方便，这种水浴锅有一组直径递减的同心圆环盖，可减少水的过快蒸发。也可在水中加少量石蜡，加热熔融后浮于水面，以减少水的蒸发。

凡是用到金属钠、钾的反应都不宜用水浴加热。

（3）油浴加热　油浴传热均匀，是有机药物合成反应中使用最广泛的一种加热方法。在油浴中放入一支温度计，通过控制加热电阻丝的电压大小控制油浴温度。如果用明火加热油浴应当十分谨慎，避免发生油浴燃烧事故，同时必须选用较高沸点的油类。为了更安全、方便，可在油浴中放入电热丝。电热丝可穿入弯制好的特制玻璃管中，或缠在弯好的玻璃棒上，并与调压变压器连接，通过调节电压控制油浴温度，也可用市售的电加热环。油浴电加热最好连接上控温温度计（如接触式温度计）和控温仪器（如继电器），这样安全性较高，也能够长时间自动控制恒定的温度范围。

油浴加热时，应避免水溅入，也应在反应加料时防止有机化合物撒落到油浴的油中。

根据反应需要选择油浴的加热范围，油浴能达到的最高温度与所用油的种类有关，油的种类较多，加热范围可在 80～250℃。

植物油长期加热易分解，若在其中加入 1% 的对苯二酚，可增加它们受热时的稳定性。

甘油和邻苯二甲酸二丁酯适于加热到 140～150℃，温度过高则容易分解。

液体石蜡可加热到 220℃，温度过高虽不易分解，但容易燃烧。固体石蜡也可以加热到 220℃，由于它在室温时是固体，便于保存，但使用完毕，应先取出浸在油浴中的容器。

硅油和真空泵油在 250℃ 以上仍较稳定，但价格较高，若条件允许，它们是理想的浴油。

多聚乙二醇可加热到 180～220℃，不冒烟，遇水也不爆溅，是一种良好的加热浴。浓硫酸不再被允许用作加热介质。

油的膨胀系数较大，浴锅内的油若装得较多或反应瓶埋入油中较深，受热时油会溢出锅外，造成污染与燃烧，这些需要事先考虑到。加热用油，特别是植物油、甘油、硅油和真空泵油等，使用中要经常检查，若有变质要更换新油。

（4）砂浴加热 实际上任何加热温度都可用砂浴加热，但由于砂浴的温度不易控制，现砂浴常使用在加热温度在几百度以上的情况下。在铁盘中放入清洁干燥的细砂，把盛有反应物的容器放入砂中，在铁盘下加热。由于砂子对热的传导能力较差，散热快，升温不均匀，所以，容器底部的砂子要薄一些，以便加热，容器周围的砂层要厚一些，以利保温。尽管如此，现在药物合成实验操作中已较少使用砂浴加热。

（5）空气浴加热 一般沸点在 80℃ 以上的化合物都可以采用空气浴加热，此

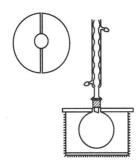

图 2-12 空气浴

法加热的优点和电热套加热一样，在于反应瓶外壁干净，不像油浴那样外壁的油污不易清洗。简便的空气浴可用下法制作：取一个直径较反应容器直径稍大的铁罐（如废罐头盒等），将罐的边缘剪光，在罐的底部打几行小孔，将一直径略小于罐的直径、厚约 2～3mm 的圆形石棉板放入罐底，盖住小孔，罐的周围用石棉布包裹。另外取一圆形石棉板（厚约2～4mm，直径略大于罐的直径），中间挖一与反应瓶颈大小接近的圆洞，然后将石棉板对切为二，加热时用此盖盖住罐口，将此空气浴放在三脚架或铁环上，用煤气灯加热，如图 2-12 所示。应注意，反应容器不可接触罐底；潮湿的反应瓶不可直接放到很热的空气浴罐中。空气浴的缺点在于：仅较适用于单口反应瓶的加热，耗能较大。

（6）电热套加热 电热套与调压变压器结合起来使用，具有调温范围大，无明火，干净，使用方便又较安全等优点。电热套使用时大小要合适，否则会影响加热效果。它主要在回流加热时使用，蒸馏或减压蒸馏时要有人在旁看管，因为随着蒸馏的进行，瓶内物质减少，会导致瓶壁过热现象，这时必须将电热套下移一些。

电热套加热只适于机械搅拌下反应的加热，但是，现在已有同时适用于机械搅拌或磁力搅拌条件下的电热套（图 2-13），电热套将逐步地替代油浴、水浴等传统的加热法。

（7）微波辐射加热 微波属于电磁波，波长介于红外和无线电波之间，在 1mm～1m（频率 30GHz～300MHz）的区域内，因而能激发分子的转动能级跃迁。用于加热技术的微波波长常固定在 12.2cm（2.45GHz）或 33.3cm（900MHz）。根据物质同微波偶合的原理，微波对具有偶

图 2-13 可用于磁力搅拌的电热套

极分子的物质有迅速加热的作用，在微波的辐射下，有机化学反应速率比传统的加热方法快数倍甚至数千倍。微波的频率与分子转动的频率相关联，所以，微波能是一种由离子迁移和偶极子转动引起分子运动的非离子化辐射能。

微波加热具有以下特征：

① 加热方式被称为内加热（图 2-14）；

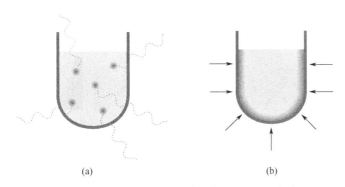

(a)　　　　　　　　　　　　　(b)

图 2-14　微波加热（a）和常规加热（b）的方式

② 加热速度快；

③ 微波对物质的选择性加热，对极性分子或极性溶液加热速度快；

④ 微波加热与溶液的浓度和所处的温度有关，即溶液浓度大和温度高，则加热快；

⑤ 在固定的微波功率下，加热效率与反应样品的体积有关，呈反比关系；

⑥ 微波加热对于溶液来说还与溶解的离子大小、电荷、传导率以及黏度等因素有关；

⑦ 给定的反应体系，微波功率越大，加热的速度越快，温度越高。

由图 2-14 可见，微波加热时快速升温，与容器材料的热传导率无关，加热无惯性（即时产生-消失），原理是依靠离子导电和偶极子旋转效应达到加热。所以，微波具有加热均匀、无速度梯度、无滞后效应等特点，微波已成为药物合成的一个重要的节能省时加热源，几乎适用于大多数类型的有机合成反应，到目前为止，已有 33 种反应被人们用微波技术进行了探索研究。

常规加热时，热量先通过容器再到达反应物质，加热不均匀；缓慢和无效率加热源自容器材料的热传导率，因而存在加热滞后且有加热梯度，同时需良好搅拌；加热中，存在容器温度超过反应物的混合温度的问题，以上问题在微波加热中均可克服。

对于微波促进有机反应的机理，有人认为当微波作用于分子时，促进了分子的转动运动，极性分子在微波电磁场作用下产生瞬时极化，并以 2.45 亿次/s 的速度做极性变换运动，从而产生键的振动、撕裂和粒子之间的相互摩擦、碰撞，促进分子活性部分（极性部分）更好地接触和反应，同时迅速生成大量的热能，加快了上述多种分子运动，合成出新的物质。

适用于有机合成的微波辐射加热装置已有商业化产品，产品类型较多，有的可搅拌与回流，有的可密封加压，微波频率连续以供需要进行选择等，均可用于实验室的药物合成（图 2-15），使用微波加热可以迅速完成反应。

图 2-15　常压微波辐射加热装置（左、中）和带搅拌的高压微波辐射加热装置（右）

微波作为化学反应的一种加热方式也存在一定的局限性，如反应物的体积不宜很大，图 2-15 的微波辐射加热装置的反应器仅如普通试管一样粗细。

（8）其他加热方法　如蒸馏低沸点溶剂或加热温度较低（如在 50℃ 以下）时，可以用 250W 的红外灯加热。

高温（250℃ 以上）加热时，也可以使用熔融的盐，如将等质量的硝酸钠和硝酸钾混合加热，218℃ 熔化，在 700℃ 以下是稳定的，可在上述熔融温度以上范围内对反应进行加热。7% 硝酸钠、53% 硝酸钾和 40% 亚硝酸钠混合，在142℃ 熔融，可在 500℃ 以下安全使用。熔盐浴使用的温度很高，应充分注意安全，防止烫伤。

2.1.4.2　冷却

许多有机化学反应是放热反应，反应产生的热使反应体系温度迅速升高，如果不能有效地控制反应温度，往往会引起副反应，或使易挥发的物质损失，或使化合物分解甚至出现冲料、爆炸等事故，为了把反应温度控制在一定范围内，需要冷却。另外，有一些反应的中间体不稳定，反应必须在低温下进行；还有当需要把化合物的蒸气冷凝收集时或用重结晶方法提纯固体化合物时，为了降低化合物在溶剂中的溶解度，也都需要冷却；减压蒸馏装置中的冷阱需要放在盛有冷却剂的广口保温瓶中。所以，在药物合成中经常需要进行冷却操作。

最简单的冷却方法是把反应器置于冷水浴中。如果要控制温度在室温以下，可用碎冰与水的混合物，由于它和容器的接触面积大，故冷却效果比只用冰好。如果有水存在并不妨碍反应的进行，也可以把冰块投入到反应物中，可有效地保持低温。如果需要冷却到 0℃ 以下，则根据需要选用表 2-2 所列出的冷却剂。

使用冰-盐冷却剂时，要经常搅拌，防止碎冰结块，并不时将融化的水除去。通常将干冰及其溶液或液氮放在保温瓶中［也叫杜瓦（Dewar）瓶］保存（在使用杜瓦瓶时，应戴防护眼镜），上口用保温材料盖好，以降低其挥发的速度。

表 2-2 低温操作使用的冷却剂

冷 却 剂	冷却时可达到的温度
冰水混合物	0～4℃
碎冰-氯化钠(3∶1,质量比)	$-5～-18℃$[理论可达$-20℃$,冰/盐=2/1(质量比)时]
碎冰-六水合氯化钙(1∶1.4,质量比)	$-20～-40℃$[理论可达$-48℃$,冰/$CaCl_2$=7/10(质量比)时]
液氨	$-33℃$
干冰-乙醇	$-72℃$
干冰-丙酮	$-78℃$
干冰-乙醚	$-100℃$
液态空气	$-185～-190℃$
液氮	$-188℃$(b. p$-195.8℃$)

应该注意：反应温度若在$-38℃$以下，则不能使用水银温度计，因低于$-38.87℃$时，水银会凝固。对于低温，常选用内装有色有机液体（如甲苯温度计可测达$-90℃$的低温，正戊烷温度计可测达$-130℃$的低温）的低温温度计。但由于有机液体传热较差和低温下黏度变大，这样温度计达到实测温度的时间较长，实验中要考虑到这些因素对温度测定的影响，以把握好反应条件。

目前，市场上已有多种型号与类型的低温恒温槽或低温冷却液循环泵等装置，内设压缩机制冷，冷却液常用乙醇、乙二醇等，低温可达$-5～-40℃$不等，也有达到深冷如$-60℃$以下，可满足大多数连续长时间低温反应的要求，后一种低温装置还可用于夏日的旋转蒸发器和真空冷却干燥箱等的冷凝降温。

2.1.5 萃取与色谱技术

2.1.5.1 萃取

萃取是提取或分离有机化合物的常用操作之一。应用萃取可以从固体或液体混合物中提取出所需要的物质，也可以用来洗去混合物中的少量杂质。通常称前者为"抽提"或"萃取"，称后者为"洗涤"。

（1）原理 萃取是利用物质在两种不互溶（或微溶）溶剂中溶解度或分配比的不同来达到分离、提取的一种操作方法。

设有机化合物 X 溶解于溶剂 A 组成一溶液，现要从其中萃取 X，我们可选择一种对 X 溶解度极好，而与溶剂 A 不相混溶、不起化学反应的溶剂 B。把溶液放入分液漏斗中，加入溶剂 B，充分振荡。静置后，由于 A 与 B 不相混溶，故分成两层。此时，X 在 A、B 两相间的浓度比在一定温度下为一常数，称为分配系数，以 K 表示。这种关系称为分配定律，用公式表示为：

$$K(分配系数) = \frac{X 在溶剂 A 中的浓度}{X 在溶剂 B 中的浓度}$$

设在体积为 V 的溶液中溶解的物质为 m_0，每次用体积为 S 与上述溶液不互溶的有机溶剂重复萃取。假如 m_1 为萃取一次后物质剩余量，则在原溶液中的质量浓度和在提取溶剂中的浓度就分别为 m_1/V 和 $(m_0-m_1)/S$，两者之比应等于 K，即：

$$\frac{m_1/V}{(m_0-m_1)/S} = K$$

或
$$m_1 = m_0 \frac{KV}{KV+S}$$

同理，设 m_2 为萃取两次后物质剩余量，则有：
$$\frac{m_2/V}{(m_1-m_2)/S} = K$$

或
$$m_2 = m_1 \frac{KV}{KV+S} = m_0 \left(\frac{KV}{KV+S}\right)^2$$

因此，设 m_n 为萃取 n 次后物质剩余量，应有：
$$m_n = m_0 \left(\frac{KV}{KV+S}\right)^n$$

当用一定量的溶剂萃取时，因上式中 $KV/(KV+S) < 1$，故 n 越大，m_n 就越小，即把一定量溶剂分成多次萃取的效果较好。例如，含有 4g 某有机物的 100mL 水溶液，15℃时用 100mL 乙酸乙酯来萃取。已知 15℃时该有机物在水和乙酸乙酯中的分配系数 $K = 1/3$。用 100mL 乙酸乙酯一次萃取后，该有机物在水溶液中的剩余量为：
$$m_1 = 4\text{g} \times \frac{\frac{1}{3} \times 100\text{mL}}{\frac{1}{3} \times 100\text{mL} + 100\text{mL}} = 1.0\text{g}$$

如果 100mL 乙酸乙酯分 3 次萃取，每次用 33.3mL 乙酸乙酯，经过第 3 次萃取后，该有机物在水溶液中的剩余量为：
$$m_3 = 4\text{g} \left(\frac{\frac{1}{3} \times 100\text{mL}}{\frac{1}{3} \times 100\text{mL} + 33.3\text{mL}}\right)^3 = 0.5\text{g}$$

从上面的计算可知，用同样体积溶剂，分多次萃取比一次萃取的效率高。但是，当萃取溶剂总量一定时，增加萃取次数（n），S 就变小，例如，当 $n > 5$ 时，n 和 S 这两种因素的影响就会相互抵消掉，再增加 n，m_n/m_{n+1} 的变化很小，失去萃取价值。

（2）萃取溶剂的选择　萃取溶剂的选择是根据被萃取物质本身的性质而定的。一般而言，难溶于水的物用石油醚等提取，较易溶者，用乙醚或苯提取，易溶于水的物质用乙酸乙酯或其他类似溶剂来提取。例如，若用乙醚提取水中的草酸效果差，若用乙酸乙酯萃取，则效果就好。选择溶剂时要考虑：溶剂对被提取物质的溶解度要大，对杂质的溶解度要小；不与原溶剂混溶，也不成乳浊液；不与溶质或原溶剂发生化学反应；溶剂的沸点不宜过高，如选择不当，回收溶剂就会不易，还会造成产品在回收溶剂时被破坏；有一定的化学稳定性及小的毒性，不易燃，无腐蚀；价廉易得。

在实验中能完全满足上述条件的溶剂几乎没有，只能择优选用，实验中常用的萃取溶剂有：石油醚、乙醚、二氯甲烷、乙酸乙酯、氯仿、二氯乙烷、环己烷、甲苯等。

（3）萃取的操作

① 液-液萃取。有机合成后处理时常用分液漏斗进行液-液萃取。萃取前，应选择比被提取溶液体积大 1～2 倍的分液漏斗，下部旋塞和旋塞孔用纸或干布擦净，涂上少许凡士林，但不要涂在旋塞孔中。插上旋塞，逆时针旋转至凡士林成透明薄层，套上橡皮筋或橡皮圈，以防滑出，然后，检查分液漏斗的盖子和旋塞是否漏水。

萃取时将溶液与萃取溶剂（或洗液）由分液漏斗上口倒入，旋紧盖子，但不能涂油脂。先轻轻振荡，再把分液漏斗向上倾斜，使漏斗的下口略朝上，不要对着有人及火源的方向，打开旋塞放气，以解除分液漏斗内的压力。操作时，以右手捏住漏斗上口颈部，用手掌或食指根部压紧盖子，左手握住并顶住旋塞，防止旋塞转动或脱落，也便于旋开旋塞放气。放气时分液漏斗倾斜倒置，慢开旋塞，如不及时放气，盖子或旋塞可能会被顶开而漏液。例如，乙醚轻轻振荡后能产生 $3.99 \times 10^{-2} \sim 6.67 \times 10^{-2} MPa(300 \sim 500mmHg)$ 的蒸气压，加上漏斗中原有的空气和水蒸气压，漏斗内压力就大大超过了大气压。反复放气，待漏斗中只有很小气压时，才能较剧烈地振摇 2～3min，然后把漏斗放在铁圈上静置。待两层液体分清后，打开旋塞，缓缓地放出下层液体。上层液体应从上口倒出，以免被残留在漏斗颈部的下层液体所沾污。将溶液倒回分液漏斗中，再用新的溶剂（或洗液）萃取（或洗涤），一般如此操作 2～3 次。

使用分液漏斗的常见错误有：

a. 选用的分液漏斗太小，不能充分振荡。

b. 旋塞未关闭，即倒入溶液，造成损失。为此，分液漏斗下常放一烧杯或锥形瓶盛接，以防漏液。

c. 第一次振摇就很剧烈，振摇时间又长，没有及时放气，漏斗内压很高，或从旋塞处漏液，或在静置时弹出盖子。尤其是使用低沸点、挥发性大的溶剂提取，或用碳酸钠溶液洗涤酸性液体时更甚。

d. 两层液体尚未完全分开，即行分离，或分液时未分离干净，影响萃取效果。

e. 两层液体弄错，将不要的一层液体保留着，而将所要的一层液体丢弃了。为此，上下两层液体都应保留到实验结束。这样万一发生差错尚可补救。

另外，萃取时有时会产生乳化现象，特别是当溶液呈碱性或萃取表面活性较强的物质时，很容易产生乳化现象。当萃取振摇出现乳化时，除保持长时间静置外，还可加饱和氯化钠水溶液，提高水相密度，同时也减少有机物在水相中的溶解度；滴加数滴醇类化合物或磺化蓖麻油改变表面张力；加热，破坏乳状液（注意防止易燃溶剂着火）；过滤，除去少量轻质固体物（必要时可加入少量吸附剂，滤除絮状固体）。对于含表面活性剂溶液形成的乳化液，当实验条件容许时，可小心地改变 pH 值，使之分层。如乳化严重，可将乳浊液倒入锥形瓶中，塞上塞子放入冰箱的冷冻室过夜，深冷破乳。

② 固-液萃取。固-液萃取又称固-液提取，通常是用长期浸出法或采用索氏（Soxhlet）提取器（图 2-16）。索氏提取器是利用溶剂回流及虹吸原理，使被萃取的固体混合物质连续不断地为一定量的纯的溶剂所萃取，因而萃取效率较高。

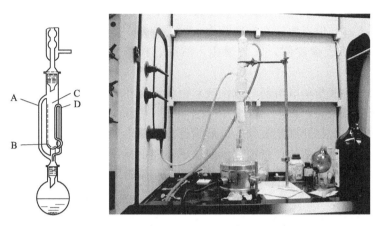

图 2-16　Soxhlet（索氏）提取器及提取装置

萃取前应先将固体混合物研细，以增加溶剂浸润的面积，然后，将固体混合物放在滤纸套（或纱布袋）内，置于提取器中间 B 管中，提取器 B 管底部封死，并和盛有溶剂的烧瓶连接，上端接冷凝管。当溶剂沸腾时，蒸气沿着图 2-16 中提取器左侧玻璃管 A 上升，被冷凝管冷凝成为液体，滴入提取器中间 B 管进行提取。当提取器内溶剂液面 C 超过虹吸管 D 的最高处时，即产生自动虹吸，经虹吸管 D 将萃取液流回到烧瓶中，因而萃取出溶于溶剂的部分物质。就这样利用溶剂回流和虹吸作用，不断地使固体混合物中被萃取的物质富集到下部烧瓶中，然后，将烧瓶中溶液取出，经减压浓缩溶剂，获得被萃取的物质，达到分离的目的。索氏提取器还可用于其他方面，如丙酮在 $Ba(OH)_2$ 催化下的自身缩合，这时 B 管中填充

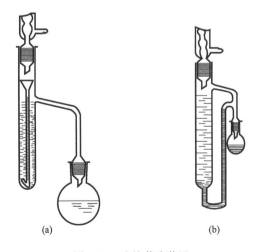

图 2-17　连续萃取装置

$Ba(OH)_2$，蒸发出的丙酮流入 B 管，浸透在 $Ba(OH)_2$ 中，而自身缩合，不断循环，反应瓶中的缩合物浓度不断增加，直至完成反应。

（4）连续萃取　这种方法实验室中亦常用，主要用于萃取某些在溶液中的溶解度极大的物质，用分次萃取效率很差的情况。它是利用一套专门的仪器，使溶剂在进行萃取后，自动流入加热器中，蒸发成为气体，遇冷凝器复成液体再进行萃取。如此循环不断，即能提出绝大部分的物质。此法的萃取效率甚高，溶剂用量很少。

唯一的缺点是操作时间较长，而且该法不适用于易受热分解或变色的物质。选择连续萃取方法时，需根据所用溶剂的密度大于或小于被萃取溶液密度的情况，而采用不同形式的仪器，但都是基于同一原理，现仅举两种类型的装置图为例。图 2-17 (a) 为用轻溶剂连续萃取的装置，图 2-17(b) 为用重溶剂连续萃取的装置。

连续萃取效率的优劣主要根据萃取溶剂对被萃取物质的溶解度的大小、溶剂在溶液中分散的程度以及溶剂在溶液中所经过的时间来判断。因此，在进行连续萃取时必须安装溶剂分散器（多孔球或板）并应用长柱形的器皿盛装溶液。这样才能达到萃取效率高、操作时间短的萃取效果。在连续萃取时，有时出现萃取溶剂浮升至液面或沉入瓶底较缓慢甚至没有液滴从分散器小孔逸出的情况，这时只需改变溶液的密度或提高积贮溶剂的小漏斗位置，即能顺利地进行萃取。

2.1.5.2　色谱技术

色谱技术又称为色谱分离分析技术，是分离、纯化和鉴定有机化合物的重要方法之一，在药物合成实验中广泛应用。与经典的分离、提纯方法（如蒸馏、重结晶、升华等）相比，具有微量、高效、灵敏、准确等优点。对于产品的分离、提纯、定性和定量分析以及跟踪反应过程都是一种方便、经济、快速的方法。

色谱技术的基本原理是利用混合物中各组分在某一物质中的吸附或溶解性能（分配）的不同，或其他亲和作用性能的差异，使混合物的溶液流经该物质时进行反复的吸附或分配等作用而将各组分分开。吸附力较小或溶解度较小的组分在该物质（固定相）中移动较快，反之则移动较慢，最终在固定相中形成"谱带"。流动的溶液称为流动相或淋洗剂。流动相可以是液体也可以是气体；固定相可以是固体吸附剂或涂敷在载体上的液体化合物（固定液）。根据各组分在固定相中的作用原理不同，可分为吸附色谱、分配色谱、离子交换色谱、排阻色谱等。根据操作条件不同，又可分为薄层色谱、纸色谱、柱色谱、气相色谱、高效液相色谱等。

（1）薄层色谱　薄层色谱（thin layer chromatography，TLC）主要分为吸附色谱和分配色谱两类。它是将吸附剂或支持剂涂在一块干净的玻璃板、塑料板或铝箔上，形成一定厚度均匀的薄层，经干燥活化后在薄层板的一端约 1cm 处，用管口平整的毛细管吸取少量样品溶液点于薄层板上，形成一小圆点，待溶液晾干后，将薄层板放入盛有展开剂（流动相）的展开槽中，使点样一端浸入约 0.5cm，由于吸附剂（或支持剂）的毛细作用，展开剂沿薄层板缓缓上升，样品中各组分因在展开剂中的溶解性和被吸附剂吸附的程度不同（或在支持剂中的液体的溶解性能不同），随展开剂的移动而被分开，在不同位置形成一个个小斑点，待展开剂上升到距薄层板上端约 1cm 时（此处为展开剂前沿）将板取出，待展开剂挥发后在紫外灯下或用显色剂显色（如果样品无色），并记下各斑点中心以及展开剂前沿距原点的距离，计算比移值（R_f 值）（图 2-18）。

$$R_f = \frac{化合物斑点最高浓度中心至原点中心的距离}{展开剂前沿至原点中心的距离}$$

R_f 值在一定条件下是一个化合物的特征值，但操作条件上的差异（如薄层板

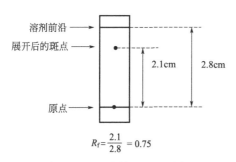

溶剂前沿 ←
展开后的斑点 ←
原点 ←

2.1cm   2.8cm

$$R_f = \frac{2.1}{2.8} = 0.75$$

图 2-18 比移值（R_f）示意

吸附剂的厚度、粒度、活性、展开剂纯度与配比、温度等）都可以改变一个化合物的 R_f 值。所以在分离、鉴定化合物时最好在同一块薄层板上与标准样品进行对照。

薄层色谱操作简便、快速，是实验室常用的分析手段。薄层色谱常用于跟踪反应，确定中间体的产生和反应终点等，为柱色谱寻找最佳条件，特别适用于挥发性较小或在较高温度下易发生变化而不能用气相色谱分析的物质。若制成较大、较厚的薄层板（如 20cm × 20cm），将样品溶液点成一条线，则可以分离 500mg 左右的样品，用于少量化合物的精制。它与经典的柱色谱、纸色谱以及气相色谱和高效液相色谱相比，具有许多独到之处。例如，与纸色谱相比，具有下列重要的特点：所需展开时间短；在梯度不高的情况下分离效果都较尖锐；对物样进行鉴定时，可以使用腐蚀性试剂，即能引起碳化的试剂；使用的物样少（几微克到几十微克，甚至 $0.01\mu g$）、检验极限比纸色谱约低百分之几十。

薄层色谱的整个操作过程包括以下步骤。

① 吸附剂及其选择。薄层色谱中使用的吸附剂是表面积很大的经过活性处理的多孔性或粉状固体。目前最常用的是硅胶和氧化铝，因为它们的吸附力强，可分离的化合物类型比较广泛。其次是聚酰胺、硅酸镁和滑石粉等，它们只对某几类化合物的分离效果较好，因此也常用，而氧化钙（镁）、氢氧化钙（镁）、磷酸钙（镁）、淀粉、纤维素和蔗糖等因碱性太大或吸附性太弱，用途有限。活性炭的吸附性太强，本身又为黑色，很少用于色谱技术。

硅胶是无定形多孔状物质，其表面含有硅醇基团，略具酸性，适用于分离酸性和中性化合物。由于硅酸基团能吸附水生成水合硅醇基，使硅胶的活性降低。含水量越多，其吸附性能越差，活性越低。硅胶吸附能力还与其粒度相关，粒度越小，则总表面积越大，吸附能力也越强。

薄层色谱用硅胶分为"硅胶 H"——不含黏合剂；"硅胶 G"——含煅石膏黏合剂（$2CaSO_4 \cdot 2H_2O$）；"硅胶 HF254"——含荧光物质，可在波长 254nm 紫外光下观察荧光；"硅胶 GF254"——既含黏合剂又含荧光物质。黏合剂除煅石膏外，还可以用淀粉、羧甲纤维素钠。制备薄层板时，常用 0.5%～0.8% 羧甲纤维素钠水溶液。加黏合剂的薄层板称为硬板，不加黏合剂的板称为软板。

氧化铝是活性大、吸附力强的极性化合物，也可以按含黏合剂或荧光剂分为氧化铝 G、氧化铝 GF254 和氧化铝 HF254。与硅胶相同，氧化铝的活性也取决于它的含水量。

氧化铝或硅胶按其表面含水量多少分为 5 个活性等级。Ⅰ级活性最高，Ⅴ级活性最低。表 2-3 列出了吸附剂含水量与其活性的关系。

表 2-3　氧化铝和硅胶的活性等级（Brochmann 法）

活性等级	氧化铝含水量/%	硅胶含水量%	吸附活性
Ⅰ	0	0	强
Ⅱ	3	5	↓
Ⅲ	6	15	↓
Ⅳ	10	25	↓
Ⅴ	15	33	弱

吸附剂与化合物之间的吸附力与化合物的极性成正比。氧化铝对各种化合物的吸附性大小有如下次序：

酸、碱（胺类）＞醇、硫醇＞醛、酮＞酯＞醚＞多卤代烃＞芳香族化合物＞卤代烯烃和烯烃＞卤烷和饱和烃

由此可见，吸附剂吸附能力的强弱也取决于被吸附物，它们之间除有较弱的物理吸附外，被吸附物分子中基团还可与吸附剂表面的基团形成盐或配合物或氢键，其作用力类似于化学键的结合力，产生化学吸附。各种作用力强弱的次序大致为：

成盐力＞配位力＞氢键力＞偶极作用力＞范德华引力

硅胶对各种化合物的吸附性大小有上述相近的趋势。

② 薄层板的制备。制备薄层板所用玻璃板（常用载玻片）必须平整，用前应洗净、晾干。所铺薄层要均匀，厚度一致（约为 0.25～1mm），否则会由于展开剂的前沿不整齐，而造成分析结果不能重复。

薄层板分为"干板"与"湿板"两种。一般常用"湿法"制板，实验室常用如下简易的"平铺"方法制板：根据需要选用不同规格的硅胶放入一个小烧杯中，一般 3g 硅胶加入约 7mL 0.5%～0.8% 的羧甲纤维素钠水溶液，立即用玻棒调成糊状（调糊时间不能太长，一般在 40s 至 1min 左右，否则硅胶会凝结），均匀倒在 7.5cm×2.5cm 的载玻片上（3g 硅胶约可铺 5～6 块载玻片）。然后用手轻轻振摇玻片，使硅胶糊涂布均匀平滑，室温晾干后活化。

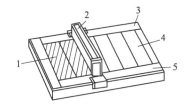

图 2-19　薄层涂布器
1—吸附剂涂层；2—涂布器；3,5—夹玻板；4—玻璃板（10cm×3cm）

制备较多的薄层板可用简易的薄层涂布器（图 2-19）。薄层涂布器为上下开口的长方形有机玻璃槽，其正面一块板的底部有一狭缝（狭缝高度为薄层板的厚度），硅胶糊倒入涂布器后，移动涂布器，糊从狭缝中流出，可以均匀地涂在玻璃板上。

若要涂布用于制备的大薄层板，可在一根玻璃棒两端（两端距离为薄层板的宽度）缠上橡皮膏或套上塑料环，其厚度为所涂薄层的厚度。在玻璃板一端倒上硅胶糊，平移玻璃棒，将糊涂布均匀。

湿板还有另一种制法，即浸渍法，其方法是：首先，将硅胶 GF254 与乙酸乙酯或丙酮或甲醇（按每克硅胶用 3mL 有机溶剂比例）存放在广口瓶中，用前打开瓶塞，用玻璃棒调制成黏稠状，再将两块干净的载玻片背靠背贴紧，浸入硅胶糊中，取出后将载玻片分开，晾干，在载玻片上形成一均匀硅胶薄层，无须活化即可作薄板使用，用于点样与展开等，这样制得的薄板可称为软板。此法优点是：因用有机溶剂调制硅胶，没有用水，故晾干后即可使用，可达到随用随制板；因硅胶层很薄，可节省硅胶；清除玻板上的硅胶方便。其缺点也很明确：因为无其他黏合剂，如羧甲纤维素钠，故玻板上的硅胶层不牢固，稍有振动，易于脱落，晾干后使用要十分小心地点样，轻拿轻放，薄板放入展开缸中的角度要小（图 2-21），但使用习惯后，有了经验，使用也很方便。

③ 薄层板的活化。把涂布好的薄层板放于室温晾干后，置烘箱中加热活化，活化条件根据需要而定。硅胶板一般在烘箱中渐渐升温，在 $100 \sim 110 ^\circ C$ 活化 0.5h，氧化铝板在 $200 ^\circ C$ 烘 4h 可得活性 II 级的薄板，$150 \sim 160 ^\circ C$ 烘 4h 可得 III～IV 级的薄板。薄层板的活性与含水量有关，活性随含水量的增加而下降，常用的硅胶和氧化铝薄层板的活性为 II～III 级。活化好的薄层板应放在干燥器或干燥箱中保存。

④ 点样。在薄层板一端 1cm 处，用铅笔轻轻画一条线作为起始线（或在边缘做一记号），用直径小于 1mm 的管口平整的点样毛细管（或 HPLC 进样针头，可重复清洗使用）吸取样品溶液（一般用低沸点、易挥发溶液配制的 1% 的稀溶液）在起始线上点样。点样时，应使毛细管口轻轻接触板面后立即移开，以防溶液扩散造成斑点直径太大（斑点直径应控制在 1～2mm）。要注意毛细管不能刺破薄层面。因溶液太稀，一次点样太少，往往要重复几次，但要待前次点样的溶剂挥发后，再在原点样处重复点样；若在同一块板上点几个样，两点之间的距离至少应为 0.8～1.2cm。点样完毕，待溶剂晾干后才可以展开。

点样点上的样品量、斑点的大小与分离效果有很大关系。量太多容易造成展开后的斑点太大，出现两点间互相交叉、拖尾等现象，不能很好分离；样品量太少，斑点不明显，难以观察。

在制备型薄层板上点样时，可用一根弧形毛细弯管，一端轻轻接触薄层板，另一头插入样品溶液，匀速直线地移动薄层板，可以在板上得到相当均匀的样品带。也可用带有 2 号针头的小注射器吸样品溶液，再均匀用力推注在薄板上点样。

⑤ 展开剂的选择。选择合适的展开剂是做好薄层分析的关键。展开剂的选择要考虑样品各组分的极性、溶解度和挥发性等诸多因素，展开剂应对被分离物质有一定的溶解度，有适当的亲和力。一般情况下，溶剂的展开能力与溶剂的极性成正比。所选择展开剂的极性要比待分离物质的极性略小，如果展开剂极性太大，吸附剂对展开剂的吸附能力大于被分离物，被分离样品各组分完全随展开剂移动，其 R_f 值过高；如果展开剂的极性太小，各组分不易随展开剂迁移，R_f 值太小甚至

为零。

选择一个最佳展开剂，一般需要经过反复试验。简易的试验方法是在薄层板上每隔 1cm 点几个样品点，然后用吸有溶剂的毛细管轻轻接触一个样品点的中心，此时溶剂扩散成一个圆点，溶剂前沿用铅笔做一记号。再用不同溶剂试验其余各点。样品原点将扩展成如图 2-20 的同心环，从扩散的图像来确定适宜的溶剂作展开剂。在实际操作中如果找不到单一溶剂，可使用按一定比例组成的混合溶剂，这样分离的效果往往比单一溶剂好，如石油醚-乙醚、石油醚-乙酸乙酯或环己烷-乙酸乙酯等。下面是薄层色谱常用的一些展开剂，其极性依次递增（纯溶剂）：

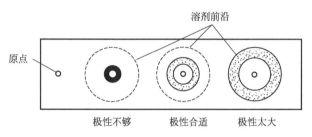

图 2-20　选择展开剂的同心环方法

己烷和石油醚＜环己烷＜四氯化碳＜三氯乙烯＜二硫化碳＜甲苯＜苯＜1,2-二氯乙烷＜二氯甲烷＜氯仿＜乙醚＜乙酸乙酯＜无水丙酮＜乙醇＜甲醇＜水＜吡啶＜乙酸等有机酸

常用的一些展开剂对于硅胶来说，吸附力由小到大的次序为：

环己烷＜石油醚＜戊烷＜四氯化碳＜苯＜氯仿＜乙醚＜乙酸乙酯＜乙醇＜水＜丙酮＜乙酸＜甲醇

常用的一些展开剂对于氧化铝来说，吸附力由小到大的次序为：

戊烷＜石油醚＜己烷＜环己烷＜四氯化碳＜苯＜乙醚＜氯仿＜二氯甲烷＜乙酸乙酯＜异丙醇＜乙醇＜甲醇＜乙酸

这里需强调的是，以上所说吸附剂、展开剂（以及柱色谱中用的洗脱剂）和化合物被吸附性能的强弱顺序都是粗略的，绝不能孤立对待，要顾及很多因素，在柱色谱中要涉及这些内容。

⑥ 展开。薄层板展开时，吸附剂对样品、溶剂对样品会发生无数次吸附、解吸过程。展开前，应使层析缸内展开剂的蒸气达到饱和，以利于上述过程的进行。所用层析缸或层析槽是密闭的，并提前几分钟加入展开剂。为使溶剂蒸气迅速达到饱和，可在层析缸内沿内壁衬一张滤纸（但应留一空隙，便于观察展开的情况），滤纸下面应浸在展开剂中。展开方式分为"上升法"、"倾斜上行法"、"下降法"和"双向展开"等几种。药物合成实验中经常使用的主要为"上升法"和"倾斜上行法"两种。常用的层析缸有长方形盒式和广口瓶式等。

a. 上升法。将薄层板垂直放于盛有展开剂的层析缸中，应注意展开剂浸入薄层板不能超过 0.5cm，当展开剂上升到距薄层板顶端 1cm 时，迅速拿出，并立即记下展开剂前沿的位置，然后在通风橱中晾干或用冷风机吹干。这种方法适用于含黏合剂的硬板。

b. 倾斜上行法。如图 2-21 所示，无黏合剂的软板应倾斜 15°角，含有黏合剂的硬板可以倾斜 45°~60°角。

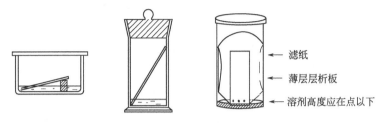

图 2-21　倾斜上升展开法

⑦ 显色。样品经薄层展开后，若本身带有颜色，可以直接看到斑点的颜色；若样品无色，就需要显色。

a. 紫外灯显色。含有荧光物质的薄层板放在紫外光下，化合物的斑点在亮的荧光背景下呈现暗红色或亮蓝色等。

b. 碘蒸气显色。在密闭的容器中放入一些碘（此容器称为碘缸），容器中充满碘的蒸气。将展开晾干的薄层板放入碘缸，碘与大多数有机物（烷、卤代烷除外）会可逆地结合，在数秒钟至 1min 内化合物的斑点呈黄色或黄棕色等。薄层板拿出后，碘很快挥发，使所呈现的颜色消失，因此，显色后应立即用铅笔将斑点的轮廓画出。

但需注意，有些化合物（如不饱和烃和酚类等）易与碘反应，不能用此法显色。此外，当薄层板上仍有溶剂时，由于碘亦能与溶剂结合，使薄层板显淡棕色，影响正确观察，所以必须待溶剂完全挥发后，再将薄层板放入碘缸中显色。

c. 喷洒显色剂显色。除以上方法外，还有许多显色剂可供选择使用。用 20% 磷钨酸钾试剂，在薄层板上喷雾后，在 120℃烘干，可使还原性物质显示蓝色。用浓硫酸喷雾后，在 110℃下加热，大多数有机物焦化显示出斑点。其他还有如三氯化铁溶液、水合茚三酮溶液（检测多肽和氨基酸）和磷钼酸溶液等显色剂，一些常用的显色剂见附录 7。

⑧ 定量分析方法。薄层色谱定量法有以下两种。

a. 洗脱法。将斑点位置的吸附剂用吸集器吸下（应仔细定量地将其全部吸下），然后用溶剂将化合物定量地洗下为止。也可直接用刮刀将斑点位置的吸附剂直接刮入微量色谱管中洗脱。不过刀刮的方法易使产品丢失，操作应特别仔细。然后用分光光度法定量（用量几微克至几十微克，常用紫外分光光度法和可见分光光度法）。

b. 直接定量法。根据薄层上斑点面积大小、斑点颜色强度或荧光强度，直接在薄层板上进行定量测定。该法又分为测面积法和仪器测量法两种，前者虽然准确度差一些（误差 5%～15%），然而设备简单，易于推广，在某些情况下还是可以采用的。后者是用分光光度计或荧光光度计直接对斑点进行光密度或荧光强度的测量，大大提高了准确度和自动化程度。尤其是采用双光束双波长薄层扫描仪，减少了由薄层均匀度差带来的误差，准确度得到进一步的提高。

⑨ 消除薄层（TLC）拖尾的方法。薄层色谱是样品与硅胶之间的吸附/解吸附的过程，当样品与硅胶吸附能力过强的时候，就会造成拖尾（不考虑过载，过载大多会造成拖尾）。此时就使用更强的溶剂系统来进行解吸附，因此，对于羧酸类化合物，需要添加醋酸或者甲酸来加强洗脱极性；另外，羧酸的电离也会造成拖尾，因此，加入醋酸或者甲酸可以抑制电离，使得薄层点比较圆。

同样，对于碱性物质，也需要加入碱（通常是三乙胺、二乙胺或者氨水）来加强洗脱极性和抑制电离。由于普通的硅胶板都是弱酸性的，所以对于某些酸敏感的化合物，需要用碱板。在铺板时，可以用 0.05%～0.5% 的 NaOH 代替水调制硅胶就可以得到碱板了。

（2）柱色谱　虽然柱色谱是最古老的色谱方法，但是在药物合成实验中，对于分离相当大量的混合物仍是最有用的一项技术。

将一根上端带有标准磨口管口、下端带有活塞的玻璃管（称为"柱"）直立安装，并在管中装填分散度合适的吸附剂，最常用的吸附剂为硅胶或氧化铝，吸附剂用洗脱剂浸润（详见下面的柱色谱操作过程）。几种简易的层析柱见图 2-22。

将欲分离的混合物配成溶液，从柱的顶端加入，然后加入选定的溶剂，由于吸附剂对混合物的各种组分有不同的吸附能力，各组分按不同的速率通过柱子逐渐被冲洗出来，分别收集再行处理。如果有一个或几个组分移动得很慢，形成相应的明显色谱带，则可将填料推出柱外，切开不同的谱带，分别用溶剂萃取后再行进一步处理。

洗脱时非极性化合物通常用非极性溶剂，如苯、烷烃等或它们的混合液。极性较大的化合物则需用极性溶剂，如丙酮、醇类和有机酸等或它们的混合液。

如上所述，柱色谱分离纯化技术涉及吸附剂、洗脱剂和待分离样品，这三者之间的关系应整体统一考虑。对于一具体的待分离混合物，吸附剂和洗脱剂怎样组合，主要凭经验和试验确定。相关的初步经验（或常识、原理、规律）与试验，即柱色谱的操作过程主要有以下内容。

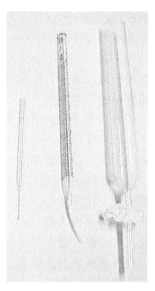

图 2-22　几种简易的层析柱

① 吸附剂的选择。对于被分离的各个组分，吸附剂应具有最大的选择性，也即对各组分的吸附强度应有尽可能大的差别。柱色谱常用的吸附剂有氧化铝、硅胶、氧化镁、碳酸钙和活性炭等。关于吸附剂的选择，在薄层色谱一节中已进行了一些讨论，供柱色谱使用的常用吸附剂，按吸附能力的强弱有以下排序：

氧化铝＞活性炭＞无水硅酸镁＞硅胶＞氧化钙＞氧化镁＞碳酸镁＞磷酸钙＞碳酸钙＞碳酸钾＞碳酸钠＞滑石粉（含水硅酸钙）＞蔗糖＞淀粉

其中氧化铝与硅胶使用得最多。氧化铝有酸性、中性和碱性 3 种。酸性氧化铝是将氧化铝用 1% 盐酸浸泡后，用蒸馏水洗至氧化铝的悬浮液 pH 为 4，适用于分离酸性物质；中性氧化铝应用较广，适用于醛、酮、醌及酯类等中性化合物的分离，其 pH 值为 7.5；碱性氧化铝 pH 为 10，用于胺及其他碱性化合物的分离。氧化铝的活性可通过其中的含水量来调节。

对于吸附剂硅胶而言，其活性则取决于其粒度与活化方法。粒度应选择恰当，粒度小，表面积大，吸附力强，分离效果好，但溶剂流速慢，因此应根据具体情况进行选择。

对吸附剂的选择尚要考虑很多特定情况，如丙酮在氧化铝上能发生自身缩合或者与基质缩合，故丙酮及其类似物不宜作氧化铝柱的洗脱剂及被分离物；硅胶易使某些化合物发生重排或其他变化；更应了解的是，氧化铝（因其有一定的碱性）不能用于对碱敏感的样品；硅胶不能用于对酸敏感的样品。

色谱柱高与直径之比为 10∶1～4∶1，实验室常用色谱柱直径在 0.5～10cm。

柱色谱的分离效果与色谱柱大小和吸附剂的用量也有关系。一般柱中吸附剂的用量为被分离样品的 20～30 倍，若需要可增至 30 倍以上。对同等量的吸附剂来说，使用直径较小的柱能获得较好的分离效果，但样品用量较少，洗脱较慢，故调节洗脱剂流动速度对分离效果影响很大，流速除了可用吸附剂柱高低来调节外，还可用柱顶的压力来调节。

另外，为了使色谱条件更加稳定，环境温度不宜变化很大，并且温度低一些为好，所以可使用带有冷却夹套的色谱柱（其外形与直形冷凝管一致），这更适用于炎热的天气和低沸点的溶剂。

② 溶剂与洗脱剂的选择。进行柱色谱前，要将待分离样品溶解，溶解样品的溶剂极性应比样品小一些。溶剂极性太大，样品不容易被吸附剂吸附。同时溶剂对样品的溶解度也不能太大，否则也会影响吸附；但也不能太小，溶解度太小，溶剂体积增加，使"色带"分散，影响分离效果。

洗脱剂的选择最好先用薄层方法进行试验，然后将薄层分析方法找到的合适展开剂直接用于柱色谱，或将展开剂的极性稍调小一些使用。也可以先用极性较小的溶剂将极性较小的组分洗脱，再用极性较大的溶剂洗脱极性较大的化合物。

③ 柱色谱操作过程

a. 装柱。根据被分离样品的多少选择大小合适的色谱柱，使用前要将柱子清洗干净并干燥。将色谱柱垂直固定在实验台上，柱下端的活塞最好不要涂润滑脂，以防油脂被溶剂溶解而污染被分离的化合物（最好使用聚四氟乙烯的活塞，可以不涂润滑脂）。对于直径较细的柱子，底部用脱脂棉轻轻塞紧就可以了。直径较大的柱子，底部可用砂芯制成。

装柱的方法分为"干法"和"湿法"。"干法"装柱是先在柱中加入溶剂至柱高的 3/4，打开下面的活塞，使溶剂以每秒一滴的流速流出，从柱上口慢慢不间断地加入吸附剂（可以通过漏斗加入），并用木棒或插有玻璃棒的橡胶塞轻轻敲打柱身下部，使其装填均匀、紧密。当装至柱的 3/4 处时，再在吸附剂上面加一层 0.5cm 厚的石英砂，加入石英砂的目的是保护吸附剂表面平整，使之不受加入样品溶液或洗脱剂的影响。

"湿法"装柱与"干法"装柱大体相同。先在柱中加入柱高 1/4 的溶剂，将吸附剂用溶剂调成糊，徐徐不间断地倒入色谱柱中，其他操作相同。无论用哪种方法装柱，装柱过程中以及填装完毕吸附剂要始终浸泡在溶剂中。装填完，溶剂液面要高于石英砂，否则柱身干裂，影响分离效果，甚至无法使用。柱身装填要均匀、无气泡、无裂纹，适度紧密，柱顶面的吸附剂和石英砂表面要保持水平。装填好的柱必须竖直放置 1 小时至数小时后再加样洗脱，这样有利于柱体冷却至室温（某些溶剂与硅胶或氧化铝混合后，会产生较明显的放热现象），也利于吸附剂更加密实，特别在使用密度较小的溶剂作洗脱剂时，这一"老化"过程不可缺少。

b. 加样与洗脱。打开色谱柱活塞，当洗脱剂刚流至石英砂上表面时关闭活塞，用移液管或长滴管沿柱壁加入样品溶液，再打开活塞，小心放出一些洗脱剂，使溶液流至石英砂面再关闭活塞，用少量洗脱剂仔细将柱内壁沾附的样品冲洗干净，再将溶液液面放至石英砂面处，然后加入洗脱剂（可在柱上装一滴液漏斗，从漏斗不断补充洗脱剂），打开下面活塞进行洗脱，（整个过程应保持有一定高度的液面），分别收集不同组分。如果样品无色，可用相当数量的试管分别收集，各试管溶液经薄层色谱鉴定后，合并相同组分的溶液，蒸除溶剂，得到所分离的各个组分。

柱色谱的整个操作过程虽然冗长费时，但对比较大体积物料的分离，仍不失为一种很有用的方法。现在有在色谱柱上端洗脱液的进口处加压的方法，可使柱色谱的速度大大提高，这种改进的方法称为加压柱色谱法。

（3）干柱色谱　干柱色谱是借助毛细管作用或/和重力作用进行色谱分离的色谱，是一种改进了的色谱技术。干柱色谱设备简单，分离速度快，展开剂量小，污染小，流动相选择范围广，上样量大，分辨率及色谱行为与薄层色谱（TLC）相当，运用这种方法，可迅速地获得制备型分离，因此，凡能用 TLC 进行分离的混合物，其中包括那些在"湿装柱"上不能分离的物质，均能在干柱上得以分离。干柱色谱柱形式有塑料干柱、尼龙柱、加压玻璃柱、减压干柱和"制备型高分辨组件"（preparative high resolution segment，PHRS）。

干柱色谱的本质特点是展距短（不将色谱带洗脱出柱）。展距短使色谱分离时间显著缩短，流动相用量大幅度降低，并且省去了常规洗脱液的分段收集和处理，这就赋予了干柱色谱明显的方便性和经济性。色谱分离时间的显著缩短使干柱色谱可接受低流速的流动相。流动相的低流速和短展距减小了柱不均一性和色谱动力学对分辨率不利的影响，弥补了因展距短造成的分辨率损失，从而获得与分析 TLC 几乎相等的分离度。目前已经发现：

① 降低了活性的吸附剂比活性高的吸附剂的分离能力要强得多。

② 用降低了活性的吸附剂进行干柱色谱，可以获得与薄层色谱同样好的分离结果。

③ 在干柱上所得之分离与薄层色谱有直接的关系（一种极有价值的关系，薄层色谱的条件可直接用于干柱上）。

④ 在进行制备型分离时，能估算出所需柱的大小。

含有甾体、生物碱、脂类、酸类、胺类的混合物以及各种各样的杂环化合物在干柱上的分离都已获得成功。干柱色谱已用于放射性物质和代谢产物的分离，干柱色谱也能用于制备供质谱分析用的样品。

干柱色谱的实验操作如下。

① 概述。干柱色谱的基本操作是将一空柱用吸附剂填充，把欲分离的混合物置于干柱的顶部，然后借助毛细作用及重力作用，使溶剂向下移动而作色谱展开。由于柱内无液流，不会形成沟流现象，因此分离的色带明显而整齐。通常在 15～30min 后，溶剂到达柱的底部而完成分离。

在干柱色谱中，被分离的混合物的量仅取决于柱的大小。曾使用 183cm 长的柱，成功地分离了 50g 混合物。在一般的实验室规模，用干柱法分离 15g 物质是件常事，而且能迅速地完成。一根 $\phi4 \times 50cm$ 的氧化铝柱只需展开 30min 左右，即可分离 7g 混合物。

薄层色谱和干柱色谱二者之间关系密切，前者条件可以直接用于干柱上。因此，探索混合物分离的最佳条件的全部研究工作都可在薄层板上进行。一经测定后，便可直接转用于干柱色谱。如果柱采用相同的溶剂系统和相同的吸附剂（即与薄层板上所用的吸附剂减活程度相同，约为Ⅱ～Ⅲ级），则分离结果相似，而且被分离的各组分的位置可根据薄层色谱中测得之 R_f 值来估算。

② 吸附剂。干柱色谱中吸附剂的粒度一般是 100～200 目，并将它们减活，使其活性与薄层吸附剂的活性相同。在确定吸附剂的分离性能时，它的活性是极重要的因素。通过加入适量的水使其减活而与薄层板上吸附剂的活性相一致。如制备Ⅱ～Ⅲ级的氧化铝（相当于氧化铝薄层板的平均活性），则应先核定吸附剂原始活性，据此再相应地加入 0％～6％的水。对硅胶而言，若要使其与硅胶薄层板上的活性相似则需加到 15％的水。

为使吸附剂降低活性，宜将吸附剂置于玻璃瓶内，加入适量的水，置于球磨机的轴上，转动 3h，使之达到平衡。更方便的是将盛有吸附剂和适量水的圆底烧瓶放在密闭的旋转蒸发器上转动，每次 3h。

③ 柱的制备

a. 玻璃柱。在玻璃柱或石英柱的底部置一打孔的塞及适宜的支持物，以防止柱内气泡的形成。用减活的吸附剂干法填充，吸附剂慢慢地、均匀地倒入柱内，同时用一橡皮槌轻击柱体，或可采用振动器将其振实。填装完毕后即可上样展开。

展开后，为取出已分离开的成分，必须以适当的完整状态从柱里取出吸附剂，可在柱的一端施加压力，或把柱倒转过来，用橡皮槌轻击柱体，使柱内的吸附剂依次慢慢滑下。

b. 尼龙柱。由于玻璃柱定位、分开已分离的各组分的方法比较麻烦，需要改进，这就导致了尼龙柱的应用。当展开完毕后，若要得到所需的吸附剂部分时，可用刀直接把柱切成小段，简单方便地取出。尼龙色谱柱有以下特点：有一定的强度且容易切割；可以用手工热封；对有机溶剂（除氯仿、二氯甲烷和乙酸等外）惰性，不溶解；价格低廉；能透过短波长的紫外线，从而使无色物质也能在柱上定位检出。

尼龙柱的填充方法：将一端封闭的适当长度的柱，塞入玻璃毛或小衬垫。为了排气以防止在填充时产生气泡，在底部打 2～3 个小孔（即在玻璃毛之下），吸附剂即可迅速倒入柱中，为使填充致密，在装到柱的 1/3 时，可将尼龙柱从 15cm 左右的高处向低处的硬面敲 2～3 次（像填装测熔点毛细管一样）。然后再装 1/3，重复上述操作，使其填紧。最后填充至顶部，又如上述操作使其填紧。填充结实后的柱是十分坚硬的，可用夹子固定在铁架台上。

④ 上样。液体样品可直接注于柱上，或以少量展开剂溶解，然后均匀地加在柱的顶部，待样品溶液完全浸入柱内后即可开始展开。固体样品同样是用尽可能少的展开剂溶解，然后以上法上柱。当样品极少时，可将固体样品粉末直接均匀地加在柱顶。

⑤ 溶剂系统。适用于"干柱"色谱的溶剂就是在薄层色谱中使用的那种有效分离的溶剂，尽可能采用单一溶剂系统。

如果必须采用混合溶剂，那么吸附剂必须预先以展开用的混合溶剂处理，否则分离效果将极差。具体操作是在吸附剂中加入一些混合溶剂，加入的量一般为吸附剂质量的 10%。然后同样置球磨机上旋转 3h，使吸附剂与混合溶剂达到平衡。一旦平衡，即可按常规进行干柱色谱。

⑥ 柱的展开。用一分液漏斗将展开剂加入干柱，展开剂加入的速度是：使柱顶一直保持 3～5cm 高度的液面。对一根 50cm 长的氧化铝柱的展开时间，根据柱的直径不同约需 15～30min。当展开溶剂抵达柱的底部时，展开即完成。

如用玻璃柱或石英柱，可将溶剂流干，把柱倒过来向下往一软木塞或橡皮塞上敲墩，使柱内吸附剂慢慢滑下来，再按一般方法将其分开；若采用尼龙柱，可像切香肠那样，用刀把柱切成段。已经分离出来的各部分，根据需要，将它们置于砂芯玻璃漏斗中用甲醇或乙醚萃取。

如果所用溶剂的量正好能展开到柱的底部，那么无需照看，展开会自动停止。由于色带的扩散较慢，色谱图一般可在柱中保留几天。

一根 $\phi 2.5 \times 50cm$ 的氧化铝干柱色谱，仅需要用 90mL 溶剂就能完全展开。与一般的柱色谱相比，"干柱"所用的溶剂的量是相当少的。

展开溶剂抵达柱的底部后，如果继续往柱中加入展开剂，色带将继续缓慢下行。由于继续展开，各组分将进一步分离。这相当于增加薄层色谱板的长度或在同样板上展开两次。

⑦ 柱大小的选择。为了得到给定量的混合物的最佳分离效果，应根据该混合物在薄层色谱上分离的难易程度来选择大小适宜的柱。显然，较难分离者所需的柱要大些。

根据所能分离的混合物的量和所需吸附剂的量，对一般混合物，每克样品大约需要吸附剂 70g，而每克难分离的混合物，其分离所需的吸附剂约为 300g。

对一根给定大小的柱，所用吸附剂的量可因颗粒的牌号和大小而有所不同。表 2-4 列出对一根 50cm 长的柱的吸附剂平均需要量。由表 2-4 可以看出，分离同样量的混合物时，用硅胶作吸附剂的量比用氧化铝作吸附剂的量约大两倍。这个差别是由于这两种吸附剂的密度不同而引起的。硅胶的密度只有氧化铝的一半，所以必须用较大的柱来装同样质量的吸附剂。但无论如何不能改变化合物对吸附剂的质量比。

表 2-4　柱大小与吸附剂需要量的关系

柱长 50cm 时的	吸附剂的质量/g		柱长 50cm 时的	吸附剂的质量/g	
直径/cm	氧化铝	硅胶	直径/cm	氧化铝	硅胶
1.3	40	17	4	540	225
2.5	240	100	5	960	400

2.1.6　过滤与离心分离

2.1.6.1　过滤

过滤常用于下述两种场合：一是从母液中分离析出的结晶或沉淀；二是为了除去混在溶液中的固体杂质或悬浮物，以得到透明的溶液。然而，随着过滤目的的不同，其分离方法也不相同。

（1）自然过滤　在药物合成实验中，为了除去用于干燥溶剂的固体干燥剂或活性炭、除去反应液中的金属催化剂或还原用的金属粉末，以及除去溶液中的尘埃和悬浮物等，可进行自然过滤。

① 四折滤纸法。四折滤纸用在实验中需要获得沉淀物的场合（图 2-23）。滤纸按孔隙大小分为"快速"、"中速"和"慢速"3 种，根据需要选择合适的使用。

a. 滤纸必须紧密贴着漏斗。若不紧贴，应调整折叠方法，使之贴紧。

b. 先用蒸馏水把滤纸润湿（过滤的反应液以水作溶剂时）。然后，仔细压平滤纸褶皱的部位，使之紧贴着漏斗。

此时，因积聚于漏斗颈管里的液柱的抽吸作用，能加快过滤速度。

c. 不能把过滤溶液加到滤纸的上沿，只加到离滤纸上沿5mm 的地方即可。待过滤进行到一定程度后，再补充需过滤的溶液。如此重复操作。

d. 待需过滤的滤液过滤完后，从滤纸上部注入蒸馏水（有时把它加热），把沉淀洗涤数次。

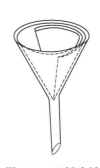

图 2-23　四折滤纸

如果沉淀物是电离性的物质，若用水过分洗涤，常会使其变成胶体而透过滤纸（反絮凝作用）。遇到此种情形时，则需使用适当的盐溶液进行洗涤。

② 折叠滤纸法。此种滤纸用于分离无需保留固体物的场合。由于其有效面积较大，因而过滤速度较快。

滤纸折叠的方法如图 2-24 所示。

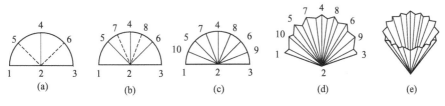

图 2-24　滤纸折叠的方法

a. 先把滤纸四折，然后将其打开成半圆状，按照点划线进行折痕［图 2-24(a)］。但需注意，折痕不要集中于一点，要像图 2-24(b) 和图 2-24(c) 那样稍微参差折叠。同时在周边部位用力折痕，而在中心部位则不折叠。

如果折痕集中于一点，过滤时，在那里就有发生破裂的危险。

b. 将滤纸打开成半圆状，在两条折痕之间的中央，向相反方向（虚线折成隆起部分）折叠，如图 2-24(d) 和图 2-24(e) 所示。

c. 图 2-25 是将折叠滤纸放入漏斗时的情形。注意滤纸的上端不要高出漏斗边沿。

③ 加热过滤法。将热的饱和溶液进行自然过滤时，常在过滤过程中因溶液冷却而析出结晶。遇到此种情形时，可采用保温漏斗（热漏斗）进行加热过滤，如图 2-26 所示。

a. 进行加热过滤时，为了避免在漏斗内析出结晶，要尽可能使用短颈（比保温漏斗的底端稍长）的玻璃漏斗。

b. 在保温漏斗中盛满水，装上玻璃漏斗和滤纸。

c. 在开始过滤之前，先用喷灯加热保温漏斗的侧管，以加热漏斗中的水。过滤可燃性溶剂的溶液时，一定要在熄灭喷灯之后，才可以开始进行过滤。

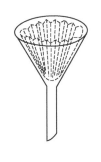

图 2-25　折叠滤纸在漏斗中

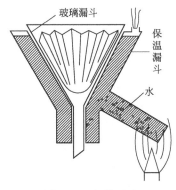

图 2-26　加热过滤

d. 在过滤过程中，滤液析出结晶时，待将全部溶液过滤完毕后，再加热滤液把结晶全部溶解。然后放置冷却，使其慢慢析出结晶。

e. 在滤纸上析出结晶时，待过滤结束后，将滤纸转移到另一容器中，加入新的溶剂，把结晶加热溶解。然后，再用新滤纸进行加热过滤，其滤液合并至前面的滤液中。

（2）抽滤　为从母液中分离出结晶或所需要的沉淀物，通常采用抽滤的方法。抽滤时使用的仪器随结晶数量的多寡而异。

① 结晶量较多的场合（10g 以上）。此种场合，采用瓷制布氏漏斗和吸滤瓶[图 2-27(a)]进行过滤。

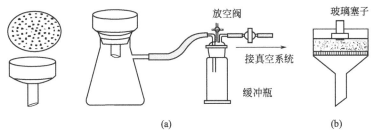

(a)　　　　　　　　　　　　　　　　(b)

图 2-27　抽滤装置

抽滤操作方法如下。

a. 选择具有结晶量 1.5 倍以上容积的布氏漏斗。

b. 滤纸的直径要比漏斗内径稍微小些，但要能全部覆盖漏斗中过滤板的洞孔。如果滤纸过大，在漏斗内壁上会有褶皱，过滤时，就会从那里漏出结晶。

c. 进行减压抽滤时，可将其连接循环水泵或真空管系统。此时，一定要装上防止倒吸的安全瓶。

d. 先注入少量溶剂，然后慢慢地抽吸，待滤纸紧密贴于过滤板后，再加入溶液进行抽滤。

不能把热的溶液注入吸滤瓶。不得已过滤热溶液时，吸滤瓶应置于保温材料上，然后才能进行过滤。因为吸滤瓶壁厚，如果加入热溶液，容易发生破裂。

e. 在过滤过程中，当漏斗里的固体层出现裂纹时，可用玻璃塞子之类的物质，将其充分压紧，以堵塞裂纹［图 2-27(b)］。

如果不加以压紧，则不仅无谓地吸入空气（在连接真空管系统时，会使系统的真空度下降），而且还会使固体层中的母液分离不完全。

f. 需长时间进行过滤时，用表面皿盖住漏斗，以防尘埃混入和溶剂蒸发。

g. 如果固体层上的母液抽干了，即用玻璃塞子充分地把滤饼压紧，以便将固体层中的母液完全抽干。

h. 停泵（使用循环水泵）时，一定要先打开防止倒吸的安全瓶的旋塞，放入空气，然后才能停泵。

i. 要用溶剂洗涤干净结晶（或沉淀）。为此，待抽吸减弱后，在结晶上均匀地洒上溶剂，再进行抽吸。洗涤时，与其用大量的溶剂一次进行，不如用少量溶剂分几次进行，这样洗涤更为有效。

结晶容易溶解时，用冷却过的溶剂进行洗涤，或者根据情况，用不易溶解结晶的其他溶剂洗涤。

j. 过滤或洗涤结晶时，如果母液已经抽完了，就要立即停止抽吸。不必要的长时间抽吸不仅是一种浪费，而且，会使结晶被空气中的尘埃所污染，或者吸入水分而使其变得不纯净。

最后，从布氏漏斗中取出结晶时，可从漏斗内壁插入刮刀，沿器壁回转，再向相反方向回转，接着将布氏漏斗倒转，把结晶连同滤纸一齐置于蒸发皿上，然后剥下滤纸。

因为看不到布氏漏斗过滤板的内部情况，那里往往容易残留污物，故须特别注意将其充分洗净。

② 少量结晶的场合（数十毫克至数克）。此种场合采用玻璃漏斗和过滤板进行过滤，如图 2-28 所示。

操作方法如下。

a. 所用滤纸的直径比过滤板外径大 2～3mm，放在漏斗中的过滤板上，用水或适当的溶剂润湿，使滤纸紧密贴于漏斗内壁周围。

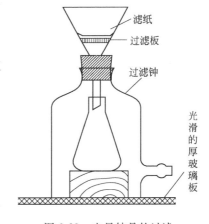

图 2-28　少量结晶的过滤

b. 母液量多时用吸滤瓶，量少时则用过滤钟过滤。此时用放在其中的三角烧瓶接受滤液。

过滤钟与玻璃板之间的接合面以不涂润滑脂之类物质为好。因为尘埃附着于润滑脂上，反而会引起漏气降低真空度。如果接合不良，可用细的金刚砂将其磨平。

c. 其过滤及洗涤操作与上项的 e～j 的操作要领相同。

d. 要取出过滤板上的结晶时，可将漏斗倒转，用细玻璃棒从漏斗颈挤出过滤板，而使结晶落在蒸发皿上。

e. 用镊子夹住滤纸的边缘，轻轻地敲打其背面，将附着在滤纸上的结晶敲落。不能用刮刀刮下结晶。否则，会混入滤纸碎屑。

③ 微粒状沉淀的过滤。此种场合沉淀微粒往往会通过滤纸的洞孔，或者堵塞其洞孔，使过滤变得困难而耗费时间。遇到此种情况，可试用下述方法进行处理。

a. 如果与母液一起长时间加热，沉淀微粒就会长大而变得易于过滤。

b. 采用洞孔较细的厚滤纸过滤。

c. 静置滤液，待沉淀沉降之后，先将上面的大部分澄清液过滤，其后，才将沉淀移于滤纸上过滤。如果一开始就将沉淀移于滤纸上，这样，为了过滤大量母液反而会耗费时间。

d. 过滤速度极缓慢时，可用氟镁石（硅藻土，尤其是助滤剂更好）帮助过滤。

将具有同样溶剂的氟镁石悬浊液用与过滤相同的操作方法进行过滤，制成约1cm厚的氟镁石层。其后，再慢慢地倒入含有微粒状沉淀的溶液。此时，沉淀就被氟镁石层捕集而能较快地进行过滤。但是，对需要保留沉淀物的场合则不能使用这种方法。

2.1.6.2 离心分离

对于含有微量难于过滤分离沉淀物的溶液，可使用离心机进行离心分离。

离心分离一般应注意以下事项：

① 放入试管的试样量必须少于试管容积的70％。

② 对位于旋转轴相对位置的试管，其所装入的试样质量必须大致相等。若不使之平衡，运转时，离心机就会振动。严重时，离心机还会在实验台上转动。

③ 离心机开始运转时，要慢慢地进行加速。

④ 在离心机运转过程中，假如发生反常的振动，要立即停止运转进行检查（试管是否损坏）。

⑤ 停止离心机运转时，要切断电源，让其自行减速。不能用手制止（这样危险！）。对配备有制动装置的离心机，待其转数降为500r/min以下之后，才能加以制刹。

2.1.7 干燥

干燥是用来除去固体、气体或液体中含有的少量水分和少量有机溶剂的方法。有机化合物或药物在进行波谱分析或定性、定量化学分析前以及固体化合物在测定熔点前，都必须使它们完全干燥，否则将会影响分析测定结果的准确性。液体有机溶剂或溶液在蒸馏前常要先行干燥去水分；有许多有机反应需在无水条件下完成，则所用原料和溶剂需要干燥，所以，干燥是药物合成实验室中最常用的操作之一。

干燥的操作较为简单，但其完成得好坏将直接影响到有机反应能否进行和产率的高低，以及影响纯化和分析产品时的结果。因此，操作者必须认真对待，严格操作。

2.1.7.1　干燥方法及操作分类

干燥的方法大致可分为两种：一种是物理方法，通常是用吸附、分馏、恒沸蒸馏、冷冻、加热或离子交换树脂、分子筛来脱水等物理过程达到干燥目的的方法。另一种是化学方法，通常是用干燥剂与水反应除去水，达到干燥目的的方法，其中干燥剂又分为两类，一类是能与水可逆地结合成水合物的干燥剂，如氯化钙、硫酸镁和硫酸钠等；另一类是与水起化学反应生成新化合物的干燥剂，如五氧化二磷、金属钠、氧化钙和金属氢化物等。

化学试剂有气态、液态和固态 3 种形态，对这三种形态化学品有着各自的干燥操作方法。

用固体干燥剂干燥气体可以在干燥塔中进行，如用浓硫酸等液体干燥剂干燥化学惰性气体则在洗气瓶中进行。

干燥除去固体样品中的少量水或有机溶剂时，或从不吸湿的物样中除去易挥发的组分时，可在瓷板上、表面皿上或滤纸上干燥；对热稳定的物质，可放在红外灯下或烘箱中干燥；温和而又彻底的干燥通常是在真空干燥器中或在能升温的真空恒温干燥器中进行的。

对于液体有机化合物的干燥，如果对其要求不高，且与水或欲除去的有机溶剂的沸点相差又大时，可以考虑用蒸馏或分馏的方法干燥。

用共沸蒸馏方法也可以除去少量水分，重复多次采用该法，往往能得到理想的除水效果。

对于液体的干燥，通常更常用的方法是将其与干燥剂一起放在烧瓶中，塞紧塞子，不时地振摇，振摇后长时间放置，最后将其与干燥剂分离。用干燥剂干燥液体有机化合物只能除去少量的水分，若含大量水，必须设法事先除去大部分水。

如果在干燥过程中，干燥剂与水发生化学反应放出气体，则应在塞子上配有一端拉延成毛细管的玻璃管，以防因容器内压增大而使气体带着被干燥物冲出，造成损失。为防止空气中的湿气侵入，通常还在容器上装配有干燥管。

2.1.7.2　固体有机药物及其中间体的干燥

一般在干燥器和真空恒温干燥箱内干燥，这里介绍一些应注意的事项。

① 对于普通玻璃干燥器，必须首先在盖和缸身之间的磨砂平面上涂以润滑脂，使之密闭和便于打开，在缸中多孔瓷板下放置固体干燥剂，然后在多孔瓷板上放置盛有待干燥样品的表面皿等，盖上盖，放置，干燥至规定的时间。

② 真空玻璃干燥器与普通玻璃干燥器不同之处是在盖上带有玻璃活塞，用来抽真空，活塞下端呈弯钩状，口向上，以防止在通入空气时，空气流将干燥的产品冲散。真空干燥器干燥效率比普通干燥器好，但在抽真空时，干燥器外围最好包裹厚布或金属丝，以防干燥器破裂，保证安全。

使用的干燥剂应按样品所含的溶剂来选择。例如，五氧化二磷可吸收水和醇；生石灰可吸收水或酸；无水氯化钙可吸收水或醇；氢氧化钠可吸收水或酸、醇和酚；石蜡片可吸收乙醚、石油醚、氯仿、四氯化碳、甲苯和苯等；硅胶主要吸收

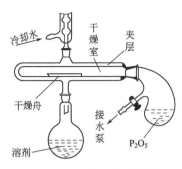

图 2-29 真空恒温干燥器

水。有时在干燥器中同时放两种干燥剂，如在底部放硫酸钡与浓硫酸的溶液（在 1L 浓硫酸中溶有 18g 硫酸钡），吸收大量水分后，则硫酸钡就沉淀出来（当硫酸浓度降至 93% 时，就会产生硫酸钡晶体），表明该酸液已不适用于干燥而需更换。一般在真空干燥器中不宜用浓硫酸作干燥剂，因为在真空条件下硫酸会挥发出蒸气，故在此情况下，应该用表面皿盛氢氧化钠放在多孔瓷板上，这样干燥效率更高。

③ 真空恒温干燥器又称干燥枪，见图 2-29，对于在烘箱和上述干燥器中或红外线干燥还不能达到分析测试要求的样品，可用干燥枪干燥。干燥枪的优点是干燥效率高，尤其是除去结晶水和结晶醇的效果好。使用前应根据干燥样品和要除去溶剂的性质选好载热溶剂（溶剂沸点应低于样品熔点），将载热溶剂装入干燥枪的圆底烧瓶中，将少量样品放入干燥室的干燥舟上，接上盛有五氧化二磷的曲颈瓶，用水泵或油泵抽真空，加热使溶剂蒸气通入干燥室的夹层回流，使样品在真空恒温下的干燥室里直到干燥。干燥枪只适用于少量样品的干燥，对于大量产品应在烘箱或真空恒温烘箱内干燥。

2.1.7.3 干燥液体有机物的操作方法

① 选择适当的干燥剂。选择干燥剂时，首先必须考虑干燥剂和被干燥物质的化学性质。能与被干燥物质起中和反应以及能形成络合物的干燥剂，通常是不能选用的。另外，干燥剂也不能溶解在被干燥的液体中。其次还要考虑干燥剂的干燥强度、干燥容量及价格。

有效的干燥剂必须有好的干燥强度和高的干燥容量。干燥剂所能达到的最大干燥强度由其蒸气压决定，常用干燥剂的水蒸气压见表 2-5。在具有足够干燥强度的情况下，干燥剂吸收的水分愈多，则其干燥容量就愈大。

常用的干燥剂及其应用见表 2-6。对于干燥剂的选择可参见表 2-5 和表 2-6。

表 2-5　常用干燥剂的水蒸气压（20℃）

干　燥　剂	水蒸气压/MPa
P_2O_5	0.0267×10^{-7}（0.00002mmHg）
$Mg(ClO_4)_2$（无水高氯酸镁）	0.067×10^{-6}（0.0005mmHg）
$Mg(ClO_4)_2 \cdot 3H_2O$（高氯酸镁）	0.0267×10^{-5}（0.002mmHg）
KOH（熔融过的）	0.0267×10^{-5}（0.002mmHg）
Al_2O_3	0.040×10^{-5}（0.003mmHg）
$CaSO_4$（无水）	0.053×10^{-5}（0.004mmHg）
H_2SO_4（浓）	0.067×10^{-5}（0.005mmHg）
硅胶	0.080×10^{-5}（0.006mmHg）
NaOH（熔融过的）	0.020×10^{-3}（0.15mmHg）
CaO	0.0267×10^{-3}（0.2mmHg）
$CaCl_2$	0.0267×10^{-3}（0.2mmHg）
$CuSO_4$	0.1733×10^{-3}（1.3mmHg）

表 2-6　常用的干燥剂及其应用

干燥剂	应用范围及举例	禁用范围及举例	备注
P_2O_5	中性和酸性气体、乙烯、二硫化碳、烃、卤代烃、酸溶液（干燥器、干燥枪）	碱性物质、醇、醚、HCl、HF	易潮解，当被用于干燥气体时要混上些载体物料避免其结块
H_2SO_4	中性和酸性气体（干燥器、洗瓶）	不饱和化合物、醇、酮、碱性物质、H_2S、HI	不适用于升温下的真空干燥
碱石灰、CaO、BaO	中性和碱性气体、胺、醇、醚	醛、酮、酸性物质	特别适用于干燥气体
NaOH、KOH	氨、胺、醚、烃（干燥器）	醛、酮、酸性物质	潮解
K_2CO_3	酮、胺	酸性物质	潮解
钠	醚、烃类、叔胺	氯代烃（当心爆炸的危险）、醇、其他与钠反应的化合物	—
$CaCl_2$	烃、烯、酮、醚、中性气体、HCl（干燥器）	醇、氨、胺	廉价的干燥剂，含碱性杂质
$Mg(ClO_4)_2$	气体，包括氨（干燥器）	容易氧化的有机气体	用于分析
Na_2SO_4、$MgSO_4$	酯、活性物质的溶液	—	
硅胶	干燥器	氟化氢	去除残余溶剂
分子筛（钠铝硅型、钙铝硅型）	流动气体（可达100℃）、有机溶剂（干燥器）	不饱和烃	3Å分子筛可吸附水，其孔径在3.2～3.3Å，4Å分子筛不吸附水

对于未知物液体的干燥，通常用化学惰性的干燥剂，如无水硫酸钠和无水硫酸镁。

② 将被选用的干燥剂粉碎成较小颗粒，如无水氯化钙呈豌豆粒大小，但不宜研成粉末；金属钠切成薄片或压成细丝。对于结晶好且分散度也好的干燥剂，则可直接使用。

③ 选好的干燥剂，其加入量一般为被干燥物质量的5%～10%，放入溶液或液体中，塞紧瓶口（用金属钠或钾干燥时，瓶口不能塞紧，应塞上带有干燥管的塞子），一起振摇后放置较长的时间，最少要2h，最好放置过夜，直到液体清亮透明，氯化钙保持原来的粉状，五氧化二磷不结块，金属钠表面无气泡逸出或无水硫酸铜不变成蓝色。

④ 将液体和干燥剂分离（通常用倾泻法或过滤法）后，液体即可按要求使用。

⑤ 在蒸馏被干燥的液体时，必须将与水可逆结合成水合物的干燥剂滤除。对于与水起了化学反应生成新化合物的干燥剂，则不必滤除，即可进行蒸馏。

另外，共沸蒸（分）馏法也是一些液体溶剂常用的干燥方法，一些有机液体可和水形成二元最低共沸物，可用该法除去其中的水分。当共沸物的沸点与其有机组分的沸点相差不大时，可用分馏法去除含水共沸物，获得干燥的有机液体。若液体中含水量大于共沸物中的含水量，直接蒸馏只能得到共沸物而不能得到干燥的有机液体，这时常需加入另一种液体来改变共沸物的组成，促进水较多较快地蒸出，而被干燥液体尽可能少地被蒸出。例如，DMF 中含水较多时，加入环己烷与水共沸蒸馏，可使 DMF 得以干燥。

2.1.7.4　气体的干燥

实验室中临时制备的或由储气钢瓶中导出的气体，或者空气在通入反应介质中或用于蒸馏等之前，常需要干燥，以适应一些无水反应或溶剂纯化除水的要求。气体干燥的方法有冷冻法和吸附法两种。

冷冻法是使气体通过冷却阱，气体受冷后，其饱和湿度变小，其中大部分的水汽冷凝下来留在冷阱中，从而达到干燥的目的。

吸附法是使气体通过吸附剂（如变色硅胶、活性氧化铝等）或干燥剂，使其中的水汽被吸附剂吸附或与干燥剂作用而除去，或者基本除去以达到干燥的目的。干燥剂的选择原则与液体的干燥相似，常用的固体干燥剂或吸附剂如下。

① 石灰、碱石灰、固体氢氧化钠/钾，可用于氨气、胺类的干燥。

② 无水氯化钙可用于氢气、氯化氢、二氧化碳、一氧化碳、二氧化硫、氮、氧、低级烷烃、醚、烯烃、卤代烃等的干燥。

③ 五氧化二磷可用于氢气、二氧化碳、一氧化碳、二氧化硫、氮、氧、低级烷烃、乙烯等的干燥。

④ 浓硫酸可用于氢气、氯化氢、二氧化碳、一氧化碳、氮、烷烃、氯气等的干燥。

⑤ 溴化钙、溴化锌可用于溴化氢的干燥。

使用固体干燥剂或吸附剂时，所用的仪器为干燥管、干燥塔、U 形管或长而粗的玻璃管。干燥剂应为块状或粒状，切忌使用粉末，以免吸水后堵塞气体通道。如干燥程度要求高，可连接两个或多个干燥装置。如果这些干燥装置中的干燥剂不同，则应使干燥效能高的靠近反应瓶一端，吸水容量大的靠近气体来路一端。气体的流速不宜过快，以利水汽被充分吸收。如果被干燥气体由钢瓶导出，应调好流速后再接入干燥系统，以免因流速过大而发生危险。

用浓硫酸作干燥剂，则所用仪器为洗气瓶，此时应注意将洗气瓶的进气管直通底部，不要将进气口和出气口接反。

在干燥系统与反应系统之间一般应加置安全瓶，以防倒吸。

2.1.7.5　干燥操作的安全问题

① 干燥低沸点有机化合物时，塞子不宜塞紧；干燥有机溶剂时，不宜用橡皮塞来塞容器口；用强碱性干燥剂干燥液体时，不宜用玻璃塞来塞容器口。

② 干燥低沸点易燃有机化合物时，应放在阴凉通风处，切忌放在热源和明火的附近或放在阳光下曝晒。特别是对光敏感的物质（也包括乙醚，因为它在光的作用下容易生成过氧化物），应放置于棕色瓶中，放在避光处。这些物质不宜长时间贮存，否则更危险。

③ 在对干燥器进行抽真空操作时，在抽真空之前，可用毛巾等将其包上。若

用水泵抽真空，干燥器内用硫酸作干燥剂时，在水泵和干燥器之间务必装有安全瓶，切不可直接连接抽真空。

④ 在高真空和高温下的干燥，切忌用腐蚀性强的干燥剂，如硫酸等。

⑤ 若用金属钠作干燥剂，切钠时不可直接用手取用。切下的钠屑必须全部放进乙醇里销毁或放回原瓶，浸在煤油中。若用压钠机将钠压成细丝使用，用完后，必须先用乙醇彻底清洗压钠机，然后方可用水冲洗。切钠或压钠时切忌将钠屑弄入眼中，最好戴上护目镜。

⑥ 放进烘箱内干燥的固体物必须无腐蚀性且有较好的热稳定性，并且不应带有有机溶剂。使用时应注意温度要控制在被干燥物的熔点以下。

2.1.8　蒸馏和浓缩

2.1.8.1　蒸馏

蒸馏是分离和提纯液态有机化合物常用的方法之一。应用这一方法，不仅可将挥发性物质与不挥发性物质分离，还可以把沸点不同的物质（通常沸点相差 30℃ 以上）分离。其过程是先使液体变成蒸气，然后再使蒸气冷凝成液体，收集在另一容器中。

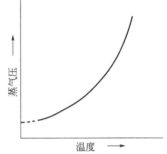

图 2-30　蒸气压与温度的关系

液体沸点的定义是它的蒸气压与外界压力相等时的温度。蒸气压与温度的关系见图 2-30。对于在常压下受热易分解的物质常常采用减压蒸馏。

（1）简单蒸馏　此项操作主要用于纯化常压下沸点低于 150℃ 的液体化合物（因为很多物质在高于 150℃ 时，已经分解）。也可用来测定液体化合物的沸点。

简单蒸馏使用的装置及实物图见图 2-31。当对产物的纯度要求不很高时，可用该法纯化，常用于将产物与比较少量的杂质进行分离。普通蒸馏不管产物与杂质的相对浓度如何，它们的蒸气压必须有很大差别。

由图 2-31 可知，在实验室中进行蒸馏操作，所用仪器主要包括以下 3 部分。

① 蒸馏烧瓶。液体在瓶内受热汽化，蒸气经蒸馏头馏出。

实际上除用配有蒸馏头的标准口圆底烧瓶外，在实验室中还经常用长颈圆底烧瓶和短颈圆底烧瓶。当所需要的产物沸点低于 120℃ 时往往用前者，沸点高于 120℃ 时则往往选用后者。但无论用哪种烧瓶其容量的大小必须满足以下条件：使液体体积不少于其 1/3，不超过其 2/3。

② 冷凝器。蒸气在此处冷凝。液体的沸点高于 130℃ 者用空气冷凝管，低于 130℃ 者用水冷凝管。但一般不选用球形冷凝管，因球的凹部会存有馏出液使得不同组分的分离变得困难，难以确保所需产物的纯度。

③ 接受器。通常用小口圆底容器（如圆底烧瓶或梨形瓶）或锥形瓶，收集冷凝后的液体。

此外，还必须注意使用校正过的温度计，量度不得低于液体沸点但也不要太

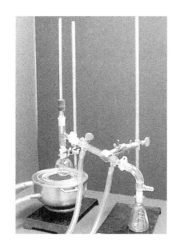

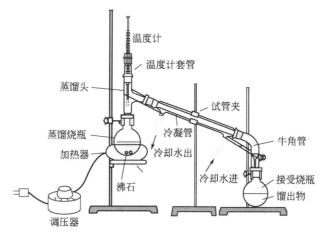

图 2-31 简单蒸馏装置

大。为便于观察读数可尽量选用量度比液体沸点稍高一些温度计。

根据液体的沸点、可燃性等性质还必须采取适当的热源装置确保操作安全进行。液体沸点 80℃以下者通常采用水浴；80℃以上者则往往采用砂浴、油浴或空气浴。在 $100\sim250$℃加热可用油浴，油浴所能达到的最高温度取决于所用油的种类。应当指出，油浴中应放温度计或控温装置，以便及时调节加热装置，防止温度过高。

除以上介绍的加热源装置，还可直接采用封闭式的电加热器配上调压变压器控温，不用热浴，直接用电加热套，使用起来较为方便。

简单蒸馏仪器装配要点：

① 整个装置的高度以加热源高度为基准，首先固定蒸馏烧瓶的位置，以后在装配其他仪器时，不宜再调整烧瓶的位置。

② 调整温度计的位置，务使在蒸馏时它的水银球能完全为蒸气所包围。

③ 如果所需要的产物易挥发、易燃或有毒，可在接受器上接一根长橡皮管，通入水槽的下水管内或引入室外。若室温较高，馏出物沸点低甚至与室温很接近，可将接受器放在冷水浴或冰水浴中冷却。

④ 如果蒸馏出的产品易受潮分解，可在接受器上连接一个氯化钙干燥管，以防湿气侵入，如果蒸馏的同时还放出有毒气体，则需装配气体吸收装置（图2-32）。

简单蒸馏的操作方法：

① 样品经长颈漏斗加入，如用短颈漏斗或不用漏斗时，必须沿蒸馏头支管口对面的器壁慢慢倾入，以免液体流入冷凝支管。

② 蒸馏开始前必须加 $2\sim3$ 粒沸石或无釉的瓷片，以保证蒸馏平稳地进行。

③ 先通上冷凝水后再加热，最初加热量宜小，以后逐渐增大加热量，使液体沸腾并调整加热程度使馏分等速蒸出，速度以每秒 $1\sim2$ 滴为宜。

在蒸馏过程中，温度计水银球上应始终附有冷凝的液滴，以保持汽液两相的平

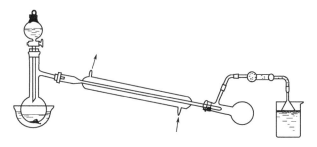

图 2-32　产物易潮解并放出有毒气体的蒸馏装置

衡，才能确保温度计读数的准确。

④ 记下第一滴馏出液落入接受器时的温度并收集所需温度范围的馏液。

⑤ 蒸馏结束后，所有馏分甚至蒸馏残液都应称重。

简单蒸馏安全指南：

① 不要忘记加沸石，每次重新蒸馏前都要重新添加沸石。若忘记加沸石，必须在液体温度低于其沸腾温度时方可补加。

② 体系不能封闭，尤其在装配有干燥管及气体吸收装置时更应注意。

③ 若用油浴加热，切不可将水弄进油中。为避免水掉进油浴中出现危险，在许多场合，运用甘醇浴（一缩二乙二醇或二缩三乙二醇）是很合适的。

④ 蒸馏过程中欲向烧瓶中加液体，必须在加热停止后进行，并不得中断冷凝水。

⑤ 对于乙醚等易生成过氧化物的化合物，蒸馏前必须经过检验，若含过氧化物务必除去后方可蒸馏，且不得蒸干。

⑥ 停止蒸馏时先停止加热再关冷凝水。

⑦ 若同一实验台上有两组以上同学同时进行此项操作且相互距离较近时，每两套装置间必须是蒸馏烧瓶靠近蒸馏烧瓶或是接受器靠近接受器，以避免着火的危险。

⑧ 若用电加热器加热，必须严格遵守安全用电的各项规定。

（2）减压蒸馏　减压蒸馏是分离和提纯有机化合物常用的方法之一。

应用这一方法可将沸点高的物质以及在普通蒸馏时，还没达到沸点温度就已分解、氧化或聚合的物

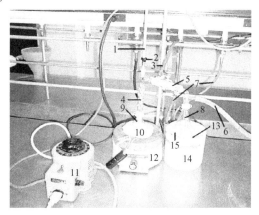

图 2-33　减压真空蒸馏装置实物图

1—温度计；2—转接器；3—出水口；4—分馏柱（伟氏柱）；5—冷凝管；6—真空连接器；7—进水口；8—多尾接液管；9—25mL 圆底烧瓶；10—加热包；11—自耦合变压器；12—搅拌盘；13—10mL 的梨形接受瓶；14—装有冰和水的桶子；15—有齿的夹

质纯化。

因为液体的沸点是随外界压力降低而降低的，所以可借助于真空泵降低系统内压力以降低液体的沸点，达到蒸馏纯化的目的。这种在低于一个大气压下的蒸馏，被称为减压蒸馏亦称真空蒸馏。

图 2-33 是实验室减压真空蒸馏精油的实物装置图。

人们通常把低于一个大气压的气态空间称为真空，欲使液体沸点下降得多就必须提高系统内的真空程度，采用工作效率高的真空泵可以获得好的真空度。实验室常用的抽真空设备有循环水喷射泵（俗称水泵）及机械真空泵（俗称油泵）两种，前者效率较后者为低。

在实际操作前，应查出欲蒸馏物质在预定压力下相应的沸点，或参阅图 2-34 找出相应沸点的近似值。

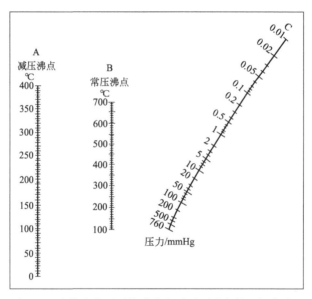

图 2-34   液体在常压下的沸点与减压下沸点的近似关系图

① 水泵减压蒸馏。用水泵降低系统内压力的减压蒸馏即为水泵减压蒸馏。

水泵所能抽到的最低压力理论上为当时水的蒸汽压。而蒸汽压与水温有关，温度高时蒸汽压大，实际上一般水泵能获得的最低压力为 $(9.3\sim29)\times10^2\,Pa$。若要获得更低的压力，就要用油泵。

此项操作可用来蒸馏所需真空度不高的减压蒸馏就能纯化的液体，或用作油泵减压蒸馏前的必要操作步骤，水泵减压蒸馏装置见图 2-35。也可以用水泵减压蒸馏回收有机溶剂，不过这种操作现在都使用旋转蒸发仪配合水泵，而不需要专门搭装置。

② 油泵减压蒸馏。用油泵降低系统内压力的减压蒸馏即为油泵减压蒸馏。油泵的效能主要取决于泵的材料、结构及所用泵油的蒸气压高低。当所选泵油牌号与

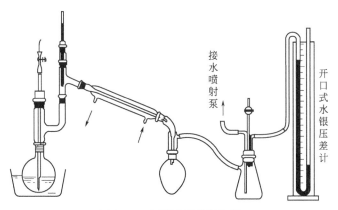

图 2-35　水泵减压蒸馏装置

泵的要求匹配时，油泵能将真空度抽到 13Pa，甚至可达 0.13Pa。

由于蒸馏时蒸气从烧瓶中的液面逸出，经过瓶颈及支管时需要有一定压力差，因此用油泵减压蒸馏时，常将体系内压力控制在 $6.7×10^2 \sim 13×10^2$ Pa。

油泵减压蒸馏装置见图 2-36，为加强对油泵的防护保养，必须在接受器和油泵之间安装一系列的保护装置，保护装置一般由以下 3 部分组成。

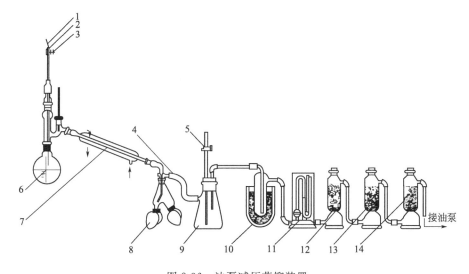

图 2-36　油泵减压蒸馏装置

1—细铜丝；2—乳胶管；3—螺旋夹；4—真空胶管；5—二通活塞；6—毛细管；7—冷凝器；8—接受瓶；9—安全瓶；10—冷阱；11—压力计；12—无水氯化钙；13—氢氧化钠；14—石蜡片

a. 为避免挥发性有机溶剂和烃类物质溶在油泵中，增高其蒸气压，降低真空效能而装配的冷阱及盛有石蜡片的吸收塔，冷阱的结构见图 2-2。冷却剂可根据需要选择，例如冰水、冰盐和干冰等。

b. 为避免酸性蒸气对泵体机件的腐蚀而装配的盛有碱性物质如颗粒状氢氧化

钠的吸收塔。

c. 为避免冷却后的水气与油混合破坏泵的正常工作而装配的盛有氯化钙或硅胶等干燥剂的吸收塔。

此外,在接受器与冷阱之间应装有安全瓶用来调节体系内压力和在解除真空时放气用。

③ 减压蒸馏的安全问题

a. 在减压蒸馏系统中应选用耐压的玻璃仪器(如蒸馏烧瓶、梨形瓶、抽滤瓶等),切忌使用薄壁的甚至有裂纹的玻璃仪器,尤其不要用平底瓶(如锥形瓶)。否则易引起内向爆炸,冲入的空气会粉碎整个玻璃仪器。若用油浴加热,还会溅出热油而使实验人员灼伤。

b. 操作过程中,尤其是观察温度计读数时,必须戴上护目眼镜,防止仪器炸裂时伤害眼睛。

c. 在整个蒸馏过程中,水银压力计的活塞应经常关闭(观察压力时打开,记录完毕随时关上),以免仪器破裂时使体系内的压力突变,水银冲破玻管洒出。

d. 洒落实验台面和地面的汞,应立即仔细地收集起来,盛在小口容器中,加水封起来,等待处理。

e. 每次重新蒸馏,都要更换毛细管(原毛细管通气流畅未堵塞时例外)或重新添加沸石。

f. 在蒸馏过程中毛细管折断或堵塞应立即更换,无论更换毛细管或添加沸石都必须在停止加热,解除真空后进行。

(3) 水蒸气蒸馏　水蒸气蒸馏是分离与水不相混溶的挥发性有机物常用的方法,其过程是先在不溶或难溶于热水的有机物中加上水后加热或通入水蒸气后必要时加热。使其沸腾,然后冷却其蒸气,使有机物和水同时被蒸馏出来。

不互溶挥发性物质的混合物总蒸气压与各组分蒸气压的关系如方程式:

$$P_T = P_1 + P_2 + P_3 + \cdots + P_i$$

由方程可知,任何温度下混合物的总蒸气压总是大于任一组分的蒸气压,也就是说,混合物的沸点要比沸点最低组分的沸腾温度还要低。

因此,水蒸气蒸馏可以在较普通蒸馏温度低的条件下安全地蒸馏出那些沸点很高且在接近或达到沸点温度时易分解、变质、变色、变臭的挥发性液体或固体有机物,除去不挥发的杂质。但是,这一方法对于那些与热水或水蒸气长时间接触会发生化学反应的,或在100℃时蒸气压不足 $6 \times 10^2 \sim 13 \times 10^2$ Pa,并能随水蒸气挥发的物质都是不适用的。

水蒸气蒸馏装置见图 2-37,烧瓶多采用长颈圆底烧瓶或克氏蒸馏烧瓶,与普通蒸馏装置最主要的区别在于,必须配有在整个蒸馏过程中不断地向烧瓶内通入水蒸气的装置。若实验室中装配有蒸气管道是最方便的,若需临时制得水蒸气,则需自行装配水蒸气发生器。水蒸气发生器可用金属制造,也可用耐热的玻璃容器装配而成,其构造见图 2-38。

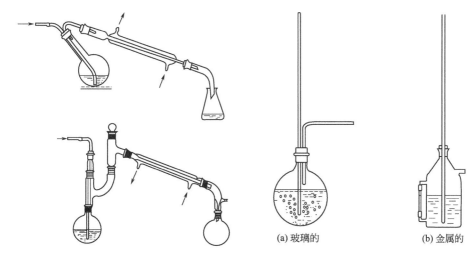

<table>
<tr><td>图 2-37　水蒸气蒸馏装置</td><td>(a) 玻璃的　　　(b) 金属的
图 2-38　水蒸气发生器</td></tr>
</table>

图 2-37　水蒸气蒸馏装置　　　　图 2-38　水蒸气发生器

蒸馏烧瓶的容量应保证混合物的体积不超过其 1/3，导入蒸气的玻璃管下端垂直地正对瓶底中央并伸到接近瓶底，水蒸气导入管及混合物蒸气导出管的管径都不宜过细。

若蒸馏时选用的是长颈圆底烧瓶，则安装时要倾斜一定的角度，通常为 45°左右。

水蒸气发生器上必须装有安全管，安全管不宜太短，其下端应插到接近容器的底部，盛水量通常为容量的 1/2，最多不超过 2/3～3/4。

水蒸气发生器与水蒸气导入管之间必须连接有三通管或 T 形管，其中一侧装有螺旋夹，用于排放蒸气冷凝生成的水。

① 水蒸气蒸馏的操作方法

a. 加热水蒸气发生器待水烧开后，开启冷凝水，再逐渐旋紧三通管上的螺旋夹，向烧瓶中通水蒸气。

b. 为使水蒸气不致在烧瓶中冷凝过多而增加混合物的体积，在通水蒸气前可在烧瓶下用小火加热，在蒸馏过程中若发现混合物体积快要超过烧瓶容量的 1/3 时，应对烧瓶加热。

c. 控制加热速度以控制液体馏出速度，此外还可以调节冷凝水的流量以保证混合物蒸气能在冷凝管中全部冷却成液体。

d. 欲中断或停止蒸馏一定要首先旋开三通管上的螺旋夹，然后停止加热，最后再关冷凝水。

e. 如果随水蒸气挥发馏出的物质熔点较高，在冷凝管中析出固体，则应调小冷凝水流量，必要时可暂停冷凝水，甚至暂时将冷凝水放出，待其熔化后再缓慢地通入冷凝水。假如固体物已将冷凝管堵塞，则需立即中断蒸馏，设法将其熔化后再继续蒸馏（可用机械的方法，如用长玻璃棒伸进冷凝管中将固体轻轻捅出；也可用加热的方法，如往冷凝管的夹层中灌热水，或用电吹风从冷凝管口的扩大部分向管里吹热风，使固体物熔化）。

f. 当馏出液澄清透明，不含有油珠状的有机物时，即可停止蒸馏。

馏出物中有机物和水分离的方法，根据有机物的有关性质酌情决定。

② 水蒸气蒸馏的安全问题

a. 最好在水蒸气发生器中加进沸石起助沸作用。

b. 如果系统内发生堵塞，水蒸气发生器中的水会沿安全管迅速上升甚至会从管的上口喷出，这时应立即中断蒸馏，待故障排除后再继续蒸馏。

（4）同时蒸馏萃取操作 同时蒸馏萃取（SDE）是将样品的水蒸气蒸馏和馏分的溶剂萃取两步过程合二为一，同时加热样品和溶剂，两种蒸气混合在一起后完成萃取工作，随后冷凝流下，由于密度的不同而分层流回各自的起始处，循环往复，可不断进行蒸馏和萃取，这种操作称为同时蒸馏萃取操作。与传统的水蒸气蒸馏方法相比，减少了实验步骤，并且只需少量的溶剂就可有效地提取大量样品中的挥发性成分，比如提取、纯化、浓缩的精油或者进行少量有机物的分离提纯。该方法节约了大量溶剂，同时也降低了样品在转移过程中的损失。

同时蒸馏萃取操作在特制的装置中进行（图 2-39）。A 瓶中装有样品和蒸馏水，B 瓶中装有其他有机溶剂，两部分同时加热后，各自的蒸气在装置的顶部混合，并通过冷凝管冷却，在 EF 段分层，有机层从 D 端返回 B 瓶，水层从 C 端返回 A 瓶，这样便完成了整个萃取过程。如此连续进行，使样品中的挥发性有机物被萃取富集于 B 瓶中。

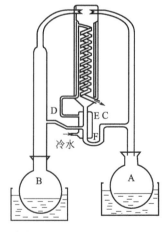

图 2-39　同时蒸馏萃取操作装置实物和原理

2.1.8.2　浓缩

浓缩也是药物合成实验中提取分离物质的操作方法之一，广义上也属于蒸馏操作。浓缩主要用于不挥发性的物质，或者其沸点比溶剂高很多的物质的提取（从溶液中除去溶剂）。根据操作方法和使用仪器，浓缩分为蒸馏浓缩和"开放式"（用蒸发皿或烧杯等敞口仪器）浓缩。根据操作压力，蒸馏浓缩又分为常压浓缩和减压浓缩。

（1）"开放式"浓缩　"开放式"浓缩使用蒸发皿或烧杯等敞口仪器，这种操作只限于浓缩水溶液，有机溶剂不能用蒸发皿浓缩。"开放式"浓缩操作方法是将待浓缩物质放入蒸发皿或烧杯等器皿中，加热使水分蒸发。

原则上要在水浴上进行加热，不能用明火直接加热。在确保安全或被浓缩物对光不敏感时，也可以用红外灯加热浓缩。其他也可以使用带有调压控温装置的封闭电炉或电热套进行加热，但是要注意搅拌，防止局部过热造成被浓缩物质分解破坏。

要加快浓缩速度时，可以使用电吹风、吹干机或喷水泵等设备除去液面上的蒸气。这是加快浓缩速度的有效方法。在液面上生成结晶膜或者液体变黏稠时，要搅拌溶液，以促使蒸发。

（2）蒸馏浓缩　利用蒸馏进行浓缩，除了不必测定溶剂的馏出温度，尽可能使溶剂迅速蒸出之外，其余操作与常压蒸馏相同。

（3）减压浓缩　减压浓缩可用组装仪器和旋转蒸发仪两种形式的装置。后者除能在物质沸点以下的温度进行浓缩外，在浓缩过程中，以旋转代替搅拌，达到加热均匀和增大蒸发面积之效，即使蒸发中析出结晶也不影响浓缩，不易爆沸，浓缩效率较高。

① 用组装仪器浓缩。除不必测定沸点外，其余操作与减压蒸馏的操作要求相同。

浓缩水溶液时，如果起泡激烈，可以滴加 1～2 滴辛醇或硅油，常常能防止发泡。一般碱性溶液容易起泡，因此，除非妨碍浓缩操作，否则，最好在酸性条件下进行浓缩。

在浓缩过程中，有大量结晶析出时，可以用普通玻璃管代替毛细管，并在空气入口处装上弹簧夹，用以调节真空度。

② 用旋转蒸发仪浓缩。用旋转蒸发仪进行浓缩（图 2-40），既不用毛细管，也不需加沸石。

搭好装置，接上冷凝水，开启循环水真空泵或油泵，待装置稍变为减压状态时，开始启动旋转蒸发仪的旋转功能。慢慢地小心谨慎地进行减压操作，要预先考虑到，如果发生泡沫或暴沸等情况时，能马上终止减压。

如果装置已经减压到相当程度，并且也没有发泡和暴沸等现象，即可开始加热。要保持水浴的温度低于溶剂的沸点，以免发生暴沸。很多情况下，为避免暴沸冲料至冷凝蛇管处，在烧瓶和旋转蒸发仪之间常连接一防暴（沸）玻球。

使用旋转蒸发仪时应注意操作经验总结与积累，这是由于可调节的因素较多，如有瓶内真空度、加热温度、旋转速度、烧瓶大小与升降调节以及冷却水温度等，只有在实践中将这些因素相互匹配调节到接近最佳状态，才能得心应手地浓缩溶液。夏天高温季节，应用冷冻液代替自来水冷却，以保证浓缩效率和溶剂回收，减

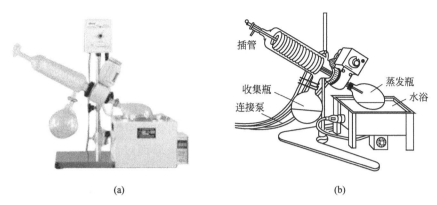

(a)   (b)

图 2-40　旋转蒸发仪实物照片（a）与浓缩装置图（b）

少污染。

停止浓缩时，要把装置内恢复到常压，并注意防止烧瓶脱落，必须先停止旋转，才能取下烧瓶。

2.1.9　脱色和重结晶

2.1.9.1　脱色

原本是无色的物质，虽然经过重结晶处理，仍带有颜色时，可用活性炭使溶液脱色，然后再进行结晶。

活性炭的用量虽然随溶液量的多寡与颜色深浅等而不同，但是，当溶液量不太多时，通常用实验室使用的药匙约一小匙就足够。如果用量太多，可能由于吸附作用而招致结晶损失。

活性炭对极性溶剂的脱色是很有效的，但是对非极性溶剂则无效。对非极性溶剂的脱色，要试用其他的精制方法。例如，活性炭对水、酒精溶液有很好的脱色效果，但对氯仿、苯及己烷等物质的溶液，即使大量使用也不能充分脱色。

活性炭的脱色能力随其产品的质量不同而显著不同，使用时应选择优质的产品。

活性炭脱色的操作方法：

① 用与进行重结晶时相同的操作要领，把结晶置于溶剂中加热溶解。

② 待溶液冷却后，加入少量活性炭，并充分进行搅拌，再加热数分钟，然后用洞孔小的滤纸过滤分离活性炭。如果用普通定性滤纸过滤，则活性炭微粒可以通过滤纸。

③ 如果在接近沸点的溶液中加入活性炭，它将起到无数沸石的作用，使之发生暴沸而引起意想不到的灾害事故。

④ 将滤液加热，再次倾注于原先的滤纸上，反复过滤几次。虽然乍一看滤液是透明的，但是，往往还含有活性炭微粒。如果把它倒回原先的滤纸上再过滤，微

粒就会被活性炭层所捕集，从而可得到完全澄清透明的滤液。

如果用布氏漏斗进行趁热抽滤，则要铺贴两层滤纸，其中紧贴漏斗的滤纸的直径要比上面的滤纸小 $1\sim2mm$。滤纸平整地贴在漏斗中，加入少量活性炭，用水或溶剂润湿，并且抽滤使滤纸贴紧，观察有无活性炭漏过。为了防止由于减压和温度下降造成固体在布氏漏斗的里边析出，抽滤前可以将漏斗和抽滤瓶预热。

⑤ 结晶析出以后的操作与重结晶项的操作方法相同。

2.1.9.2 重结晶

重结晶是纯化精制固体有机化合物的手段之一，是先将固体有机物质溶解，使其晶体结构全部破坏，趁热将不溶物滤除后，冷却让结晶重新形成，待结晶完全后，滤去滤液，留下精品的一项操作。

要想得到理想的预期的纯粹产品，重结晶原料中杂质的含量一般不得高于 5%。因此，把反应的粗产物直接用重结晶的方法纯化，往往达不到预期效果，必须先采用其他方法，如萃取、水蒸气蒸馏或减压蒸馏等初步提纯后再重结晶。对于药物合成的最终产品或关键中间体，即使将固体有机物质用升华或色谱分离的方法精制过，最后也常常要将该物质再重结晶一次。如果一次重结晶的产品纯度未能达到预期要求和标准，可再次重结晶，必要时甚至可以重复几次。不过，这样做总会或多或少地损失产品。

重结晶操作的全部过程中没有任何复杂的仪器装置，该操作的难点不在于仪器的装配，而在于操作者操作的技巧与经验。

当选用的溶剂是水或不可燃、无毒的有机液体时，溶解样品只需用锥形瓶作容器；若用水，还可以用烧杯作容器；然而，当选用的溶剂是易燃或有毒的有机液体时，就必须采用回流装置来溶解样品。

热过滤最常采用的仪器装置见图 2-26。为加快过滤速度应采用折叠滤纸，折法见图 2-24。使用时将其打开，展开后置于漏斗中使用（图 2-25）。尽管减压抽滤的速度较快，但用在这里并不好，原因在于减压下热溶剂易蒸发，溶液易浓缩并冷却，以致晶体过早析出，使杂质易挟裹在晶体中。

（1）重结晶的操作方法

① 正确地选择好溶剂。首先，所选的溶剂不能与重结晶物质发生化学作用；另外，在所选溶剂中重结晶物质应该冷时难溶，热时易溶；杂质应具有尽可能大的溶解度或在其中很难溶甚至完全不溶。

如果事先没有从文献或手册中查到要采用的溶剂种类和用量，则应该用很少量的重结晶物质（约 $0.1\sim0.2g$），在试管中加入不同种类的溶剂（约 $0.5\sim1mL$）进行预试。若加热到重结晶物质完全溶解，冷却后又能析出最多量的晶体，则这种溶剂可认为是最合适的。

溶剂的选择可以根据用结构简单的化合物所确定的"相似相溶"的经验规律做指导。表 2-7 列出该基本规律，表 2-8 列出了重结晶常用的有机溶剂及沸点。

表 2-7 "相似相溶"规律

物 质 的 种 类		易溶的溶剂的类型
烃	疏水性的	烃、醚、卤代烃
卤代烃	↓	|
醚		|
胺	↓	|
硝基化合物		|
腈	↓	酯
酮		|
醛	↓	醇、二氧杂环己烷、冰醋酸
酚		|
酰胺	↓	醇、水
醇		|
羧酸	↓	|
磺酸		|
盐	亲水性的	水

表 2-8 重结晶常用的有机溶剂及沸点

溶 剂	沸点/℃	溶 剂	沸点/℃
乙醚	35	氯仿	61
石油醚(低沸点)	30～60	甲醇	65
石油醚(高沸点)	90～120	四氯化碳	76
丙酮	56	乙酸乙酯	77
乙醇	78	水	100
苯	80	二氧杂环己烷	101
甲苯	110	冰醋酸	118

　　如果重结晶物质易溶于甲溶剂而难溶于乙溶剂,且甲、乙二者又能互溶,则可用它们按一定比例配成混合溶剂来重结晶。但是两种溶剂的最佳组成仍必须由预试验确定。常用的混合溶剂有乙醇-水、水-二氧杂环己烷(1,4-二氧六环)、甲醇-乙醇、苯-乙醚和氯仿-石油醚等。

　　② 溶解样品时常用锥形瓶或圆底烧瓶作容器,以减少溶剂的损失。若溶剂可燃或有毒则应采用回流装置。除用高沸点的溶剂外,都应在水浴上加热。

　　通常先将样品和计算量的溶剂一起加热至沸腾(该温度不能高于样品的熔点),直到样品全部溶解。若无法计算所需溶剂的量,可将样品先与少量溶剂一起加热至沸,然后逐渐添加溶剂,每次加入后再加热至沸,直到样品全部溶解,趁热过滤。

　　不要因为重结晶的物质中含有不溶解的杂质而加入过量溶剂,如果在预试验中已确定有不溶的杂质存在,就不能期望加入过多的溶剂以得到透明的溶液。

　　为避免热过滤时晶体在漏斗上或漏斗颈中析出造成损失,溶剂可稍过量,一般控制在已加入量的 20% 左右。

　　按照惯例,样品与溶剂的量都应称量和记录,这样才有可能对重结晶做出定量的估计，以便实验能完全重复。

为在遇到问题时用来引发结晶，常在溶样前留取极少量的不纯样品以备作晶种使用。

③ 若采用混合溶剂重结晶，首先将样品溶解在沸腾的易溶解的溶剂中（这时温度亦不应高于样品的熔点），再缓慢地分次加入另一溶剂，并进行振摇直至沸腾的溶液中出现浑浊，最后再补加数滴第一种溶剂使溶液恰好澄清。倘若加入的第二种溶剂的沸点比第一种溶剂的沸点低，就应让溶液冷却到第二种溶剂沸点的温度之下，方可加入第二种溶剂。

④ 样品完全溶解后若溶液有颜色，则应向热溶液中（注意：不能是沸腾状态！）加入相当于样品质量 2%～5% 的活性炭，不时搅拌或振摇，加热煮沸 5～10min 以后再趁热过滤。

⑤ 溶样后，若溶液澄清透明，确无不溶性杂质，可以省去热过滤这步操作。

热过滤时应注意用毛巾等物包裹住热的容器，趁热将热溶液转移到漏斗中。否则往往会由于手握很烫的容器，引起烫伤或将样品撒落，造成产品损失。

用折叠滤纸过滤，一般不需要用重结晶溶剂先润湿滤纸。

⑥ 让热滤液在室温下慢慢冷却（有时降温速度十分重要）、结晶，在冷却过程中一般不要振摇滤液，更不要将其浸在冷水甚至冰水里快速冷却。否则，形成的晶粒细，表面积大，容易吸附杂质。

如滤液冷却后不结晶，通常可加入少许事先留下的样品细晶粒于冷的溶液中，诱发结晶。另一方法是用玻璃棒摩擦液面附近的容器壁来引发结晶。

结晶过程中，有时从溶液中只分出油状物而不析出晶体，这种析出方式选择性差，其中所含杂质较多，因此要尽量避免油状物的生成。倘若油状物已经生成，就必须想办法解决。归纳起来，形成油状物大致可分为两种类型，第一种类型：滤液完全冷却后，只有油状物分出而不见有晶体生成，常用的补救方法是用玻璃棒将母液中的油状物沿液面的容器壁摩擦以引发结晶。如果此法无效，还可往滤液中加入"晶种"，静置片刻或干脆放到下次实验。如果还是不行，就只有把油状物从母液中分出，改用其他溶剂重结晶。第二种类型：对于有些化合物，只要热的浓溶液一冷却就分出油状物，温度再降低油状物就固化成结实的硬块，这时或者温度更低一些，还会从溶液中析出相当纯的晶体。遇此情况，可先分出纯晶体后重新加热混合物至沸，添加适量溶剂后再行冷却。这样做的结果，至少会减少油状物生成的量，余下的混合物可重复此项操作处理。

为提高回收率，常在结晶过滤后将母液用冰水冷却（如溶剂是苯，则不用冰水冷却，以免温度低于 -5℃ 时，溶剂苯本身析出晶体）或浓缩母液后再冷却，通常还可以得到一些晶体。必须指出：第二次、第三次得到的晶体纯度往往一次比一次差，只有在测定熔点后，确认为纯度相同者，方可收集在一起。

由于结晶的速度经常是很慢的，因此晶体的析出，一般要在几小时后才能完全。在某些情况下，要经过几周甚至几个月才会结晶。因此，在实际工作中，决不要轻易地将没有晶体形成的母液过早地弃去。

⑦ 分离精制产品的操作是在真空过滤装置中进行的。抽滤前先用少量溶剂将滤纸润湿，然后开启水泵将滤纸吸紧，借助于玻璃棒或刮刀，将容器中母液和晶体逐渐转移至漏斗中。残留在容器中的少量晶体应该用滤液（母液）冲洗转移至漏斗中。待抽滤没有滤液滤出时，再打开安全瓶上的活塞排除真空后关闭水泵。在解除真空的情况下，滴入冷的新鲜溶剂至刚好能覆盖住晶体，关上安全瓶上活塞再行抽真空，同时将晶体用刮刀或用倒置的玻璃塞尽量压干，用以除去晶体表面的母液。

⑧ 在测定熔点前，晶体必须充分干燥。常用的方法有：

a. 空气中晾干。将抽干的产品用刮刀转移至表面皿，铺成薄层，上面盖一张干净的滤纸，于室温下放置。

b. 烘干。对热稳定的化合物，可在产品熔点以下约 10℃ 或者接近重结晶用的溶剂沸点的温度下进行干燥。药物合成实验室中常用红外线灯或用烘箱、蒸气浴等方式进行干燥。应注意的是，由于晶体间吸附有溶剂，结晶体可能在较其熔点低得很多的温度下就有熔融或结块，故必须注意观察和控制温度，并经常翻动晶体。

c. 用滤纸吸干。有时晶体吸附的溶剂在过滤时很难抽干，这时可将晶体放在两层滤纸上，上面再用滤纸挤压以吸出溶剂，再用其他方法干燥。此法缺点是晶体上易粘有一些滤纸纤维。

d. 置真空干燥器中干燥时，干燥器中多用无水氯化钙等作干燥剂，而不采用真空中稍有挥发的硫酸，若用水泵抽真空必须在水泵与干燥器间装配安全瓶，当真空度足够高时，干燥器壁可能经不住很大的内外压差，向内崩裂，所以，常在其外用厚布包起来再行抽空。通入空气的玻管一端应弯成钩形，另一端也不宜太粗而仅留一个小孔。干燥完毕，慢慢打开活塞，否则气流太强，会将干燥的产品吹散或吹出表面皿。详见"2.1.7 干燥"部分。

（2）重结晶操作的安全问题

① 采用回流装置溶解样品时，同样应加入沸石以防止暴沸。溶剂应从冷凝管上端小心加入，如溶剂易燃则最好不用明火加热。

② 过滤时若溶剂可燃，必须先将保温漏斗（热滤漏斗）夹层中的水预热好。在整个过滤过程中切忌用明火加热，且三角漏斗应盖上表面皿，减少溶剂的逸散，以防燃烧。

③ 几乎所有的溶剂不是易燃，就是有一定的毒性或者两者兼有，溶解及热过滤操作最好在通风橱内进行，或尽量保持实验室内空气流通。

2.1.10 升华

升华是指物质从固态不经液态直接转变成蒸气的现象。对固体有机化合物的提纯来说，不管物质蒸气是由液态还是由固态产生的，重要的是使物质蒸气不经过液态直接转变成固态，从而得到高纯度的物质，这种操作都称作升华。一般说来，结构上对称性较高的物质具有较高的熔点，且在熔点温度时和熔点温度以下具有较高（高于 2.67kPa）的蒸气压，才可用升华来进行纯化。

（1）原理　图 2-41 是物质三相平衡图，从此图可看出应当怎样来控制升华的条件。图中曲线 *ST* 表示固相与气相平衡时固体的蒸气压曲线，*TW* 是液相与气相平衡时液体的蒸气压曲线，*TV* 是固液两相平衡时的温度和压力。三曲线相交于 *T*，*T* 为三相平衡点（即三相点），在此点，固、液、气三相同时并存。三相点与物质的熔点（在大气压下固液两相平衡时的温度）相差很小，常相差只有几分之一度。

在三相点温度以下，物质只有固、气两相。升高温度固相直接转变为气相；降低温度气相直接转

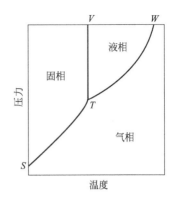

图 2-41　物质三相平衡图

变为固相，这就是升华。因此，凡是在三相点以下具有较高蒸气压的固态物质都可以在三相点温度以下进行升华提纯。例如樟脑的三相点温度是 179℃，蒸气压为 49.3kPa(370mmHg)，只要缓缓加热，使温度维持在 179℃ 以下，它可不经熔化直接汽化，蒸气遇到冷的表面即凝成固体，达到纯化的目的，这称为常压升华。

有些物质在三相点时平衡蒸气压较低，例如萘在熔点 80℃ 时的蒸气压只有 0.93kPa(7mmHg)，使用一般的升华方法不能得到满意的结果。这时可将萘加热到熔点以上，使其具有较高蒸气压，同时通入空气或惰性气体，促使蒸发速度加快，并可降低萘的分压，使蒸气不经过液态而直接凝成固态。此外，对于常压下蒸气压不大或热敏性物质也可用减压升华的方法来纯化。

（2）实验室操作

① 常压升华。最简单的常压升华装置如图 2-42(a) 所示，在瓷蒸发皿中放置粗产品，上面用一个直径小于蒸发皿的漏斗覆盖，漏斗颈用棉花团或玻璃毛塞住，防止蒸气逸出，两者之间用一张穿有许多小孔（孔的刺面向上）的滤纸隔开，以避免升华上来的物质再落到蒸发皿内，操作时，可用砂浴（或其他热浴）加热，小心调节，控制浴温（低于被升华物质的熔点），使其慢慢升华。蒸气通过滤纸小孔上

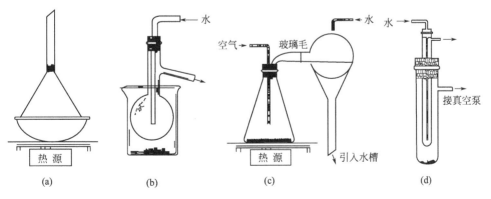

(a)　　　　(b)　　　　(c)　　　　(d)

图 2-42　实验室常见的升华装置

升，冷却后凝结在滤纸上或漏斗壁上。必要时漏斗外壁可用湿布冷却。

若物质具有较高的蒸气压，被升华物料量较多时，可采用装有冷凝水的圆底烧瓶加烧杯，升华物凝结于烧瓶外底部 [图 2-42(b)]。

② 惰性气流中升华。图 2-42(c) 为在空气或惰性气流中进行升华的装置。锥形瓶中放入待升华物质，瓶口配置一两孔塞，一孔插入玻璃导管以导入气体，另一孔插入接液管，接液管的另一端伸入圆底烧瓶中，烧瓶口塞上棉花或玻璃毛。加热锥形瓶，当物质开始升华时，通入气体，带出升华物质。烧瓶上用自来水冷却，使蒸气凝结在烧瓶内壁上。

③ 减压升华。为了加快升华速度，可在减压下进行升华。减压升华法特别适用于常压下其蒸气压不大或受热易分解的物质。图 2-42(d) 所示的减压升华装置用于少量物质的减压升华，通常用油浴或水浴加热，并视具体情况而采用油泵或水泵抽气。升华结束后应慢慢使体系接通大气，以免空气突然进入而将冷凝指上的晶体吹落，在取出冷凝指时也要小心轻拿。

2.2　微量和半微量实验基本知识

微量化学实验（microscale chemical experiment 或 microscale chemistry）是近20 年来发展很快的一种化学实验的新方法、新技术。它是在微型化的仪器装置中进行的化学实验，其试剂用量比对应的常规实验节约 90% 以上。它具有省试剂、少污染、快速、安全、便携等优点。在新药化学合成实验研究以及药物合成教学中常采用微量实验或半微量实验，其经济效益、环保效益和教学效果是非常显著的。

关于微量化学实验的定义和试剂用量的界限，迄今为止，国际上尚无统一的说法。有机合成中通常按照试剂用量的多寡分为常量、半微量和微量 3 种方法。然而，三者之间的数量界限并没有明确的规定。化学家根据自己的经验，提出一些划分的意见，多数微量制备实验的试剂用量比半微量制备小一个数量级。Mayo 等编著的《微型有机化学实验》中大多数制备实验的主要试剂（不含溶剂）的用量在1mmol 左右，个别实验的用量大些，但都小于 10mmol，其他文献报道的微型制备实验的用量也多在这一范围。国内有学者规定将试剂用量固体约为 $10\sim100$mg，液体约为 $0.2\sim2$mL 的称为微型化学实验。

2.2.1　仪器

（1）国外的微型有机实验仪器　最早问世的用于微型有机实验的仪器是 Mayo型成套仪器，其主要部件如图 2-43 所示。这套仪器的特点是：①采用旋盖式接口（图 2-43 中的 k，l）的锥底反应瓶（图 2-43 中的 $a_1\sim a_3$）盖内以聚四氟乙烯作垫圈，具有耐高温、耐腐蚀和很好的密封性，各仪器部件连接紧密牢固，而且避免了常用的磨砂接头上的润滑剂对实验试剂的污染。锥底反应瓶容积有 5mL、3mL 和1mL，使微量试剂的反应得以进行。②采用微型 Hickman 蒸馏头（图 2-43 中的e），它具有回流、冷凝、馏液接引和承受等多种功能，可收集到少到 50μL 的馏液。③有专门设计的重结晶管（图 2-43 中的 g）可用于十几毫克晶体的重结晶。

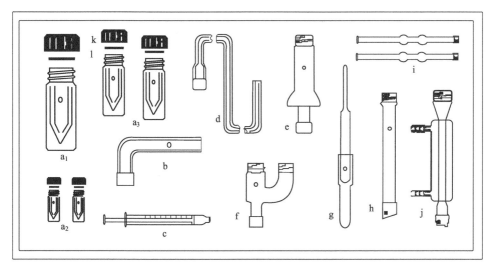

图 2-43　Mayo 型微型玻璃仪器的主要部件

稍后，Williamson 也设计了一套以他的名字命名的微型仪器（图 2-44），此套仪器的特点是：①采用专门设计的各种型号的硅橡胶接头（图 2-44 中的 b，c，g，h，r）作为仪器部件的连接件或夹持件；②除了微型蒸馏瓶外还尽量采用刻度试管作为反应容器；③发挥一种仪器的多种功能，如离心试管既是反应器，又是升华装置的结晶冷凝柱，还是萃取操作的容器；④运用注射器或滴管进行液体加料或转移

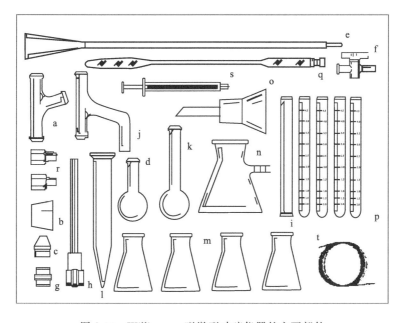

图 2-44　Williamson 型微型玻璃仪器的主要部件

操作。

（2）国产微型化学制备仪器　参考国外仪器，结合我国国内实情，近年来有不少厂家研制、设计并生产了一些配套的微型化学实验仪器。现以南京金正教学仪器有限公司生产的"微型化学有机制备仪"为例，介绍常用的装置和使用特点。图2-45是这套仪器的主要部件，表2-9是各部件的品种和规格。

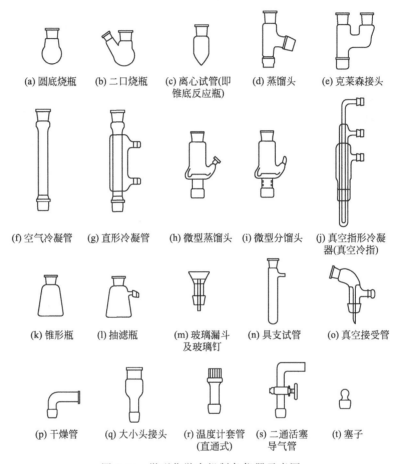

(a) 圆底烧瓶　　(b) 二口烧瓶　　(c) 离心试管(即　　(d) 蒸馏头　　(e) 克莱森接头
　　　　　　　　　　　　　　　　　锥底反应瓶)

(f) 空气冷凝管　(g) 直形冷凝管　(h) 微型蒸馏头　(i) 微型分馏头　(j) 真空指形冷凝器(真空冷指)

(k) 锥形瓶　　(l) 抽滤瓶　　(m) 玻璃漏斗　　(n) 具支试管　　(o) 真空接受管
　　　　　　　　　　　　　　及玻璃钉

(p) 干燥管　　(q) 大小头接头　(r) 温度计套管　(s) 二通活塞　　(t) 塞子
　　　　　　　　　　　　　　(直通式)　　　导气管

图 2-45　微型化学有机制备仪器示意图

表 2-9　国产微型化学有机制备仪器的品种和规格

编号	品　　名	规格(磨口口径/容量)	件数	编号	品　　名	规格(磨口口径/容量)	件数
1	圆底烧瓶	10/3mL	1	8	空气冷凝管	10×2/80mm	1
2	圆底烧瓶	10/5mL	2	9	微型蒸馏头	10×3	1
3	圆底烧瓶	10/10mL	2	10	微型分馏头	10×3	1
4	二口烧瓶	10×2/10mL	1	11	蒸馏头	14/10×2	1
5	锥形瓶	10/5mL	1	12	克莱森接头	10×3	1
6	锥形瓶	10/15mL	1	13	真空指形冷凝器	10	1
7	直形冷凝管	10×2/80mm	1	14	真空接受管	10×2	1

续表

编号	品　　名	规格(磨口口径/容量)	件数	编号	品　　名	规格(磨口口径/容量)	件数
15	抽气试管	10/5mL	1	20	离心试管	10/2mL	2
16	吸滤瓶	10/10mL	1	21	离心试管	10/5mL	2
17	玻璃漏斗(附玻璃钉)	10/20mm	1	22	二通活塞	10	1
18	温度计套管	10	1	23	玻璃塞	10	4
19	直角干燥管	10	1	24	大小头接头	14/10	1

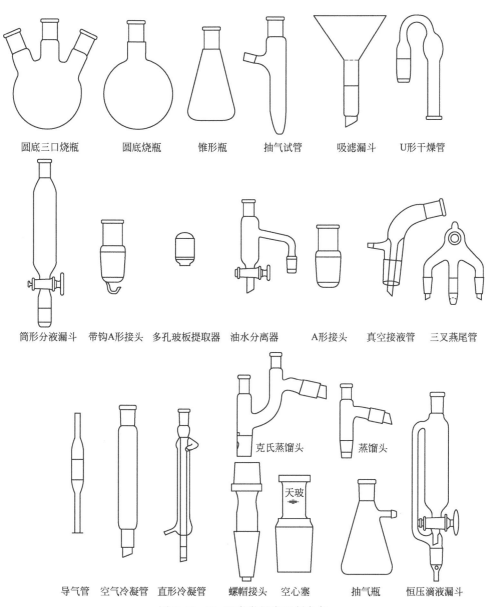

圆底三口烧瓶　　圆底烧瓶　　锥形瓶　　抽气试管　　吸滤漏斗　　U形干燥管

筒形分液漏斗　带钩A形接头　多孔玻板提取器　油水分离器　A形接头　真空接液管　三叉燕尾管

克氏蒸馏头　　蒸馏头

天玻

导气管　空气冷凝管　直形冷凝管　螺帽接头　空心塞　抽气瓶　恒压滴液漏斗

图 2-46　T$_{32}$ 型半微量有机制备仪

采用这套微型化学制备仪，可以做产物量为 1mmol 左右的有机制备、无机合成等实验，还可分离出馏分量在 50μL 左右的馏液和升华提纯几毫克的固体。国产微型化学制备仪的核心部件为多功能微型蒸馏头和微型分馏头〔图 2-45(h)、图 2-45(i)〕，它们与圆底烧瓶、冷凝管等组合，能做常（减）压蒸馏、回流、分馏和升华等基本操作。蒸馏头上下端都是标准磨砂接口，上、下接口分别连接干燥管和反应瓶，能组成一套简易的微型蒸馏装置。其结构可分为回馏段、冷凝段、馏液承接阱、馏液出口 4 部分。它集冷凝管、接引管、馏出液接受瓶的功能为一体，显著地减少了器壁的黏附损失。承接阱一次可容纳约 4mL 的馏出液，若需在减压下蒸馏，在微型蒸馏头上方或馏液出口处插接真空冷指，便可与真空系统连接。磨口的锥底反应瓶〔图 2-45(c)〕是微量物质反应的容器。它和圆底烧瓶一样，可以与微型蒸馏头、冷凝管等配套，组成各种单元操作的微型装置。它还可以起离心试管的作用，用于微量物质固液分离和萃取操作。

真空指形冷凝器（简称真空冷指）是本套仪器的另一个重要部件〔图 2-45(j)〕。它由夹层通冷却水的冷凝柱和抽气管道组成。真空冷指与任一种微型反应容器组合，就是一套能进行常（减）压升华的装置。真空冷指接入任一微型仪器装置中，就使该装置具有了抽气减压的通道，在抽气装置配合下，即能进行减压下的操作。

（3）国产半微量有机制备仪器　半微量有机合成的试剂用量介于常量和微量有机合成之间，因此所用仪器的大小也介于二者之间。一般都使用标准口径为 14，容积在 10～25mL 大小的仪器，主要产品有天津玻璃厂的"T$_{32}$ 型半微量有机制备仪"。图 2-46 是这套仪器的主要部件，表 2-10 是这套仪器各部件的品种和规格。

表 2-10　T$_{32}$ 型半微量有机制备仪的品种和规格

编　号	名　　称	规格（磨口口径/容量）	数　量	备　注
1	圆底烧瓶	14/25mL	3	
2	圆底烧瓶	19/50mL	1	
3	圆底三口烧瓶	19,14×2/50mL	1	
4	锥形瓶	14/10mL	2	
5	锥形瓶	14/25mL	2	
6	空气冷凝管	14×2/150mm（长度）	1	
7	直形冷凝管	14×2/120mm（长度）	1	
8	克氏蒸馏头	14×4	1	
9	蒸馏头	14×3	1	
10	恒压滴液漏斗	14×2/25mL	1	玻塞
11	真空接液管	14×2	1	
12	三叉燕尾管	14×4	1	
13	导气管	14	1	
14	空心塞	14	4	
15	抽气瓶	14/50mL	1	
16	抽气试管	14/10mL	1	
17	吸滤漏斗	14/40mm（长度）	1	

续表

编　号	名　　称	规格（磨口口径/容量）	数　量	备　注
18	U 形干燥管	14	1	
19	螺帽接头	14	2	
20	筒形分液漏斗	14×2/25mL	1	带节门
21	油水分离器	14×2	1	
22	多孔玻板提取器		1	
23	带钩 A 形接头	14,19	1	
24	A 形接头	14,19	1	
合计	品种 22	24 种规格	32	

2.2.2　反应装置

微型和半微型实验装置除了少数几个具有多种功能的部件外，其他部件多为常规仪器的缩微。组装和使用这些装置的操作规范仍与常规实验相同。

（1）合成反应装置

① 回流反应装置。图 2-47 是几种常见的微型回流反应装置。

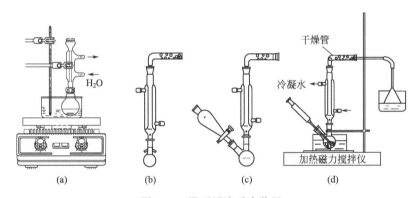

图 2-47　微型回流反应装置

微型和半微量型的反应装置一般都用磁力搅拌仪进行搅拌。图 2-47(a) 是一般的微型回流反应装置；图 2-47(b) 是一般的微型无水防潮回流装置，是常量回流反应的缩小，适用于总体积不超过 6mL 的回流反应；图 2-47(c) 的装置不但可以进行回流反应，而且还带有微型加料漏斗，可以边进行回流，边通过漏斗滴加另一原料；图 2-47(d) 的装置带有微型注射器，可以定量加料，气体吸收装置可吸收反应中产生的有毒有害气体，用这套装置可以进行诸如 Friedel-Craft(F-C) 反应在内的大部分有机反应。

② 回流分水反应装置（用微型蒸馏头作分水器）。图 2-48 是带有回流分水功能的微量分水反应装置。

图 2-48(a) 是用微型蒸馏头作分水器，反应液的蒸气经冷凝管冷凝，收集于微型蒸馏头的馏液承接阱中。由于密度的不同，水一般都沉在下层，当承接阱中的液体达到一定量时，上层的有机溶剂就自动流回烧瓶中。图 2-48(b) 的装置可以用于半微量有机合成。与常量的分水反应装置基本相同，分出来的水还可以从漏斗中

放出，计算体积，判断反应是否已经完成。

（2）蒸馏装置

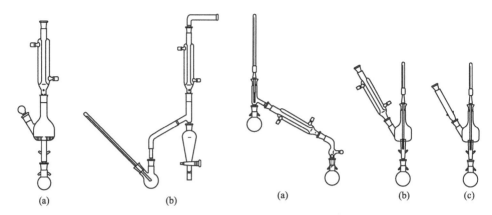

图 2-48　微量分水反应装置　　　　图 2-49　微量和半微量常压蒸馏装置

① 常压蒸馏装置。图 2-49 是几种微量或半微量常压蒸馏装置。

在微型化学实验中，对于 5～6mL 液体进行常压蒸馏时可用常量蒸馏的微缩装置，如图 2-49(a) 所示。对于 4mL 以下液体进行常压蒸馏时，可用微型蒸馏头进行蒸馏，如图 2-49(b) 所示。此装置由 5mL 或 10mL 圆底烧瓶、微型蒸馏头、冷凝管和微型温度计组成。图 2-49(c) 采用空气冷凝管，用于蒸馏高沸点物质。

② 减压蒸馏装置。图 2-50 是两种常见的微量减压蒸馏装置。

微型减压蒸馏实验装置由圆底烧瓶、微型蒸馏头、温度计、真空冷指及减压蒸馏毛细管组成 [图 2-50(a)]。因微型实验物量很小，也可以通过电磁搅拌来达到防止暴沸的目的。若仅需减压蒸去溶剂而不需测定沸点进行减压蒸馏时，用微型蒸馏头配以真空冷指即可，装置如图 2-50(b) 所示。减压蒸馏时，在真空冷指的抽气指处同样应该接有安全瓶，安全瓶分别与测压计、真空泵连接，并带有活塞以调节体系真空度及通大气。

图 2-51 是半微量常压和减压蒸馏装置。

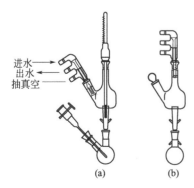

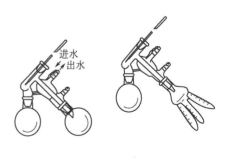

图 2-50　微量减压蒸馏装置　　　　图 2-51　半微量常压和减压蒸馏装置

③ 分馏装置。图 2-52 是微型和半微型分馏装置。

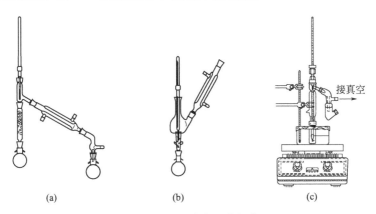

图 2-52 微型和半微型分馏装置

图 2-52(a) 和常量分馏装置基本相同，根据待分馏样品量选择合适的分馏柱及填料。如进行液体量少于 4mL、沸点差大于 50℃ 的混合液体的分离提纯，可用图 2-52(b) 的微型分馏装置进行分馏。微型分馏头下部具有类似韦氏分馏柱的刺形结构，经测定，微型分馏头的分馏效果可与常量法中 20～30cm 长的韦氏分榴柱相同。

图 2-52(c) 是一种高效的微型减压分馏装置，它的主体部分分馏柱实际是一微型空气冷凝管，中间用经旋转加工的聚四氟乙烯作为填料，薄壁的接受器根据需要可以被冷却，接受器侧面有一硅橡胶隔膜，可以在不停止减压的情况下用注射器吸取馏出的样品。

④ 水蒸气蒸馏装置。图 2-53 是微型和半微型水蒸气蒸馏装置。

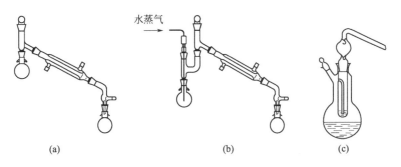

图 2-53 微型和半微型水蒸气蒸馏装置

如仅需 5mL 以下水量就可以完成的水蒸气蒸馏，则可用简易水蒸气蒸馏装置，即将 5mL 水加入烧瓶中，煮沸蒸馏就可达到很好的效果，如图 2-53(a) 所示。对于需 5～10mL 以上水量才能完成的水蒸气蒸馏，可用常量水蒸气蒸馏的微缩装置，如图 2-53(b) 所示。图 2-53(c) 为一种半微量水蒸气蒸馏装置。

（3）萃取装置

① 液-液萃取装置。通常用分液漏斗来进行液-液萃取。当混合液体总量达5mL以上时，用10mL的分液漏斗，操作与常量萃取相同。在微量实验中，如果待分离液体仅2～3mL甚至只有几十微升时，可以用离心试管和滴管配合进行操作。具体方法是将待分离液体转移至合适的离心试管中，通过挤压滴管的橡胶滴头充分鼓泡搅动，或将离心试管加盖后振荡，开塞放气使其充分混合后，加塞静置分层，然后用滴管将上层的液体吸出，转移至另一离心试管中。图2-54是用试管和滴管进行微型萃取的示意图。

图 2-54　微型萃取示意图

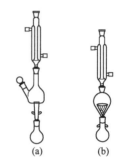

图 2-55　微型液-固萃取装置

② 液-固萃取装置。利用圆底烧瓶、微型蒸馏头和冷凝管，将固体混合物研细后置于微型蒸馏头的承接阱中，在阱中加满溶剂，烧瓶中也加入适量的溶剂，加热后烧瓶中溶剂受热蒸发后又被冷凝流入承接阱中，承接阱中的溶剂随即溢出进入烧瓶中，如此反复便使混合物中的可溶性成分进入溶剂中而被萃取［图2-55(a)］。若被萃取物质的溶解度较小，可采用简易微型提取器，即把待萃取固体放在折叠滤纸中，加热回流，使所要萃取的物质进入烧瓶中的溶剂中［图2-55(b)］。

(4) 液体干燥装置　在微量实验中，为减少干燥剂对溶液的吸附，可采用干燥柱干燥。将一小团棉花塞入滴管细口处，将大约200mg合适的干燥剂均匀填入柱内，上盖一层滤纸，制成干燥柱，如图2-56(a)所示。先用干燥的溶剂湿润柱体，再将溶有待干燥物质的溶液通过干燥柱，最后用少量干燥的溶剂淋洗。这种装置甚至可以干燥几十微升的溶液。微量液体的干燥也可用图2-56(b)的装置。

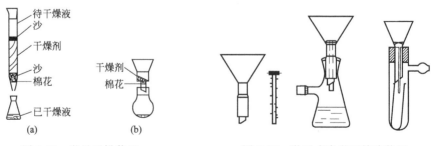

图 2-56　微量干燥装置　　　　图 2-57　微型或半微型抽滤装置

(5) 抽滤装置　微型或半微型抽滤装置如图2-57所示。用带玻璃钉的漏斗配以 10mL 抽滤瓶、真空泵抽滤。也可以在常量的小型抽滤管中放入一微量离心试管接受滤液。对于少量固体的抽滤，也可采用 2.1 中有关"过滤操作"的方法。

（6）重结晶装置　一般重结晶可以在 5~10mL 的锥形瓶中进行。当重结晶的物质的量在 10~100mg 时，也可用 Mayo 的重结晶管法进行重结晶（图 2-58）。将粗产品热溶解，经脱色、热过滤后，滤液用重结晶管收集，冷却或蒸发溶剂，使结晶析出，然后插上重结晶管的上管，放入离心试管中，离心后滤液流入试管中，而结晶则留在重结晶管的砂芯玻璃上，借助于系在重结晶管上管的金属丝将重结晶管从离心试管中取出。

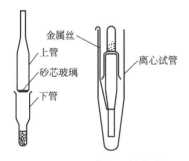

图 2-58　Mayo 微型重结晶装置

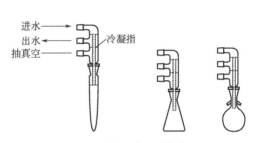

图 2-59　微型减压升华装置

（7）微型升华装置　微型减压升华装置如图 2-59 所示，装置的主要部分是微型真空冷指，集冷凝、抽真空的功能于一体。采用此装置可进行常压或减压升华操作，物质受热后凝结在冷凝指上。

（8）微型气体发生装置　在微量有机合成实验中有时会用到少量无机或有机气体，如 H_2、H_2S、CO_2、C_2H_2 等，当这些气体是由一种液体作用于一种固体而产生时，可用简易的气体发生器制备。气体发生器的制作方法如图 2-60（a）~图 2-60（c）所示。取一段直径约 10mm 的洁净玻璃管，按照拉制滴管的方法拉成如图 2-60（a）那样的滴管，使其细部直径约 3mm，长约 5~10mm，粗部长度根据需要确定。套上大小适宜的橡皮塞，将一小团玻璃毛从上口推入粗细交界处，

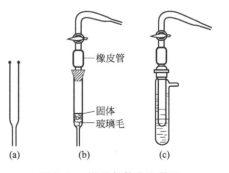

图 2-60　微量气体发生装置

在玻璃毛上放置少量固体反应物。在其粗口套上一段橡皮管，接上一个两通活塞，如图 2-60（b）所示。在一支具支试管（或小型抽滤管）中充入适当深度的液体反应物，将图 2-60（b）装在具支试管中，如图 2-60（c）所示，即为气体发生器。当需要使用气体时，打开活塞，气体即被导出，当需要停止时，关闭活塞，反应自动停止。

2.2.3 操作要点

2.2.3.1 微型和半微型反应操作要点

微型和半微型的反应装置多为常规装置的缩微，其操作规范仍和常规实验相同。需要注意的是在微量或半微量实验里要尽量发挥仪器的多种功能，例如微型离心试管既可用作微量试剂的反应器，与相应的蒸馏头或真空冷指组合成微型蒸馏装置或升华装置，还可用于萃取操作等。由于微型实验处理的物料量少，一般不用量筒计量液体，多采用移液管、定量进样器、注射器或滴管（预先校准液滴体积）等来进行液体计量，需更高的精确度则用微量电子天平称量。液体的转移也常借助于滴管或注射器来实现。

为避免润滑剂对反应瓶中物质的污染，在密封接口时不用凡士林等润滑剂，而是用绕上一圈聚四氟乙烯薄膜（俗称生料带），然后拧紧的办法，生料带具有很好的密封性、耐腐蚀性，而且可在−200～250℃下使用。

另外，对一切溶剂、试剂要严格按照标准方法处理，在反应前，一定要检查仪器有无裂痕。对于加热而生成气体的反应，一定要小心不要成了封闭体系。

2.2.3.2 分离提纯操作要点

有机化合物分离提纯的操作及其原理已在 2.1 中进行了比较系统、全面的阐明，此处不再赘述。下面仅对学生在操作中普遍存在的问题和易犯的错误，根据微型和半微型操作特点，做重点讨论叙述。

（1）蒸馏 蒸馏瓶与冷凝管是蒸馏体系的主要组成部分，可根据馏分沸点的不同采用不同的冷凝管，微量蒸馏的基本操作要点和常量蒸馏基本相同。不过由于微量蒸馏使用的冷凝管长度比较短，冷凝水的流速控制很重要，蒸馏物沸点在 70℃以下时，水的流速要快，100～120℃时水流可稍缓一些；沸点在 120～150℃时，水的流速要极缓慢；130～150℃时也可考虑改用空气冷凝管，超过 150℃时，则必须用空气冷凝管。

加热浴的温度一般须比蒸馏物沸点高出 30℃为宜，即使蒸馏沸点很高，也绝不要将浴温超出 40℃。蒸馏物沸点高时，可用石棉布（线）绕在蒸馏瓶颈上保温，或者将常压蒸馏改为减压蒸馏。

对于使用微型蒸馏头的蒸馏，温度计的水银面要与承接阱口齐平，这样可以测量出馏出液的沸程。蒸馏结束，取下冷凝管，用滴管从侧口吸出馏出液。如还需将高沸点馏分蒸出，可在低沸点馏分蒸完，温度下降时，停止加热，冷却，迅速换一个蒸馏头重新加热蒸馏出高沸点馏分。

另外，在减压蒸馏过程中不要离开岗位，要时刻关注压力的变化，以便及时采取措施。

（2）萃取 用分液漏斗进行萃取，分液前，必须检查分液漏斗的顶塞和旋塞是否严密，以免在使用过程中发生泄漏。应选择比被萃取液大 1～2 倍体积的分液漏斗。初学者往往忽略估计溶液和溶剂的体积，将分液漏斗装得很满，振摇时不能使溶剂和溶液分散为小的液滴，被提取物质不能与两溶液充分接触，影响了该物质在两溶液中的分配，降低了提取效率。

（3）干燥 微量和半微量合成得到的固体药物中间体和药物可用红外灯干燥，最好在真空恒温干燥器（枪）中干燥，操作与注意事项见"2.1.7 干燥"部分。

（4）重结晶 对于 10～100mg 样品的重结晶，而且重结晶所用溶剂量不超过 1.5mL 时，可以用一种更简单的方法来实现（图 2-61），这种方法是由 Landgrebe 首先报道的，具体操作如下。

① 取一根普通滴管，在滴管的靠近宽颈一端的细颈处塞入一段棉花，棉花长度约为 1～1.5cm，作为重结晶管。

② 在塞有棉花下端的细颈处，用微火加热拉长，拉断后将末端密封。这种密封可以在后续操作中被轻易的破碎，见图 2-61(a)。

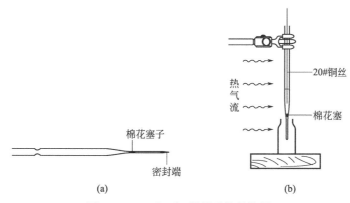

图 2-61 Landgrebe 微量重结晶装置

③ 把需要重结晶的样品放进管子中，然后用铁架台夹子固定整个管子使之处于垂直方向。另把一个称了质量的小瓶放在下方，使装有样品的管子的下端伸入瓶子里面约 1cm，见图 2-61(b)。

④ 用另一个滴管往装有样品的管子中加溶剂，边加边用一根铜丝搅拌，注意铜丝不要触到底部。同时用红外灯或其他加热装置在离垂直滴管大约 6～8cm 处加热。

⑤ 当样品溶解后，移开下面的瓶子，然后敲碎管子的下端封口，并迅速接上瓶子，进行过滤。如果过滤速度过慢，可用洗耳球在上端吹气加压。

⑥ 结晶完全后，用巴斯德过滤管除去母液，再用冷的溶剂冲洗晶体，洗液也用巴斯德过滤管除去。最后进行减压干燥。

（5）抽滤和过滤 抽滤前，需在玻璃钉上放置一直径略大于玻璃钉尾部平面的滤纸，用溶剂润湿，并抽气使其紧贴漏斗，以免过滤时固体从滤纸与漏斗缝隙漏下。

对于量少于 2mL 的悬浊液的过滤，可用两支滴管配合进行过滤，即用干净细铁丝将一小团棉花紧密填入一支滴管的细管处，制成过滤滴管。用另一支滴管将悬浊液转移到过滤滴管中，在过滤滴管上装上橡胶滴帽，将滤液轻轻挤出，这种方法比较适用于保留滤液的过滤操作。

除了常规的过滤操作之外，对于微型或半微型实验，还可以采用如图 2-62 所示的装置，用加压的方法过滤样品。图 2-62(a) 是常规的微型漏斗，用橡皮的加压球进行操作，图 2-62(b) 是用注射器配合专用的针头式过滤器 [图 2-62(c)]。这些方法特别适用于为高效液相色谱和核磁共振等分析提供微量样品的场合。

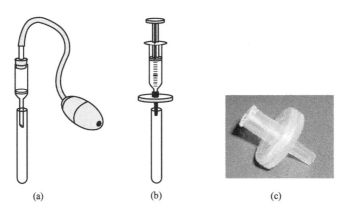

(a)   (b)   (c)

图 2-62　微型加压过滤装置

参考文献

［1］　日本化学同人编辑部. 化学实验基本操作. 陈琼译. 南宁：广西人民出版社，1980.

［2］　Dana W Mayo，Peter K Trumper，Ronald M Pike. Microscale Organic Laboratory. 4th ed.. New York：John Wiley & Sons Inc，2000.

［3］　北京师范大学《化学实验规范》编写组. 化学实验规范. 北京：北京师范大学出版社，1987.

［4］　Hahn-Deinstrop E. Applied Thin-Layer Chromatography. Weinheim：Wiley-VCH Verlag GmbH & Co. KGaA，2007.

［5］　Lin J J，Limberakis C，Pflum D A. Modern Organic Synthesis in the Laboratory. Oxford：Oxford University Press，2007.

［6］　Armarego W L F，Perrin D D. Purification of Laboratory Chemicals. 4th ed.. Woburn：Reed Educational and Professional Publishing Ltd，1996.

［7］　Landgrebe，John A. Microscale recrystallizations with a disposable pipet. J Chem Educ，1988，65 (5)：460-461.

第3章　药物合成实验

3.1　卤化反应

3.1.1　氯代环己烷（Chlorocyclohexane）的制备

【目的要求】

① 熟悉卤代环烷烃制备方法，了解卤素置换羟基制备卤代烷烃的反应机理。

② 熟练地掌握搅拌、萃取和分馏等基本操作。

③ 熟悉反应过程中产生的有害气体的吸收装置。

【实验原理】

卤代烃是一类重要的有机合成中间体。通过卤代烃的取代反应，能制备多种有用的化合物，如腈、胺和醚等。在无水乙醚中，卤代烃和镁作用生成 Grignard 试剂（RMgX），后者和羰基化合物醛、酮及二氧化碳等作用，可制取醇和羧酸。

制备卤代烷的原料最常用结构上相对应的醇，由于合成和使用上的方便，一般实验室中最常用的卤代烷是溴代烷。溴代烷的主要合成方法是由醇和氢溴酸（47%）作用，使醇中的羟基被溴原子所取代。

$$R—OH \xrightarrow{\text{HBr(47\%)}} R—Br$$

为了加速反应和提高产率，操作时常常加入浓硫酸作催化剂，或采用浓硫酸和溴化钠或溴化钾作溴代试剂。

$$R—OH \xrightarrow[\text{或 NaBr/KBr, H}_2\text{SO}_4]{\text{HBr(47\%), H}_2\text{SO}_4} R—Br$$

由于硫酸的存在，会使醇分子内脱水成烯或分子间脱水成醚。叔醇制取叔溴代烷时更易产生烯烃，但叔醇与氢卤酸的反应较易进行，故制取叔溴代烷时，只需用47%的氢溴酸即可，而不必再加硫酸进行催化。为除去反应后多余的原料（醇）及副产物（醚及烯），可用硫酸来洗涤。

氯代烃可以通过醇和氯化亚砜（$SOCl_2$）或浓盐酸在氯化锌存在下制取。

$$R—OH \xrightarrow[\text{或 HCl, ZnCl}_2]{\text{SOCl}_2} R—Cl$$

碘代烷可以通过醇和三碘化磷或在红磷存在下和碘作用而制得。

$$R—OH \xrightarrow[\text{或 P, I}_2]{\text{PI}_3} R—I$$

【实验方法】

（1）原料与试剂

环己醇	30g(32.5mL,0.3mol)
浓盐酸	85.3mL(1mol)
饱和 NaCl 溶液	20mL
饱和 NaHCO₃ 溶液	10mL
无水氯化钙	适量（干燥用）

（2）实验步骤

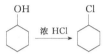

在150mL 三颈瓶上分别装置球形冷凝管（附注①）和温度计。将 30g 环己醇（32.5mL，0.3mol）和 85.3mL 浓盐酸（附注②）放置于三颈瓶中，混匀。油浴加热，保持反应平稳地回流（附注③)3～4h。反应结束后，放置冷却，将反应液倒入分液漏斗中分取上层油层，依次用饱和 NaCl 溶液 10mL，饱和 NaHCO₃ 水溶液 10mL（附注④），饱和 NaCl 溶液 10mL 洗涤。经无水氯化钙干燥后进行分馏，收集 138℃以上的馏分。

纯氯代环己烷的沸点为 142℃。

【附注】

① 反应中有氯化氢气体逸出，需在球形冷凝管顶端连接气体吸收装置（图 3-1）。图 3-1(b) 可作为少量气体的吸收装置。图 3-1(a) 中的漏斗略微倾斜，一半在水中，一半露在水面。这样，既能防止气体逸出，又可防止水被倒吸至反应瓶中。图 3-1(b) 中的玻管略微离开水面，以防倒吸。有时为了使氯化氢气体完全吸收，可在水中加些 NaOH。若反应过程中有大量气体生成或气体逸出很快时，可使用图 3-1(c) 装置，水（可用冷凝管流出的水）自上端流入抽滤瓶中，在侧管处溢出，粗的玻璃管恰好插入水面，被水封住，以防止气体逸出。

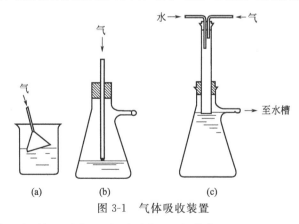

图 3-1　气体吸收装置

② 为加速反应，也可加入无水 ZnCl₂ 或无水 CaCl₂ 催化。

③ 回流不能太剧烈，以防氯化氢逸出太多。开始回流温度在 85℃左右为宜，最后温度不超过108℃。

④ 洗涤时不要剧烈振摇，以防乳化。用饱和 $NaHCO_3$ 液洗至 pH 7～8 即可。

【思考题】

① 试述以醇与氢卤酸或氢卤酸盐制备卤代烷的反应原理以及可能产生什么副反应？

② 为什么回流温度开始要控制在微沸状态？如回流剧烈对反应有何影响？

③ 若在反应中加无水 $CaCl_2$，除有催化的作用外，还有什么作用？

【参考文献】

［1］ 兰州大学，复旦大学化学系有机化学教研组. 有机化学实验. 第 2 版. 北京：高等教育出版社，1994：125-127.

［2］ 樊能廷. 有机合成事典. 北京：北京理工大学出版社，1992：46.

3.1.2 对-溴乙酰苯胺（*p*-Brom-*N*-acetanilide）的制备

【目的要求】

学习芳烃卤化反应理论，掌握芳烃溴化方法，熟悉溴的物理特性、化学特性及其使用操作方法；掌握重结晶及熔点测定技术。

【实验原理】

芳烃卤代物可以用氯或溴作卤化剂，如果芳烃反应活性较低，可在铁粉或相应的三卤化铁催化下与芳烃发生亲电取代而制得。本实验不需催化剂，直接用溴与乙酰苯胺反应：

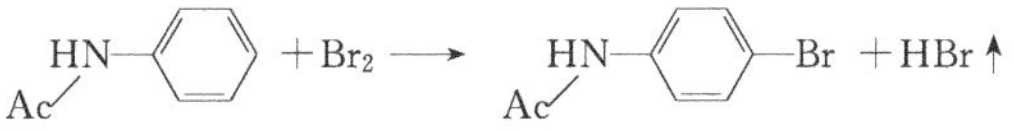

【实验方法】

（1）原料与试剂

乙酰苯胺（antifebrin，俗称退热冰）	13.5g（0.1mol）
溴	16g（5mL，0.1mol）
冰醋酸	36mL
亚硫酸氢钠	1～2g

（2）实验步骤

在 250mL 四口烧瓶上分别装置搅拌器、温度计、滴液漏斗和回流冷凝管，回流冷凝管连接气体吸收装置，以吸收反应中产生的溴化氢（附注①）。

向四口烧瓶中加入 13.5g 乙酰苯胺和 30mL 冰醋酸（附注②），用温水浴稍稍加热，使乙酰苯胺溶解。然后，在 45℃ 浴温条件下，边搅拌边滴加 16g 溴（附注③）和 6mL 冰醋酸配成的溶液，滴加速度以棕红色溴能较快褪去为宜（附注④）。

滴加完毕，在 45℃ 浴温下继续搅拌反应 1h，然后将浴温提高至 60℃，再搅拌一段时间，直到反应混合物液面不再有棕红色溴蒸气逸出为止。

将反应混合物倾入盛有 200mL 冷水的烧杯中（如果产物带有棕红色，可事先将 1g 亚硫酸氢钠溶入冷水中；如果产物颜色仍然较深，可适量再加一些亚硫酸氢钠）。用玻璃棒搅拌 10min，待反应混合物冷却至室温后过滤，用冷水洗涤滤饼并抽干，在 50～60℃温度下干燥，产物可以直接用于对-溴乙酰苯胺的精制。

对-溴乙酰苯胺可以用甲醇或乙醇重结晶，产物经干燥后，称重，测熔点并计算产率。对-溴乙酰苯胺为无色晶体，熔点为 164～166℃。

【附注】

① 搅拌器与四口烧瓶的连接处密封性要好，以防溴化氢从瓶口溢出。

② 室温低于 16℃时，冰醋酸呈固体，可将盛有冰醋酸的试剂瓶置入温水浴中融化。

③ 溴具有强腐蚀性和刺激性，如对皮肤有很强的灼伤性，其蒸气对黏膜有刺激作用，必须在通风橱中量取。量取时，先将固定在铁架台上的分液漏斗安放在通风橱内，然后把溴倒入分液漏斗，再用量筒经分液漏斗量取溴，操作时应戴上橡皮手套。

④ 滴速不宜过快，否则反应太剧烈会导致一部分溴不及参与反应就与溴化氢一起逸出，同时也可能会产生二溴代产物，所以，加溴速度也以不使溴蒸气通过冷凝管逸出为宜。

【思考题】

① 乙酰苯胺的一溴代产物为什么以对位异构体为主？

② 在溴化反应中，反应温度的高低对反应结果有何影响？

③ 在对反应混合物的后处理过程中，用亚硫酸氢钠水溶液洗涤的目的是什么？

④ 产物中可能存在哪些杂质，如何除去？

3.1.3 1-溴丙烷（1-Bromopropane）的制备

【目的要求】

① 熟悉沸点不高的卤代烷烃的制备方法，掌握浓硫酸在本合成中的作用。

② 熟练地掌握搅拌、萃取和常压蒸馏等基本操作。

【实验原理】

卤化氢在与醇的反应中，醇羟基可被卤原子取代生成卤代烃，此类反应是可逆反应，为促进反应顺利进行，在用较浓 HBr 水溶液时，要设法除去反应生成的水，以提高 HBr 浓度，故本反应中加入了一定量的浓硫酸；另外，也可将生成的卤代烃移去，使反应进行下去，本实验中利用缓慢加热方法，促使沸点较低的 1-溴丙烷产物（沸点 71℃）蒸出，这样既分离出了产品，又有利于反应。

反应方程式：

$$CH_3CH_2CH_2OH + HBr \xrightarrow[\text{缓慢加热}]{\text{浓 } H_2SO_4} CH_3CH_2CH_2Br + H_2O$$

【实验方法】

(1) 原料与试剂

48%溴化氢水溶液	100g(0.59mol)
正丙醇	29g(0.49mol)，bp97℃
浓硫酸	29mL
5%的碳酸钠溶液	适量（洗涤用）

(2) 实验步骤

在装有搅拌器、恒压滴液漏斗和常压蒸馏装置的反应瓶中加入 48%溴化氢水溶液 100g，水浴冷却，搅拌下慢慢加入浓硫酸 16mL(30g)，再加入正丙醇 29g，缓慢加热，并同时由恒压滴液漏斗缓慢滴加浓硫酸 13mL，此间生成的 1-溴丙烷蒸出。将接引管伸入接受瓶中的水面之下（附注①），接受瓶用冰水冷却。待无 1-溴丙烷蒸出时，停止反应，分出馏出物，即 1-溴丙烷粗品，粗品依次用水、5％的碳酸钠溶液和水各洗涤一次后，无水氯化钙干燥。过滤后，用常压蒸馏装置水浴加热蒸馏，收集 70～72℃的馏分，得 1-溴丙烷（附注②，附注③），称重，并计算产率。

【附注】

① 接受瓶中水约 100mL，冰水冷却，以使产物完全冷凝，反应停止后，要先将接引管从水中提出，再拆卸装置。

② 产品 1-溴丙烷微溶于水，洗涤用水温度越低越好；1-溴丙烷，$[d]_4^{20}$ 1.354，为无色液体。本实验产品参考量为 51g，收率 86％。

③ 本实验也可直接用 NaBr 与浓硫酸或 NH$_4$Br 与浓硫酸和正丙醇反应，制得 1-溴丙烷。

【思考题】

① 粗产物中可能存在哪些杂质？怎样除去？

② 在溴化反应中，反应温度的高低对反应结果有何影响？加热温度应控制在多高为好？

③ 用 NaBr 与浓硫酸和正丙醇反应制备 1-溴丙烷时，实验方法上应做哪些改变？并说明理由？

3.1.4 对氯苯酚（4-Chlorophenol）的制备

【目的要求】

① 了解重氮化反应及 Sandmeyer 反应的机理以及在药物合成中的应用。

② 掌握重氮化反应和 Sandmeyer 反应的基本操作方法。

③ 正确掌握减压蒸馏、萃取等基本操作。

【实验原理】

芳香族伯胺在酸性介质中与亚硝酸钠作用生成重氮盐的反应称为重氮化反应。

$$ArNH_2 + 2HX + NaNO_2 \xrightarrow{0～5℃} ArN_2X + NaX + 2H_2O$$

这个反应是芳香族伯胺所特有的，生成的化合物称为重氮盐。重氮盐是制备芳香族卤化物、酚、芳腈及偶氮染料的中间体，无论在实验室或工业上都具有重要的价值。

重氮盐的通常制备方法是 1mol 的胺溶于 2.5～3mol 盐酸的水溶液中，把溶液冷却至 0～5℃，然后加入亚硝酸钠溶液，直至反应液使淀粉-碘化钾试纸变蓝为止。由于大多数重氮盐很不稳定，温度高时容易分解，所以必须严格控制反应温度。重氮盐溶液不宜长期保存，制好后最好立即使用，而且通常都不把它分离出来，而是直接用于下一步合成。

重氮化反应酸的用量比理论量多 0.5～1mol，过量的酸是为了维持溶液一定的酸度，防止重氮盐和未反应的胺发生偶联。

一般认为重氮化反应经过如下的过程：

$$[C_6H_5-\overset{H}{\underset{H}{\overset{|}{N^+}}}-H] \ Cl^- \xrightarrow{HONO} [C_6H_5-\overset{H}{\underset{H}{\overset{|}{N^+}}}-N=O] \ Cl^- \longrightarrow [C_6H_5-\overset{H}{\underset{\boxed{H}}{\overset{|}{N^+}}}=N-\boxed{OH}] \ Cl^- \longrightarrow [C_6H_5-N^+\equiv N] \ Cl^-$$

重氮盐具有很强的化学活泼性，若以适当的试剂处理，重氮基可以被—H、—OH、—F、—Cl、—Br、—CN、—NO$_2$、—SH 及一些金属基团取代，因此广泛应用于芳香族化合物的合成中。对氯苯酚就是通过重氮盐这个中间体来制备的。

$$2CuSO_4 + NaHSO_3 + 2NaCl + H_2O \longrightarrow 2CuCl\downarrow + 3NaHSO_4$$

在上述反应中，重氮盐的盐酸溶液在卤化亚铜的作用下，重氮基被卤素取代，这个反应称为 Sandmeyer 反应，这是在芳环上引入卤素或氨基的一个极重要的方法。Sandmeyer 反应的关键在于相应的重氮盐与卤化亚铜能否形成良好的复合物。实验中，重氮盐与卤化亚铜以等摩尔混合。由于卤化亚铜在空气中易被氧化，故卤化亚铜以新鲜制备为宜。

【实验方法】

(1) 氯化亚铜的制备

① 原料与试剂

硫酸铜（CuSO$_4$·5H$_2$O）	45g(约 0.18mol)
氯化钠	13.5g(约 0.24mol)
亚硫酸氢钠	10.5g
浓盐酸	75mL

② 实验步骤

在 400mL 烧杯中放置 45g(约 0.18mol) 结晶硫酸铜（CuSO$_4$·5H$_2$O），13.5g(约 0.24mol) 氯化钠及 150mL 水，加热使固体溶解。趁热（60～70℃）（附注①）在搅拌下加入由 10.5g 亚硫酸氢钠（附注②）及 75mL 水配成的溶液。反应液由原来的蓝色变成浅绿色或无色，并析出白色粉状固体，置于冷水浴中冷却，用倾斜法尽量倒去上层溶液，再用水洗涤 2～3 次，得到白色粉末状的氯化亚铜。倒入 75mL 冷的浓盐酸，使沉淀溶解，置于水浴中暗处备用（附注③）。

(2) 重氮盐溶液的制备

① 原料与试剂

对氨基苯酚	16.7g(0.115mol)
浓盐酸	53mL
亚硝酸钠	16.7g(0.115mol)

② 实验步骤

在 500mL 三颈瓶上分别装置搅拌器、温度计和滴液漏斗。加入 16.7g(0.115mol) 对氨基苯酚，53mL 浓盐酸及 37mL 水，搅拌使成悬浮液。然后将三颈瓶置于冰盐浴中冷却，待反应液温度降到 0℃后，在搅拌下由滴液漏斗中缓缓滴加 16.7g(0.115mol) 亚硝酸钠溶于 30mL 水的冷溶液，控制滴加速度使反应液温度保持在 5℃以下（附注④），大约 1.5h 滴完，继续在 0~5℃搅拌 30min，即得重氮盐溶液。

（3）对氯苯酚的制备

① 原料与试剂

氯化亚铜溶液	上步制得
重氮盐溶液	上步制得
氯仿	3×40mL

② 实验步骤

在 500mL 三颈瓶中放置新鲜的氯化亚铜溶液，装上搅拌器、温度计和冷凝器，外用冰浴冷却，在搅拌下，缓缓滴加冷冻的重氮盐溶液，滴完后继续搅拌，慢慢加热到回流，并于 105~108℃继续回流 30min。停止加热，冷凝后将此反应液倒入分液漏斗中静置分层，分出油层。水层每次用 40mL 氯仿萃取 3 次，合并油层与氯仿萃取液，用水洗涤两次，经无水硫酸镁干燥后在水浴上回收氯仿，然后减压蒸馏。收集 130~140℃/10~20mmHg(1.33~2.66kPa) 的馏分，产量10~13g。

纯对氯苯酚的沸点为 217℃，熔点为 43℃。

【附注】

① 在此温度下得到的氯化亚铜粒子较粗，便于处理，且质量较好。温度较低则颗粒较细，难于洗涤。

② 亚硫酸氢钠的纯度最好在 90% 以上。如果纯度不高，按此比例配方时，则还原不完全。由于碱性偏高，生成部分氢氧化亚铜，使沉淀呈黄色，此时可根据具体情况，酌情增加亚硫酸氢钠用量。在实验中如发现氯化亚铜沉淀中杂有少量黄色沉淀时，立即加几滴盐酸，稍加振荡即可除去。

③ 氯化亚铜在空气中遇热或光易被氧化，重氮盐久置易于分解，为此，二者的制备应同时进行，且在较短的时间内进行混合，氯化亚铜用量较少会降低对氯苯酚产量（因为氯化亚铜与重氮盐的摩尔比是 1∶1）。

④ 如反应温度超过 5℃，则重氮盐会分解使产率降低。

【思考题】

① 重氮化反应的温度过高或溶液酸度不够会有什么副反应发生？

② 能否用苯酚直接氯化制备对氯苯酚？

③ 碘化钾-淀粉试纸为什么能检测亚硝酸的存在？其中发生了哪些反应？如加入过量的亚硝酸钠对此反应有什么不利？

【参考文献】

［1］ Vogel A. Textbook of Practical Organic Chemistry. 4th ed.. Longman Inc，1978.

［2］ 樊能廷. 有机合成事典. 北京：北京理工大学出版社，1992：469.

附：对氯苯酚的红外光谱图（图 3-2）

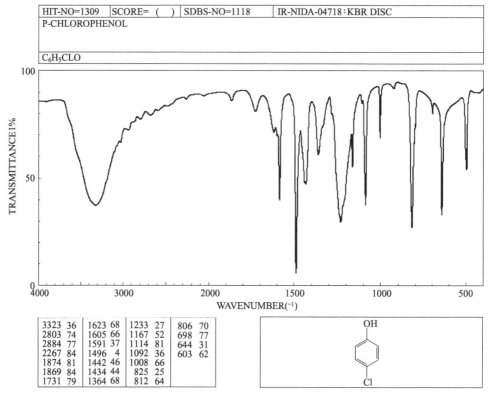

图 3-2 对氯苯酚的红外光谱图

阅读材料： 卤化剂种类

卤化反应是指在有机物分子中引入一个或一个以上卤素原子的反应。

卤代烃不仅是重要的有机合成中间体，也是常用的有机溶剂。从卤代烃可以衍生出许多有应用价值的化合物，如醇、酚、醚、胺、醛、酮和酸等。因此，卤化反应在有机合成，特别是在药物合成中应用十分广泛，如合成含卤素的有机药物。卤化物也是药物合成的重要中间体。卤素原子可以作为保护基和阻断基等。近 20 年来，氟化反应在药物分子合成中已得到普遍关注与应用，含氟药物不断涌现，这主要由于含氟药物具有独特的性能，氟是最活泼的非金属元素，也是电负性最强的元素，并且氟原子的半径与氢原子最为接近。在药物分子中引入氟原子会引起其电子效应和理化性质的变化，从而使其生物活性变化显著，会产生拟态效应等。氟原子取代化合物中的氢原子后，其类脂化合物在生物膜上的溶解度得到增强，促进其在生物体内的吸收和传递速度，可增加药物的生物活性。一些含氟药物，如含氟喹诺酮类抗生素、麻醉剂、心血管药物、甾体药物和非甾体消炎镇痛药，以及含氟抗病毒、抗肿瘤药物等相继用于临床，取得了良好的疗效。

按反应类型分类，卤化反应可分为加成、取代和置换反应 3 种，这些反应中应用的卤化剂种类很多，常用的有卤素、卤化氢、次卤酸、卤化磷、氯化亚砜、氯化硫酰、三聚光气等。

1. 卤素

卤素的反应活性顺序为：$F_2 > Cl_2 > Br_2 > I_2$，因氟太活泼，用它直接氟化会产生大量反应热，反应难以控制，易爆炸，使产物复杂，因此合成上基本不用。而碘活性很弱，反应不易进行，常需高温处理，会引起其他副反应，应用也不多。所以，常用氯和溴作卤化剂，它们主要发生以下多种反应。

(1) 氯和溴与烷烃的自由基型卤代反应　烷烃的氢原子可以被卤素取代生成卤代烃，并放出卤化氢，其反应通式为：

$$\underset{R^2}{\overset{R}{R^1}}{C}-H + X_2 \xrightarrow{\text{光或热}} \underset{R^2}{\overset{R}{R^1}}{C}-X + HX$$

例如，甲烷和氯气在光或热的影响下生成氯甲烷和氯化氢。但在日光下能发生剧烈反应，甚至引起爆炸生成氯化氢和碳。另外，甲烷的氯代反应很难停留在一氯代阶段，生成的氯甲烷还会继续被氯代，生成二氯甲烷、三氯甲烷（氯仿）和四氯化碳。得到的产物是四种氯甲烷的混合物，工业上常把这种混合物作为溶剂使用，但通过控制一定的反应条件和原料的用量比，可以使其中一种氯代烷成为主要产品。

如：在 $400 \sim 450℃$，$CH_4 : Cl_2 = 10 : 1$，主要产物为 CH_3Cl；

在 $400℃$ 左右，$CH_4 : Cl_2 = 0.263 : 1$，主要产物为 CCl_4。

当碳链较长的烷烃发生卤代反应时，反应可以在分子中不同的碳原子上进行，取代不同的氢，得到不同的一元卤代烃，情况比较复杂。一般情况下，叔氢、仲氢和伯氢在室温时相对活性接近 $5 : 4 : 1$，即烷烃中各种氢的氯代速率总是叔氢＞仲氢＞伯氢＞甲烷的氢，所以有：

$$\underset{H}{\overset{CH_3}{H_3C}}{C}-CH_3 \xrightarrow[127℃]{Br_2, \text{光}} \underset{H}{\overset{CH_3}{H_3C}}{C}-CH_2Br + \underset{Br}{\overset{CH_3}{H_3C}}{C}-CH_3$$

痕量　　　　　　主产物＞99％

这种卤代反应的机理属于自由基型反应，如当甲烷和氯气混在一起时，在紫外光照射或高温条件下，氯分子首先发生了均裂，产生两个活泼的氯原子，反应立即开始，氯原子便从甲烷分子中夺取一个氢原子，生成了一个氯化氢分子和一个新的甲基自由基（链引发）。

甲基自由基与氯原子一样，非常活泼，它的碳原子趋于稳定结构，从氯分子中夺取一个氯原子，结果生成氯甲烷和一个新的氯原子，完成链增长。如此反复进行链传递，直到自由基互相结合而失去活性时，这个连续反应便终止

（参见有机化学教材有关自由基链式反应说明，这里不赘述）。

（2）氯和溴对烯烃的亲电加成　此反应生成邻二卤代烷，常需相应的卤化氢的盐参与，以加快反应。其反应过程以溴为例，首先是在烯烃双键的 p-电子对溴作用，使溴分子 s-键极化，从而与烯形成 p-络合物，该络合物不稳定，溴断键生成环状溴鎓离子（也称 s-络合物）与溴负离子，溴负离子从 s-络合物的背面进攻缺电子的 C 原子，则生成反式加成产物。

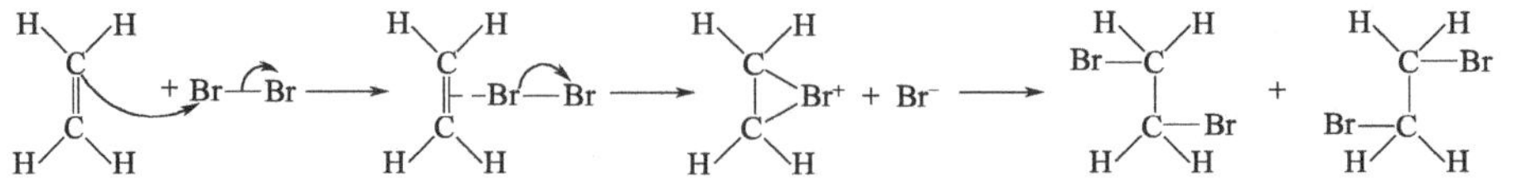

p-络合物　　　　　　s-络合物

由此可见，氯和溴对烯烃的亲电加成主要是反式加成，有较高的立体选择性。但当作用物结构、试剂、反应条件变化时，顺式加成产物比例会增加，这主要受 s-络合物转化为含正 C 离子的一溴化物稳定性的影响，稳定性高则顺式加成产物会增多。

另外，反应体系中的其他亲核试剂如水或醇等，都可能与 s-络合物中正 C 原子结合，使产物复杂，故反应中加入相应的无机卤化物（即卤化氢的盐），会使负卤离子浓度加大，以使邻二卤代烷收率提高。

（3）氯和溴对炔烃的亲电加成　反应原理与上述（1）相似，但由于炔烃的 C—C 键缩短以及 p-电子分布均匀，受含 s 电子成分多的 sp 杂化碳原子的束缚大，则氯和溴对炔烃的亲电加成较烯烃困难，故而当一分子中含有双键与三键时，优先发生双键上的卤素亲电加成。

对炔烃而言，当与 1mol 卤素（氯或溴）作用时，主要得到反式邻二卤代烯烃。若与 2mol 卤素反应时，可得四卤代烷。

（4）卤素与不饱和键的自由基反应　在自由引发剂或光照条件下，卤素可与不饱和碳碳键进行自由基加成反应，生成邻二卤代产物，需要特别说明的是，碘在光催化或其他催化剂引发下，可与炔烃发生自由基型加成反应，得到反式二碘代烯烃。

（5）卤素与芳烃的反应　芳环上的氢和芳烃侧链上的氢都可被卤素原子取代，生成相应的卤代物。

① 芳环上的卤化反应。这里主要发生氯化与溴化，反应中常需 Lewis 酸作催化剂，大多数为含卤素的盐，如 $AlCl_3$、$FeBr_3$、$FeCl_3$、$SnCl_4$ 和 $ZnCl_2$ 等，反应过程分为两步，见下：

$$FeCl_3 + Cl_2 \longrightarrow [Cl^+ FeCl_4^-]$$

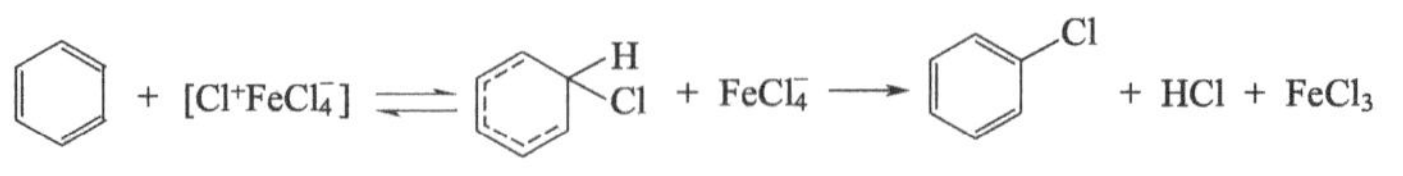

s-络合物

催化剂 $FeCl_3$ 使氯分子极化，所形成的氯正离子与芳环发生亲电进攻，生成 s-络合物，然后脱质子，得芳环的氯化取代物。显然，当芳环上有给电子基团时，卤化反应易于进行，甚至可发生多卤化反应，产物以邻位、对位卤代为主。芳环上有吸电子基团，芳环钝化，卤代反应以间位产物为主。

芳杂环也可进行卤代反应，但受环上杂原子影响很大，如嘧啶，因含两个 N 原子，使芳杂环钝化，仅能使环上 5-位发生亲电卤代反应，可用氟进行氟化反应，成为 5-氟尿嘧啶的一种制备方法。

② 芳环（烷基）侧链上的卤代。和烷烃的卤化一样属于自由基型反应，需光或热引发自由基。

此外，引发产生的氯自由基还可置换芳环上的硝基以及磺酸基。

（6）卤素与酮中的 α-氢原子的取代反应　反应生成 α-卤代酮，此反应可被酸、碱催化，酸、碱的作用主要是促进烯醇式的形成，反应大多数属于双键上的亲电取代。这方面的卤化剂除卤素外，还可用 N-卤代酰胺、次卤酸盐或硫酰卤等。

此外，羧酸及其衍生物 α-氢原子也可在红磷或三氯化磷催化下，与氯或溴共热，发生取代反应，生成相应的 α-卤代羧酸及其衍生物。同理，酰氯、酸酐、腈、丙二酸及其衍生物的 α-氢原子，也可用卤素等其他卤化剂进行 α-卤代反应。

2. 卤化氢

（1）卤化氢对不饱和键的加成　卤化氢与烯键的加成反应是放热可逆反应，控制较低的反应温度有利于加成反应。从反应机理上分，卤化氢与烯键的加成反应可分为亲电加成和自由基型加成反应。

① 卤化氢的亲电加成。其反应机理如下：

$$\diagup C{=}C\diagdown + HX \longrightarrow \underset{H}{\overset{+}{\diagup C}}{-}\diagup C\diagdown \quad X^- \longrightarrow \underset{X}{\diagup C}{-}\underset{H}{C\diagdown}$$

反应的第一步是质子对双键的亲电加成，产生碳正离子中间体，第二步为卤负离子和碳正离子反应生成卤化产物。卤化氢与烯键的加成反应遵守 Markovnikov 规则，烯烃的结构对亲电加成有影响，有给电基团时易发生亲电加成。烯烃双键碳上有强吸电子基团，如—COOH、—CN、—CF_3 或—NCR_3 等时，与 HX 加成的方向与 Markovnikov 规则相反。

卤化氢的活性顺序为：HI＞HBr＞HCl，用 HCl 时常加 Lewis 酸作催化剂，如用 $AlCl_3$、$FeCl_3$ 和 $ZnCl_2$ 等。

同样，炔烃也可与 HX 反应，但它们的反应活性低于烯烃，加成方向遵守 Markovnikov 规则，产物主要为反式卤代烯烃，若进一步与 HX 反应，常生成在同一碳上有两个卤原子的偕二卤代物。

HI 与烯烃反应时，如果 HI 过量，则因其具有还原性，会还原碘代烃为烷烃，产生 I_2。

HF 与双键加成较难，需在压力容器中、低温下进行反应。

② HBr 与烯烃的自由基型加成反应。在过氧化物或光催化下，HBr 与不对称烯烃的加成是自由基型的加成反应，不遵守 Markovnikov 规则，常称为过氧化物效应。

由于烯烃与 HBr 的自由基型反应过程中，链增长步骤是放热的，故可以迅速生成产物，而 HCl 与 HI 的链增长步骤是吸热的，不利于链增长，所以，它们仍按①中的亲电机理进行反应。

同样，炔烃也可与 HBr 发生过氧化物效应。

（2）卤化氢与醇的反应　卤化氢与醇的反应中，醇羟基被卤原子取代生成卤代烃，其中，伯醇主要按 S_N2 机理反应，叔醇主要按 S_N1 机理反应，仲醇介于二者之间。这类反应是可逆的，反应难易程度受醇与 HX 的活性影响，醇羟基的活性顺序为：叔（以及苄基、烯丙基）醇＞仲醇＞伯醇；HX 的活性顺序见上文。

浓 HCl 与醇反应常需加入 $ZnCl_2$ 作催化剂。用 HBr 时，常要设法除去反应生成的水，以提高 HBr 浓度，或加浓硫酸；也可直接用 NaBr 与浓硫酸，或 NH_4Br 与浓硫酸。为避免 HI 的还原性，常用的碘化剂为 KI 和磷酸（或多聚磷酸），或碘与红磷等。

一般的氟代烷烃，常用无水 KF 中的氟交换氯代烷或溴代烷中的氯原子或溴原子来制备，也可用氟化锑或氟化氢来交换。

另外，卤化氢与醇反应时，可能发生重排、异构化和脱水成烯等副反应，如烯丙醇的 α-位有苯基、苯乙烯基或乙烯基等基团时，几乎完全生成重排产物。

（3）卤化氢与醚的反应　在该反应中，常用 HI 和 HBr，醚键断裂，首先生成一分子卤代烃和一分子醇，如卤代烃过量，生成的醇被取代生成第二分子的卤代烃：

$$R—O—R' + HX \longrightarrow RX + R'OH$$
$$\xrightarrow{\text{HX}} R'X + H_2O$$

3. 卤化磷与三氯氧磷

卤化磷常用的有 PCl_5、PCl_3、PBr_3 和 PI_3，实际应用中后两种卤化试剂常用红磷和溴或碘来代替。醇与卤化磷反应，生成卤代烃，同醇与卤化氢反应相比，由于无强酸性质子存在，有利于按 S_N2 机理进行反应，因而重排产物很少。醇与 PX_3 的反应过程如下：

$$ROH + PX_3 \longrightarrow R—O—PX_2 + XH \rightleftharpoons R—OH—PX_2 + X^- \begin{cases} \xrightarrow{S_N1} RX + HOPX_2 \\ \xrightarrow{S_N2} X—R—\overset{+}{O}HPX_2 \end{cases}$$

PCl_5 和三氯氧磷是强氯化剂，常用于芳环上羟基的氯代。

三氯氧磷分子中有三个氯原子，仅一个氯原子用于置换醇羟基，因而三氯氧磷要过量，并常加催化剂，如吡啶、DMF 和 N,N-二甲基苯胺等。

PCl_5 可与羰基反应，就位生成偕二氯代烃。PCl_5 也可将羧酸中羟基取代，生成酰氯。PCl_3 主要用于将脂肪酸制备成相应的酰氯。

三氯氧磷与羧酸的反应能力较弱，但可使羧酸盐转化成酰氯。

PCl_5、PCl_3 和三氯氧磷可将磺酸或磺酸盐转化成磺酰氯。

4. 氯化亚砜和硫酰氯

（1）氯化亚砜　又称亚硫酰氯（$SOCl_2$），是常用的卤化剂，主要用于羟基的氯代，如醇羟基、羧酸中羟基，而自身水解成 SO_2 和 HCl 气体逸出，得到的产物纯度较高。

在醇中，当羟基连在手性碳上时，在乙醚或二氧六环中反应，得构型保持的氯代物；在吡啶中反应则得到构型反转的氯代物；氯化亚砜作溶剂一般生成外消旋体。

氯化亚砜作卤代试剂时，可用吡啶或 DMF 等无水叔胺类作催化剂。它也可使磺酸转化为磺酰氯。

另外，氯化亚砜在无水 DMF 中与芳醛反应，生成二氯甲基芳烃。

以上 PCl_5、三氯氧磷和氯化亚砜都可与 DMF 作用，形成氯代亚胺盐，即为 Vilsmeiner-Haack 试剂，主要用于羟基的氯代等。

（2）硫酰氯（SO_2Cl_2）　可离解出氯正离子，是一种亲电试剂，可在芳环上发生氯化反应。

$$SO_2Cl_2 \Longrightarrow ClSO_2^- + Cl^+$$
$$\longrightarrow Cl^- + SO_2$$

硫酰氯可取代酮的 α-位氢，生成氯代酮。

在光或过氧化物作用下，硫酰氯可分解成氯自由基和硫酰氯自由基（$ClSO_2 \cdot$），都可作为自由基引发自由基型的氯化反应。

5. 其他卤化剂

（1）次卤酸和次卤酸盐　次卤酸（HOX）和次卤酸盐既是氧化剂，又是卤化剂，在作卤化剂时与烯烃发生亲电加成反应，生成 β-卤代醇。次卤酸（HOX）中卤素带有少量正电荷，首先与烯烃生成卤鎓离子，然后，氢氧根负离子从卤鎓离子的背面进攻碳原子，生成反式 β-卤代醇，反应过程参见上文。

（2）N-卤代酰胺　这类化合物主要包括：NBS(N-溴代丁二酰亚胺)、NCS（N-氯代丁二酰亚胺)、NBA（N-溴代乙酰胺）和 NBP（N-溴代邻苯二甲酰亚胺）。

NBS 和 NCS 适用于烯丙基和苄位氢的卤化，有选择性高、副反应少的特点。

NBS 对羰基、碳碳三键、氰基和芳烃侧链上 α-位的溴化有高选择性，在同一分子中含有双键与三键时，优先发生三键的 α-位上溴代。对 NBS 来说，常用的溶剂为四氯化碳，有时也用苯或石油醚作溶剂，若被溴化物为液体，也可不用溶剂。NBS 的溴化反应为自由基型反应，引发剂有 *m*-氯过氧苯甲酸和 AIBN（偶氮二异丁腈）等。

NCS 还可用于芳环上的氯代反应。

NBA 与 NBP 主要用于双键的加成反应。

（3）草酰氯 草酰氯属于有机酰卤类卤化剂，由无水草酸和 PCl_5 反应制得。分子中具有对酸敏感的官能团或在酸性条件下容易发生构型变化的羧酸，可以用草酰氯进行酰氯化，反应条件十分温和。

（4）三苯基膦卤化物 这类化合物较多，如 Ph_3PX_2、$Ph_3P^+CX_3X^-$、$Ph_3P—CCl_4$，以及亚磷酸三苯酯卤化物如 $(PhO)_3PX_2$、$(PhO)_3P^+RX^-$ 等卤化剂，在和醇进行卤置换反应时，具有活性大、反应条件温和等特点。由于反应中产生的卤化氢很少，因此不易发生卤化氢引起的副反应。

有机磷卤化物也能用于醚类的卤置换反应，一般生成两个卤代烃或其消除产物。

（5）三光气 [二（三氯甲基）碳酸酯，bis(trichloromethyl) carbonate，缩写 BTC] 又称固体光气，$(CCl_3)_2CO$，为白色结晶固体，有类似光气的气味，熔点 78～81℃，沸点 203～206℃（部分分解），挥发性低，低毒性，在工业上仅把它当一般毒性物质处理，使用安全方便，易运输贮存；不溶于水，易溶于氯苯、甲苯、二氯甲烷和氯仿等有机溶剂。

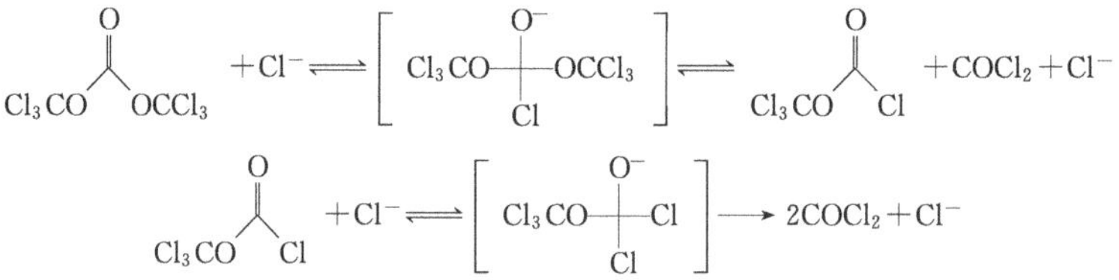

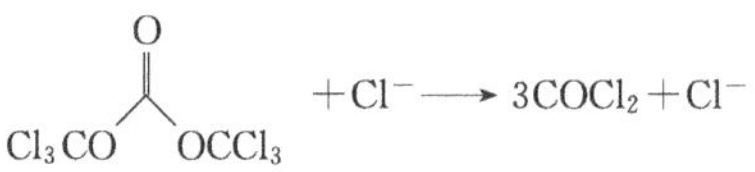

三光气在 DMF、吡啶、三乙胺和氯离子等存在的情况下，可以很安全定量地分解为三分子光气，如上图式，这解决了光气在反应过程中不能准确计量的问题。

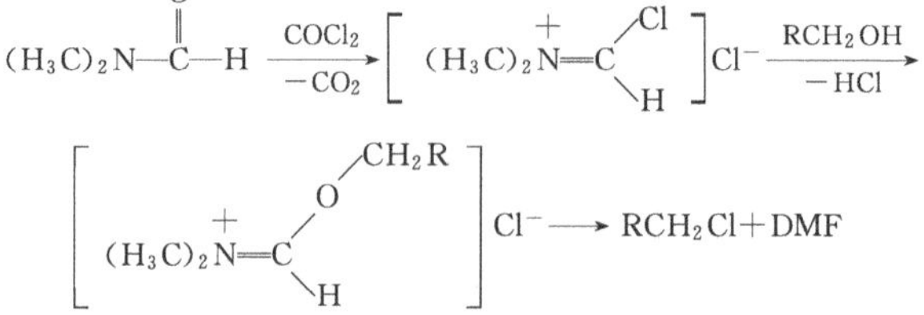

光气可与 DMF 作用，放出一分子 CO_2 形成亚胺盐中间体，与醇、酸即可

发生氯代反应（见上图式），生成相应的氯代烷烃与酰氯，可以代替 POCl₃ 进行相应的氯置换，避免磷污染。三光气参加化学反应所要求的条件都较温和，选择性强、收率较高，正得到广泛的应用。

参考文献

［1］黄宪，王彦广，陈振初. 新编有机合成化学. 北京：化学工业出版社，2005：117-162.
［2］孙昌俊，曹晓冉，王秀菊. 药物合成反应——理论与实践. 北京：化学工业出版社，2007：86-108.
［3］张青山. 有机合成反应基础. 北京：高等教育出版社，2004：34-46.
［4］Eckert H I, Forster B. Angew Chem, Int Ed Engl, 1987, 26：894.

3.2　酰化反应

3.2.1　1，2，3，5-*O*-四乙酰基-*D*-呋喃核糖（1，2，3，5-*O*-Tetraacetyl-*D*-ribo furanose）的制备

【目的要求】

① 了解由嘌呤类天然核苷制备 1,2,3,5-*O*-四乙酰基-*D*-呋喃核糖的方法与原理，以及较强酸作催化剂酸解核苷键在合成中的应用。

② 掌握用肌苷制备 1,2,3,5-*O*-四乙酰基-*D*-呋喃核糖的实验过程与操作。

【实验原理】

1,2,3,5-*O*-四乙酰基-*D*-呋喃核糖按常规合成方法应以 *D*-核糖为原料，经在醇中加少量酸催化环合，制得 1-烷氧基-*D*-呋喃核糖，后再与乙酐反应制得产品。但是，由于 *D*-核糖价格较高，并且在第一步中除形成五元的呋喃环糖外，还产生六元吡喃环糖，这两种糖互为异构体，较难分离，成为制备高纯度的 1,2,3,5-*O*-四乙酰基-*D*-呋喃核糖的阻碍。

天然的核苷中的核糖都为 *D*-呋喃核糖，显然，用天然核苷作原料可以避免吡喃核糖的杂质问题。目前，国内嘌呤类核苷已能用微生物法生物制备，规模较大，来源丰富，价格便宜，其中肌苷产量最大，故用肌苷制备 1,2,3,5-*O*-四乙酰基-*D*-呋喃核糖已实现工业化，其制备原理见以下反应式：

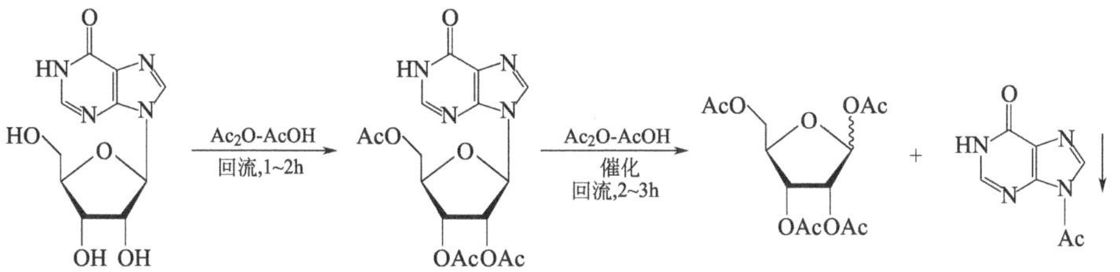

上述反应分两步，并且都是在大量乙酐和少量乙酸中进行，第一步先将肌苷中核糖上 2,3,5-位羟基乙酰化，形成 2,3,5-*O*-三乙酰基-肌苷，然后，在催化剂量的

强酸或较强酸作用下，C—N 核苷键断裂，同时在高温和乙酐-乙酸的作用下生成 1,2,3,5-O-四乙酰基-D-呋喃核糖和 9-乙酰基次黄嘌呤，后者在反应介质中微溶，冷却后滤去，与产品分离，再经下文中的实验处理过程，可获得较高收率的高纯度产品。

【实验方法】

（1）原料与试剂

肌苷	15g（0.056mol，相对分子质量 268）
乙酐	60g（0.588mol，55.5mL）
乙酸	2mL＋5mL
85％磷酸	0.1mL
无水乙酸钠	5g
乙醇	适量（用于产品重结晶）

（2）实验步骤

在装有机械搅拌器、回流冷凝装置的反应瓶中依次加入肌苷 15g、乙酐 55.5mL 和乙酸 2mL，搅拌下加热至回流，反应 1～2h，用薄层色谱（TLC）检测反应终点（附注①）。当 TLC 检测无原料后，将反应温度降到 90℃，滴入 0.1mL 85％的磷酸后，再次加热到回流，反应 2～3h，反应中逐渐有类白色固体产生，且不断增加，TLC 检测原薄层板上第一斑点消失后（附注②），停止加热，降低搅拌速度，冷却至室温后，再用冰水冷却。过滤，滤饼用少量乙酸（约 5mL）洗涤（附注③），滤液合并后，加入乙酸钠 5g（附注④），加热真空蒸馏，回收乙酐-乙酸，直至无乙酐-乙酸蒸出。

将褐色残留黏液冷却至 80℃，搅拌下加入冷水 90mL，继续搅拌即有白色晶体析出（附注⑤），缓慢搅拌和降温，降至室温后，冰浴冷却 1h 后过滤，水洗一次，即得产品，干燥后称重，计算收率，测熔点（附注⑥）。

上面所得产品的纯度已较高，在 95％左右，若要得纯度高于 99％的产品，可取部分产品用乙醇重结晶。

【附注】

① 薄层色谱（TLC）检测所用的薄层板是由硅胶 HF254 涂布的玻板或塑料板，展开剂为氯仿/甲醇（体积分数）＝9/1。展开后，2,3,5-O-三乙酰基-肌苷斑点最高，原料斑点最低，若原料斑点消失，一般在回流 1～2h 后，这第一步反应则可完成。

② 薄板与展开剂与①一致，当原薄层板上第一斑点消失后，可认为第二步反应完成，这期间需耗时 2～3h，以 TLC 检测为准。

③ 滤饼中含有乙酸，不要放入烘箱或红外灯下干燥，以免乙酸散发出来，刺激眼睛，较好的干燥方法是放到室外，阳光下晒干。

④ 加入乙酸钠目的是中和磷酸，以减少在回收乙酐-乙酸时的其他副反应。

⑤ 加入冰水时搅拌要快一些，有固体产生后，要降低搅拌速度，以利于晶体长大，方便以后的过滤。

⑥ 产品的相对分子质量为 318.3，熔点为 80～84℃，产品收率在 70％～94％。本实验产品

是化学合成核苷类药物与化合物的极其重要的中间体。

【思考题】

① 本法合成 1,2,3,5-*O*-四乙酰基-D-呋喃核糖过程中所用酸解催化剂是磷酸，请查找相关文献，统计一下催化剂还有哪些？

② 实验中副产品为滤得的 *N*-乙酰基次黄嘌呤，寻找一下可利用次黄嘌呤的方法？

③ 用乙醇重结晶产品有什么优缺点？重结晶时应注意哪些问题？

【参考文献】

［1］　姚其正. 核苷化学合成. 北京：化学工业出版社，2005：83-85.

［2］　Gao H W，Mitra A K. Synthesis，2000：329.

［3］　陈兆娟，丁立，汤志刚等. 精细化工，2002，19：300.

3.2.2　对甲基苯乙酮（*p*-Methylacetophenone）的制备

【目的要求】

① 了解 Friedel-Crafts 酰化反应的基本原理和芳香族酮的制备方法。

② 掌握用酸酐作酰化剂制备芳香酮的实验操作。

③ 掌握减压蒸馏实验的操作方法。

【实验原理】

Friedel-Crafts 酰化反应是指某些芳香族化合物在酸性催化剂存在下与酰卤或酸酐生成酰基苯的反应，这是制备芳香酮的最重要和最常用的方法。这个反应的常用催化剂为 Lewis 酸，催化效果以无水氯化铝最佳。其反应机理如下：

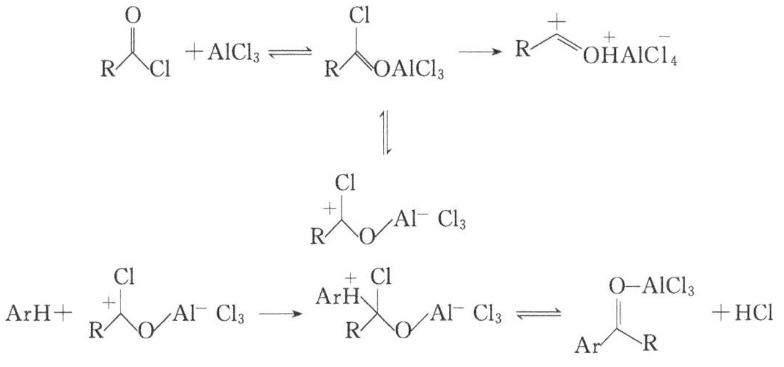

或

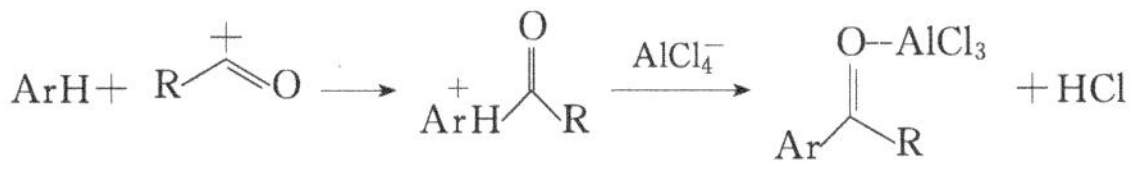

由于 $AlCl_3$ 要和酰卤及产物芳香酮形成络合物，所以每 1mol 酰卤必须多用 1mol 的 $AlCl_3$。

用酸酐作酰化剂时，因酸酐先要和氯化铝作用，所以比用酰卤需多消耗 1mol AlCl₃，即实际使用时需用多于 2mol 的 AlCl₃，一般要过量 10%～20%。

Friedel-Crafts 酰化反应是放热反应，故常将酰化试剂配成溶液后慢慢加到盛有芳香族化合物的溶液的反应瓶中。常用的反应溶剂有二硫化碳、硝基苯和硝基甲烷等，如原料为液态芳烃，则常用过量芳烃，既作原料又作溶剂。因为反应时会放出氯化氢气体，所以需连接一气体吸收装置。

本实验用甲苯和乙酸酐反应生成 p-甲基苯乙酮，反应式如下：

可能的副产物是邻甲基苯乙酮，它与主产物之比一般不超过 1∶20。

【实验方法】

(1) 原料与试剂

无水甲苯	20mL＋5mL
乙酸酐	3.7mL(约 4.0g，0.039mol)
无水氯化铝	13.0g(0.098mol)
浓盐酸，5%氢氧化钠溶液，无水硫酸镁	适量

(2) 实验步骤

在 100mL 三颈烧瓶上安装搅拌器、滴液漏斗和上口装有无水氯化钙干燥管（附注①）的冷凝管，干燥管与一气体吸收装置（附注②）相连。

快速称取 13.0g(0.098mol) 无水氯化铝（附注③），研碎后放入三颈烧瓶中，立即加入 20mL 无水甲苯，在搅拌下通过滴液漏斗缓慢地滴加 3.7mL (0.039mol) 乙酸酐与 5mL 无水甲苯的混合液（附注④），约需 15min 滴完。然后在 90～95℃ 水浴上加热 30min 至无氯化氢气体逸出为止。待反应液冷却后（附注⑤），将三颈烧瓶置于冷水浴中，在搅拌下缓慢滴入 30mL 浓盐酸与 30mL 冰水的混合液。刚滴入时，可观察到有固体产生，而后渐渐溶解。当固体全部溶解后，用分液漏斗分出有机层，依次用水、5%氢氧化钠溶液、水各 15mL 洗涤，用无水硫酸镁干燥。

将干燥后的甲苯溶液滤入蒸馏瓶，在油浴上蒸去甲苯（附注⑥），当馏分温度升至 140℃ 左右时，停止加热，移去油浴。稍冷后换用空气冷凝管，直接用电热套加热（附注⑦）蒸馏收集 220～222℃ 的馏分。也可当蒸气的温度升至 140℃ 时，停止加热。稍冷后，把装置改为减压蒸馏装置，先用水泵减压进一步蒸除甲苯，然后用油泵减压，收集 112.5℃/1.46kPa(11mmHg) 或 93.5℃/0.93kPa(7mmHg) 的馏分，可得对甲基苯乙酮约 4～4.5g。

纯对甲基苯乙酮为无色液体，沸点为 225℃/98.12kPa(736mmHg)，熔点为 28℃，$[n]_D^{20}1.5353$。

产物分析如下。

气相色谱：102G 型气相色谱仪，用热导池作检测器。色谱柱：玻璃柱，长3m；担体：上海试剂厂白色担体 101；固定液：SE-30；载气：氢气；柱温：200℃；汽化温度：250℃；进样量：2μL。产物经气相色谱分析，其主要峰-1 组分为对甲基苯乙酮，峰-2 组分经色谱分离与红外光谱鉴定为邻甲基苯乙酮。

本实验约需 6～8h。

【附注】

① 仪器应充分干燥，并要防止潮气进入反应体系中，以免无水氯化铝水解，降低其催化能力。

② 气体吸收装置末端应接一个倒置的漏斗，且把漏斗半浸入水中，这样既可防止在放热反应进行时反应液的暴沸，也可避免冷却时水的倒吸。

③ 无水氯化铝的质量是实验成功的关键，称量、研细、投料都要迅速，避免长期暴露在空气中。为此可以在带塞的锥形瓶中称量。本实验氯化铝的实际用量（摩尔比）约是酸酐的 2.5 倍。

④ 混合液滴加速度不可太快，否则会产生大量的氯化氢气体逸出，造成环境污染，并且还会增加副反应。

⑤ 冷却前应撤去气体吸收装置，以防止冷却时气体吸收装置中的水倒吸至反应瓶中。

⑥ 由于最终产物不多，宜选用较小的蒸馏瓶，甲苯溶液可用分液漏斗分数次加入蒸馏瓶中。

⑦ 此法实际为空气浴，使用前应将烧瓶底部沾上的油渍抹净。

【思考题】

① 反应体系为什么要处于干燥的环境，为此你在实验中采取了哪些措施？

② 气体收集装置的漏斗应如何放置？为什么要把漏斗半浸入水中？

③ 反应完成后加入浓盐酸与冰水的混合液作用何在？

④ 在 Friedel-Crafts 烷基化和酰基化反应中氯化铝的用量有何不同？为什么？这两个反应各存在什么特点？

⑤ 在减压蒸馏中毛细管起什么作用？如果被蒸馏物对空气极为敏感将如何处置？

【参考文献】

［1］ Dermer O C，et al. J Am Chem Soc，1941，63：2881.

［2］ Kosolapoff G M，et al. J Am Chem Soc，1947，69：1651.

［3］ Shapiro B L，et al. J Phys Chem Ref Data，1977，6：919.

3.2.3　*N*,*N*-二乙基-3-甲基苯甲酰胺（*N*,*N*-Diethyl-3-methylbenzamide）的制备

【目的要求】

① 了解氮原子上酰化反应的基本原理及常用的酰化剂。

② 掌握酰氯的制备方法及由酰氯制备酰胺的方法。

③ 熟练掌握无水实验的基本操作。

【实验原理】

N,*N*-二乙基-3-甲基苯甲酰胺（DEET）是杀虫剂 OFF 的有效成分，它是由 3-甲基苯甲酸通过两步非常经典的酰胺化反应合成的。

酰胺是羧酸和胺或氨的衍生物。在实验室中制备酰胺的最好方法是用酸酐或酰氯与氨或胺相互反应，而且以用酰氯为原料更为常见和方便，这是因为酰氯比相对应的酸酐更易从羧酸制得。通常情况下酰氯可由羧酸与过量的二氯亚砜加热回流制得，如果羧酸反应得比较慢（如芳香酸），则可以在羧酸中加入几滴 DMF 作为催化剂。所得酰氯可以直接用于本实验，也可以通过蒸馏或重结晶来纯化，然后再与氨或胺反应。

N,N-二乙基-3-甲基苯甲酰胺的合成首先用 3-甲基苯甲酸和二氯亚砜反应合成 3-甲基苯甲酰氯，反应式如下：

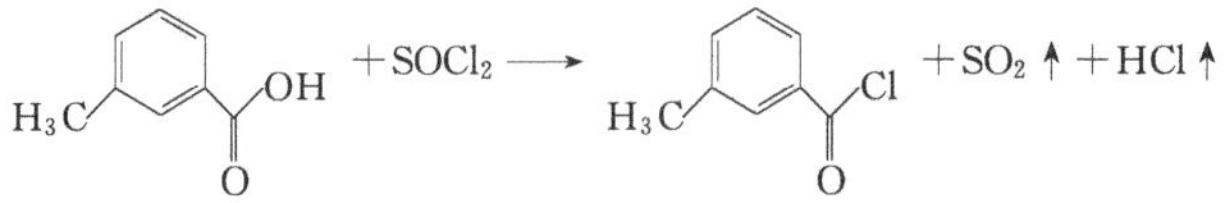

酰氯不经纯化而是在同一个反应瓶中直接加入无水乙醚使其形成溶液，接着缓慢滴加溶于无水乙醚的干燥的二乙胺。反应中不仅产生酰胺，也会生成氯化氢气体，它会与胺生成二乙胺的盐酸盐。因此必须加入过量的二乙胺来"中和"氯化氢气体。反应式如下：

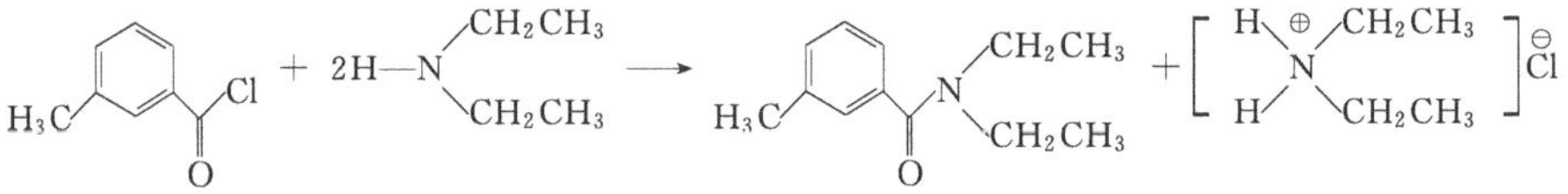

【实验方法】

（1）原料与试剂

3-甲基苯甲酸	2.0g(14.7mmol)
二氯亚砜	2.5mL
无水乙醚	25mL＋10mL
二乙胺	5mL
5％NaOH	30mL
10％HCl	10mL
DMF	适量

（2）实验步骤

在 100mL 的三颈圆底烧瓶上装置滴液漏斗、冷凝管和塞子，滴液漏斗装一氯化钙干燥管（附注①）。投入 2.0g 的 3-甲基苯甲酸、2.5mL 的二氯亚砜（附注②）和 1 滴 DMF，同时在烧瓶中放 1～2 粒沸石，润滑玻璃接头。开启冷却水和磁力搅拌，缓慢升温。加热混合物至缓慢回流直到不再产生气体（大约需要 20～25min）。

反应瓶放冷后，加入 25mL 无水乙醚。在一个 50mL 锥形瓶中将 5mL 的二乙胺溶于 10mL 的无水乙醚，再将此溶液转移至滴液漏斗中。缓慢滴加二乙胺的乙醚溶液，一次数滴，大约 20～25min 滴完（附注③）。

在滴加完二乙胺溶液后，在滴液漏斗中加入 15mL 的 5％NaOH 溶液并在几分钟内缓慢滴加入反应瓶（附注④）。充分搅拌后，用少量水将冷凝管上附着的固体冲入反应瓶。将反应液转移至 125mL 的分液漏斗中，用 5mL 5％NaOH 溶液冲洗反应瓶两次并将洗液倒入分液漏斗。将分液漏斗塞上塞子后，振摇后立即打开活塞释放压力，关闭活塞后再次振摇并不断放气。静置待其分层后，放出下面的水层（废弃），依次用 10mL 的 5％NaOH 溶液、10mL 的 10％HCl 溶液和 10mL 的水洗涤有机层（废弃水层）。用无水硫酸镁干燥醚层（约 15～20min），将其倒入一干净且称重的茄形瓶中，热水浴中蒸干乙醚得到黏稠的棕褐色液体。再次称量瓶重得到粗产品的质量。

粗产品可用氧化铝色谱柱来纯化，流动相可选用石油醚、轻石油或环己烷。

【附注】

① 本实验仪器一定要干燥而且最好装气体吸收装置。

② 二氯亚砜的使用也要小心，它是一种强腐蚀性的物质，会与水发生剧烈反应生成刺激性和腐蚀性的氯化氢以及二氧化硫。量取时最好戴上手套！二氯亚砜与酰氯都会与水反应，所以用无水的仪器和试剂就显得非常重要。

③ 这个反应是放热的！关注它的沸腾情况别让其太剧烈。同时也可发现有白烟生成而且瓶壁上有棕褐色的沉淀。有必要调节滴加的速度以防止生成的白烟在瓶颈处堵塞滴液漏斗。在滴加时和加完后都需要充分地搅拌以使反应物完全混合。

④ 酰胺在醚中是可溶的，但胺盐在醚中是不溶的，因而胺盐可以在反应结束后过滤除去。

【思考题】

① 制备酰氯除了使用二氯亚砜外，还可以用什么氯化剂？用氯化亚砜作氯化剂有什么优点？

② 制备酰胺有哪些方法？

③ 为何后处理时乙醚层要依次用 5％的氢氧化钠、10％盐酸和水洗涤？

④ 解析 DEET 的核磁共振图谱和红外光谱图（图 3-3）中的主要吸收峰？

【参考文献】

［1］ Maxim. Bull Soc ChimRomania，1929，11：29.

［2］ McCabe，et al. J Org Chem，1954，19：493.

［3］ Mohrig J R，et al. Experimental Organic Chemistry. New York：W H Freeman & Co，1997.

附：DEET 的核磁共振图谱和红外光谱图（图 3-3）

3.2.4　阿司匹林（Aspirin）的制备

【目的要求】

① 通过本实验，掌握阿司匹林的性状、特点和化学性质。

② 熟悉和掌握酯化反应的原理和实验操作。

③ 进一步巩固和熟悉重结晶的原理和实验方法。

④ 了解阿司匹林中杂质的来源和鉴别方法。

【实验原理】

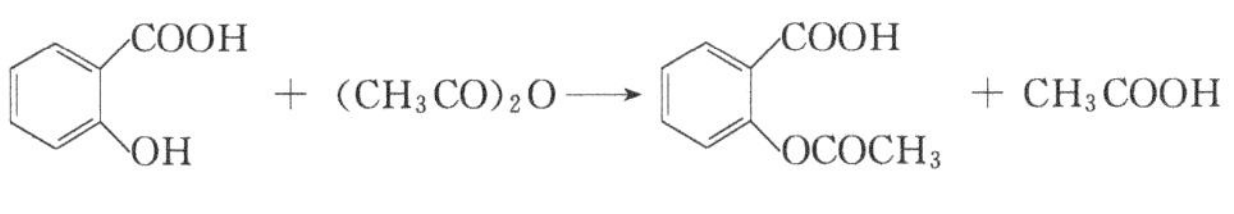

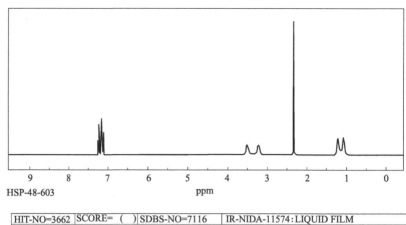

HSP-48-603

| HIT-NO=3662 | SCORE=（　） | SDBS-NO=7116 | IR-NIDA-11574：LIQUID FILM |
| N,N-DIETHYL-M-TOLUAMIDE | | | |

$C_{12}H_{17}NO$

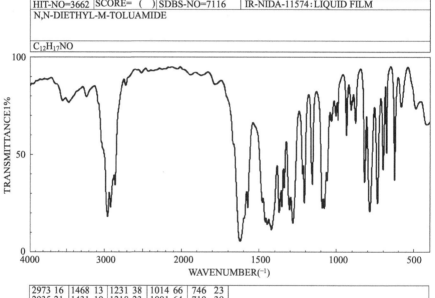

2973 16	1468 13	1231 38	1014 66	746 23
2935 21	1431 10	1218 23	1001 64	710 39
2875 32	1382 16	1166 33	945 57	688 49
1633 4	1364 21	1102 21	916 70	634 36
1585 21	1349 31	1088 21	886 64	498 70
1490 23	1314 20	1070 34	829 54	432 62
1471 14	1293 13	1042 64	796 19	426 62

图 3-3　DEET 的核磁共振图谱和红外光谱图

在反应过程中，水杨酸会自身缩合，形成一种聚合物。利用阿司匹林和碱反应生成水溶性钠盐的性质，从而与聚合物分离。

聚合物

在阿司匹林产品中的另一个主要的副产物是水杨酸，其来源可能是酰化反应不完全的原料，也可能是阿司匹林的水解产物。水杨酸可以在最后的重结晶中加以分离。

【实验方法】

(1) 原料与试剂

原料名称	规格	用量	摩尔数	摩尔比
水杨酸	药用	10.0g	0.072	1
醋酐	CP	25mL	0.26	3.6
蒸馏水		适量		
乙酸乙酯	CP	10～15mL		
浓硫酸	CP	25滴（约 1.5mL）		
浓盐酸		17.5mL		
饱和碳酸氢钠水溶液		125mL		

(2) 实验步骤

在 500mL 的锥形瓶中，放入水杨酸 10.0g，醋酐 25mL，然后用滴管加入浓硫酸，缓缓地旋摇锥形瓶，使水杨酸溶解。将锥形瓶放在蒸汽浴上（附注①）慢慢加热至 85～95℃，维持温度 10min。然后将锥形瓶从热源上取下，使其慢慢冷却至室温。在冷却过程中，阿司匹林渐渐从溶液中析出（附注②）。在冷到室温，结晶形成后，加入水 250mL(附注③)，并将该溶液放入冰浴中冷却。待充分冷却后，大量固体析出，抽滤得到固体，冰水洗涤，并尽量压紧抽干，得到阿司匹林粗品。

将阿司匹林粗品放在 150mL 烧杯中，加入饱和的碳酸氢钠水溶液 125mL(附注④)。搅拌至没有二氧化碳放出为止（无气泡放出）。有不溶的固体存在，真空抽滤，除去不溶物并用少量水洗涤。另取 150mL 烧杯一只，放入浓盐酸 17.5mL 和水 50mL，将得到的滤液慢慢地分多次倒入烧杯中，过倒边搅拌。阿司匹林从溶液中析出（附注⑤）。将烧杯放入冰浴中冷却，抽滤固体，并用冷水洗涤，抽紧压干固体，得阿司匹林粗品，熔点为 135～136℃。

将所得的阿司匹林放入 25mL 锥形瓶中，加入少量热的乙酸乙酯（不超过15mL），在蒸汽浴上缓缓地不断加热直至固体溶解，冷却至室温，或用冰浴冷却（附注⑥），阿司匹林渐渐析出，抽滤得到阿司匹林精品（附注⑦）。

【附注】

① 加热的热源可以是蒸汽浴、电加热套、电热板，也可以是烧杯加水的水浴。若加热的介质为水时，要注意，不要让水蒸气进入锥形瓶中，以防止醋酐及生成的阿司匹林水解。

② 倘若在冷却过程中阿司匹林没有从反应液中析出，可用玻璃棒或不锈钢刮勺，轻轻摩擦锥形瓶的内壁，也可同时将锥形瓶放入冰浴中冷却促使结晶生成。

③ 加水时要注意，一定要等结晶充分形成后才能加入。加水时要慢慢加入，有放热现象，甚至会使溶液沸腾，产生醋酸蒸气，须小心，最好在通风橱中进行。

④ 当碳酸氢钠水溶液加到阿司匹林中时，会产生大量的气泡，注意分批少量地加入，一边加一边搅拌，以防气泡产生过多引起溶液外溢。

⑤ 如果将滤液加入盐酸后，仍没有固体析出，测一下溶液的 pH 是否呈酸性，如果不是再补加盐酸至溶液 pH 2 左右，会有固体析出。

⑥ 此时应有阿司匹林从乙酸乙酯中析出。若没有固体析出，可加热将乙酸乙酯挥发掉一些，再冷却，重复操作。

⑦ 阿司匹林纯度可用下列方法检查：取两根干净试管，分别放入少量的水杨酸和阿司匹林精品。加入乙醇各 1mL，使固体溶解。然后分别在每根试管中加入几滴 10% $FeCl_3$ 溶液，盛水杨酸的试管中有红色或紫色出现，盛阿司匹林精品的试管中应是无色的。

【思考题】

① 在阿司匹林的合成过程中，要加入少量的浓硫酸，其作用是什么？除硫酸外，是否可以用其他酸代替？

② 产生聚合物是合成中的主要副产物，生成的原理是什么？除聚合物外是否还会有其他可能的副产物？

③ 药典中规定，成品阿司匹林中要检测水杨酸的量，为什么？本实验中采用什么方法来测定水杨酸，试简述其基本原理。

阅读材料：　酰化反应在保护反应中的应用

在有机合成化学中，酰化反应是保护醇羟基、酚羟基和保护氨基的方法之一，即利用羧酸、酸酐、酰氯等酰化剂将醇、酚转化成相应的羧酸酯（如甲酸酯、乙酸酯、苯甲酸酯以及由卤素、烷氧基取代的羧酸酯等）或将氨基转化成酰胺，或利用氯甲酸酯（烷基酯、苯酯或苄酯等）为酰化剂将醇或酚转化成相应的碳酸酯。

1. 醇、酚羟基的保护

（1）甲酰化　醇的甲酰化易于形成，并可在乙酸酯或苯甲酸酯等存在下选择性脱除。其制备方法主要是用甲酸、甲酸与乙酸形成的混合酐以及 DMF 与苯甲酰氯的加合物等进行酰化。

（2）乙酰化　该方法应用较为广泛，可用醋酐、乙酰氯、乙酸乙酯或醋酸五氟苯酯等试剂进行酰化。在应用醋酐或酰氯时，可用吡啶、DMAP、TME-DA 以及三氟化硼的乙醚复合物来催化，用 DMAP 催化可用于大部分醇包括位阻较大的叔醇的酰化；用三氟化硼的乙醚复合物催化可在醇羟基、酚羟基共存时选择性酰化醇羟基，乙酸乙酯若以三氧化二铝或以二氧化硅为载体，以硫酸氢钠为催化剂可对伯醇羟基进行选择性酰化，而对分子中的仲醇、酚羟基没有影响。醋酸五氟苯酯在三乙胺存在下可用于选择性地保护氨基醇中的醇羟基，如没有三乙胺的存在则得 N-乙酰衍生物。

乙酸酯的分解方法较多，可用 50% 氨-甲醇溶液进行氨解，但时间过长，结构中的苯甲酰基也要脱落，在用氢氧化钠-吡啶的条件下酰氨基比较稳定。利用碳酸钾-甲醇水溶液可将仲醇及烯丙醇上的乙酰基脱掉，收率可达 100%。利用试剂 Bu_3SnOMe 在二氯乙烷中或三氟化硼-乙醚在 95% 乙腈中可选择性脱掉葡萄糖差向异构体羟基上的乙酰基，若苯甲酰基和乙酰基共存，则采用 DBU 或甲氧基镁可选择性脱掉乙酰基。

（3）α-卤代乙酰化　α-卤代羧酸酯衍生物（RCOOR'：R＝$ClCH_2$—、Cl_2CH—、

Cl₃C—、CF₃—等）可分别由相应的酸酐、酰氯与具有羟基的化合物进行反应来制备。α-卤代乙酰化常用于合成核苷或前列腺素的保护。其脱除一般在碱性条件下或在胺类化合物中进行，该保护基由于卤素的引入使羰基碳原子的亲核性增强而易于水解，故可利用这一性质进行选择性脱除。如在乙酸酯、苯甲酸酯同时存在下，可用硫脲或 NH₂NKC(S)SH 选择性"助脱"氯乙酰基，且后者具有反应温度低、收率高的特点。

（4）α-烷氧基乙酰化　α-烷氧基乙酸酯衍生物中的烷基可以是甲基、三苯甲基、苯基、对氯苯基或 2,6 二氯-4-甲基苯基等。同样是用相应的酰氯或酸酐与羟基化合物进行反应来制备，采用该类试剂可避免卤代乙酸酯保护基中由于卤素本身活性所引起的副反应，且也较易分解。在用甲氧乙酸酯、苯氧乙酸酯保护羟基化合物时，如果同时存在乙酸酯、苯甲酸酯，用 NH₃ 或 NH₃—CH₃OH 溶液进行选择性水解时，前者比乙酸酯分解快 20 倍，后者是乙酸酯的 50 倍。

（5）取代苯甲酰化　苯甲酸酯衍生物包括苯甲酸酯、对苯基苯甲酸酯、2,4,6-三甲基苯甲酸酯、o-二溴甲基苯甲酸酯或 o-碘代苯甲酸酯等，该类保护基在碳水化合物及核苷醇羟基的保护中应用较为普遍。苯甲酸酯衍生物的制备可采用酰氯、酸酐以及某些活性酯和酰胺等方法。在多羟基化合物中苯甲酰化比乙酰化更具选择性，一般伯醇和 e-键醇的羟基优先被保护，但若以 Bz₂O 及 Ph₃P 为试剂则位阻大的羟基发生酰化，并且光学活性醇会发生构型反转。

苯甲酸酯的水解性比乙酸酯低，苯甲酸酯的分解一般在甲醇中加入碱性催化剂即可（如 NaOH、Et₃N 或 KOH 等），或利用格氏试剂在硅醚存在下选择性脱掉苯甲酰基。

（6）烷氧羰基化　碳酸酯衍生物多采用氯代甲酸酯与羟基化合物反应来制备，该保护基可用于甾体或糖类化合物羟基的保护。其水解可以在碱性条件下进行，由于分子中第二个烷基性质的影响，也可在其他酯存在下采用特殊方法进行选择性水解。

2. 氨基的保护

（1）甲酰化　甲酰化非常容易，用胺与 98% 甲酸-乙酐或甲酸五氟苯酯在室温下或 DMF 在硅胶 G 存在下加热即可得高收率的甲酰胺，对于易消旋化的胺可采用 HCOOH-DCC-Py 法，可使消旋化减到最低限度。对于铵盐可用甲酸与 N^1-[(ethylimino)methylene]-N^3,N^3-dimethylpropane-1,3-diamine 在甲基吗啉存在下进行甲酰化。

$$C_2H_5—N=C=N—(CH_2)_3N(CH_3)_2$$

脱去甲酰基的方法有很多，可用下述方法中的任一种，其中用 Pd/C 催化氢解在室温下及在乙腈中光照条件下几乎可定量分解。

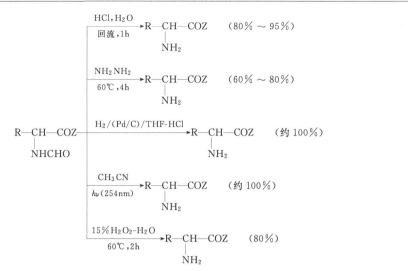

（2）乙酰化　可采用乙酸、乙酐、乙酸五氟苯酯和乙酸对硝基苯酯等酰化剂对胺进行酰化保护氨基，其中乙酸五氟苯酯在羟基存在下可选择性酰化氨基，若加入三乙胺则醇也同时发生酰化。

乙酰胺比较稳定，需在酸性或碱性条件下分解，也可转化成叔丁氧羰基衍生物后再分解。另外还可以用 $Et_2O \cdot {}^{\oplus}BF_3$ 作为脱酰基试剂，当结构中乙酰氧基与乙酰氨基共存时，它具有选择性分解酰氨基的特点。

（3）卤代乙酰化　为了使肽类和核苷酸等不致在水解时受到破坏，可采用卤代乙酰基保护其中的氮原子。该类酰基由于受卤素的影响使羰基碳原子易受亲核试剂进攻进而被水解，此类保护基有氯乙酰基、二氯乙酰基、三氯乙酰基和三氟乙酰基等，如三氟乙酰基可在 K_2CO_3 或 Na_2CO_3 等弱碱性条件下分解，而分子中的甲基酯不受影响，氯乙酰基可用邻苯二胺等双亲核性基团试剂或硫脲"助脱"。

（4）苯甲酰化　胺可与苯甲酰氯、苯甲酰腈和苯甲酸对硝基苯酯等作用形成苯甲酰胺，以苯甲酰腈为酰化剂可对氨基醇中的氨基进行选择性酰化，以 *N*-甲氧基二酰亚胺为酰化剂可在醇、仲胺存在下选择性酰化伯胺。脱苯甲酰基可在酸、碱条件下进行。

（5）邻苯二甲酰化　邻苯二甲酸酐与核苷作用或者 *N*-乙氧羰基邻苯二甲亚胺与氨基酸作用都可得到环状的邻苯二甲酰亚胺衍生物，此保护基是保护伯胺的好方法，其特点是性质稳定，不受催化氢化、H_2O_2 氧化、$Na-NH_3$ 还原和醇解等影响，脱保护基方法有肼解法、$NaBH_4$-(*i*-PrOH)-H_2O 及 $MeNH_2$-EtOH 等分解法。

（6）烷氧羰基化　氨基甲酸酯类衍生物作为保护基应用很广，由于烷氧羰基易于引入和脱除，作为氨基酸的保护基可使消旋化降至最低，因此，在氨基的保护中氨基甲酸酯类衍生物较酰胺衍生物应用更为普遍。此处介绍几种常用的烷氧羰基保护基的引入和脱除方法。

① 苄氧羰基化（Cbz 或 Z）。氨基物（如氨基酸）与氯代甲酸苄酯、苄氧碳基腈等酰化剂反应即可生成氨基甲酸苄酯，其性质对肼、热的乙酸、三氟乙酸及 HCl-MeOH（室温）都是稳定的，脱除苄氧羰基多采用 Pd 为催化剂的催化氢化反应或以环己烯等为供氢体的催化氢转移反应等方法，也可采用卤代三甲硅烷来分解。

② 叔丁氧羰基化（Boc）。这是一个广泛应用于多肽合成中保护氨基的方法。以氨基酸与氯代甲酸叔丁酯等酰化剂反应可生成氨基甲酸叔丁酯，该酯对氢解、在钠-液氨中、碱分解和肼解等条件都是稳定的，其分解多在酸性条件下进行，如 HCl-EtOAc、CF_3COOH-PhSH、HBr-HOAc 或 10% H_2SO_4 等，采用 $SnCl_4$ 可在 9-芴甲氧羰基存在下选择性脱除叔丁氧羰基。

③ 9-芴甲氧羰基化（Fmoc）。9-芴甲氧羰基保护基的优点是对酸极其稳定（如在 9-芴甲氧羰基存在下可用酸脱除叔丁氧羰基），但它可迅速被简单的胺如吡啶、吗啉、哌嗪等在温和条件下分解。其制备及分解方法如下：

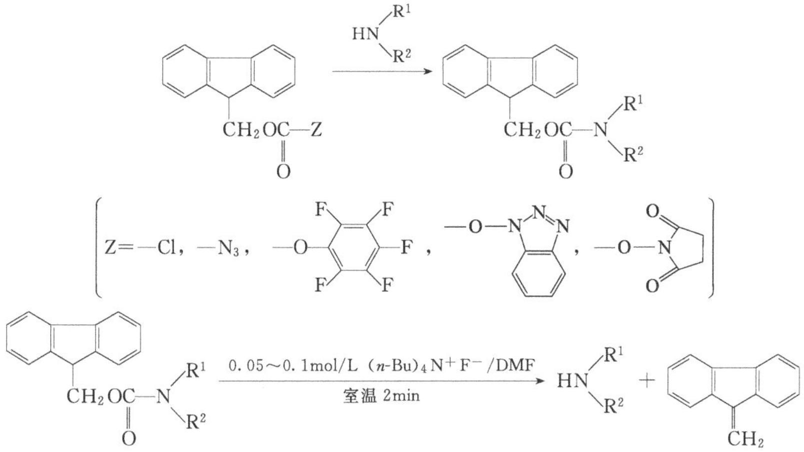

参考文献

［1］ Greene T W, Wuts P G M. 有机合成中的保护基. 华东理工大学有机化学教研组译. 上海：华东理工大学出版社，2004：149-200，276-286，550-572，632-653.

［2］ 闻韧. 药物合成反应. 第 2 版. 北京：化学工业出版社，2003：114-177.

3.3　烃化反应

3.3.1　相转移催化合成 *dl*-扁桃酸（Mendilic Acid）

【目的要求】

① 了解相转移催化反应的原理、常用的相转移催化剂以及在药物合成中的应用。

② 掌握相转移二氯卡宾法制备 *dl*-扁桃酸的原理及其副反应与实验操作。

【实验原理】

在药物合成中常遇到有水相和有机相参与的非均相反应，这些反应速度慢、收率低、条件苛刻，有些甚至不发生反应。1965 年，Makasza 首先发现鎓类化合物具有使水相中的反应物转入有机相中的性质，从而加快了反应速度，提高了收率，简化了操作，并使一些难以进行的反应顺利完成，从而开辟了相转移催化这一新的合成方法，相转移催化在药物合成中的应用十分广泛。

常用的相转移催化剂主要有以下两类。

（1）季盐类　常见的有季铵盐、季鏻盐等，其中以三乙基苄基氯化铵（TE-BA）和四丁基硫酸氢铵（TBAB）最常用。在这类化合物中，烃基是油溶性基团，若烃基太小，则油溶性差，一般要求烃基的总量大于 150g/mol。

TEBA：$(C_2H_5)_3N^+CH_2C_6H_5 \cdot Cl^-$

TBAB：$(C_4H_9)_4N^+ \cdot X^-$，$X^- = Cl^-$，Br^-，HSO_4^-

（2）冠醚类　常用的有 18-冠-6、二环己基 18-冠-6、二苯基 18-冠-6 等。冠醚具有和某些金属离子络合的性能而溶于有机相中，例如，18-冠-6 与 KCN 水溶液中的 K^+ 络合，而与络合离子形成离子对的 CN^- 也随之进入有机相。

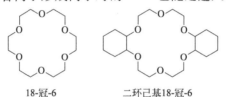

18-冠-6　　　　二环己基18-冠-6

本实验采用相转移方法以生成二氯卡宾（：CCl_2），即在 50%NaOH 水溶液中加入少量相转移催化剂，由氯仿制得。这种反应过程属 α-消除反应。首先季铵盐在碱液中形成季铵碱而转入氯仿层，继而季铵碱夺去氯仿中的一个质子而形成离子对（$R_4N^+ \cdot CCl_3^-$），然后消除生成二氯卡宾。

水相　$R_4N^+Cl^- + NaOH \rightleftharpoons R_4N^+OH^- + NaCl$

有机相

$R_4N^+OH^-$
$+$
$CHCl_3$

$R_4N^+Cl^- + :CCl_2 \rightleftharpoons R_4N^+CCl_3^-$

二氯卡宾（：CCl_2）是非常活泼的反应中间体，能与烯烃、胺类、羟基、羰基以及羧基衍生物反应，生成各类化合物。如苯甲醛与二氯卡宾加成生成环氧中间体，再经重排，水解得到 *dl*-扁桃酸。

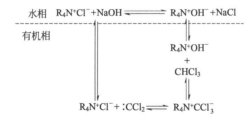

$$\xrightarrow[\text{H}_2\text{O}]{\text{NaOH}} \xrightarrow{\text{H}_2\text{SO}_4}$$

（苯环）—CH(OH)—COOH

dl-扁桃酸是重要的化工原料，亦是合成血管扩张药环扁桃酸酯及滴眼药羟苄唑等的中间体。以往多由苯甲醛与氰化钠加成得腈醇（扁桃腈）再水解制得。该法路线长，操作不便，劳动保护要求高。采用相转移二氯卡宾法一步反应即可制得，既避免使用剧毒的氰化物，又简化了操作，收率亦较高。

【实验方法】

（1）原料与试剂

苯甲醛	10.6g(0.1mol)
三乙基苄基氯化铵	1.2g(0.002mol，自制)
氯仿	16mL
50％NaOH 溶液	25mL
乙醚	120mL
硫酸	
甲苯	
无水硫酸钠	适量（干燥用）

（2）实验步骤

在装有搅拌器、温度计、回流冷凝管及滴液漏斗的 150mL 四颈瓶中，投入 10.6g(0.1mol) 苯甲醛（附注①）、1.2g 三乙基苄基氯化铵（TEBA)(附注②）和 16mL 氯仿。开动搅拌器并缓慢加热，待温度升到 56℃时，缓慢地滴入 50％NaOH 溶液 25mL，控制滴加速度（附注③），维持反应温度在 56℃±2℃，约 1h 滴完，滴毕，再在此温度下继续搅拌 1h。

反应混合物冷至室温后，停止搅拌，倒入 200mL 水中，用乙醚提取 3 次，每次 20mL。水层用 50％ H_2SO_4 酸化至 pH 2～3(附注④)，再用乙醚提取 3 次，每次 20mL，合并提取液，用无水硫酸钠干燥，蒸去乙醚（附注⑤），得粗品。

粗品用甲苯（1∶1.5）重结晶，得白色结晶的扁桃酸，熔点为 118～119℃。

【附注】

① 苯甲醛使用前需在氮气流下重新蒸馏。

② 三乙基苄基氯化铵（TEBA）的制备

方法一：将 1mol 三乙胺和 1mol 氯苄加入丙酮中，回流，即得 TEBA 沉淀，几乎定量收率。

方法二：将三乙胺 25g 和氯苄 30g、二氯乙烷 120g 混合，回流 2h，得 TEBA 52.6g。

③ 滴加 50％ NaOH 溶液速度不宜过快，每分钟约 4～5 滴。否则，苯甲醛在强碱条件下易发生歧化反应，使产品收率降低。

④ 用 50％ H_2SO_4 酸化时应酸化至溶液呈强酸性。

⑤ 乙醚是易燃低沸点溶剂，使用时务必注意周围应无火源。

附：*dl*-扁桃酸的红外光谱图见图 3-4

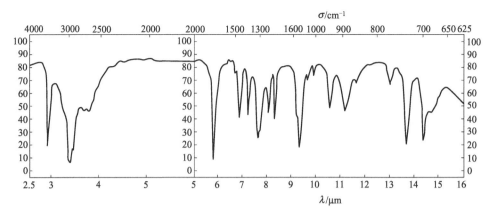

图 3-4 *dl*-扁桃酸的红外光谱图

【思考题】

① 何谓相转移催化反应，常用的相转移催化剂有哪些？

② 举例说明相转移反应在药物合成中有哪些应用？

③ 50％NaOH 溶液的滴加速度及反应温度对本实验的收率有何影响？说明可能发生哪些副反应？

④ 试述相转移二氯卡宾法制备 *dl*-扁桃酸的反应过程如何？

⑤ 反应完毕后，二次用乙醚提取，酸化前、后各提取什么？

⑥ 指出 *dl*-扁桃酸 IR 图谱主要吸收带的归属？

【参考文献】

［1］ Dehmlow E V, Dehmlow S S. 相转移催化. 贺贤璋，胡振民译. 北京：化学工业出版社，1988.

［2］ Merz A. Synthesis，1974：724.

［3］ Makosza M. Moden Synthetic Methods，1976：79.

［4］ Corson B B, et al. 有机合成（第一集）. 南京大学有机化学教研室. 北京：科学出版社，1957：270.

3.3.2 *dl*-扁桃酸的拆分

【目的要求】

① 学习对外消旋体的拆分方法和旋光度的测定。

② 了解外消旋体拆分在药物合成中的作用和意义。

【实验原理】

用合成方法制备具有光学活性有机化合物时，在一般条件（非手性条件）下得到的产物为外消旋体。将外消旋体的两个对映体分离开来的过程称为外消旋体的拆分。

常用的拆分方法有以下几种。

（1）诱导结晶法　在外消旋体的饱和溶液中小心地加入其中一种对映体（左旋

或右旋）晶体，使溶液对这一对映体成为过饱和，晶体逐渐生长且先析出结晶，过滤得到该对映体。再往滤液中加入一定量外消旋体，则溶液中的另一种对映体达到饱和，经冷却后得到另一种对映体。经过反复操作，连续拆分便可交叉得到纯的左旋体和右旋体。此法已成功地用于氯霉素中间体 *dl*-苏-1-(对硝基苯基)-2-氨基丙二醇 [1,3] 和 *dl*-肾上腺素等的拆分。

诱导结晶法具有不需光学拆分剂、原材料消耗少、成本低、操作简单、生产周期短和拆分收率高等优点，但该法仅适用于两种对应晶体独立存在的外消旋混合物的拆分，而且拆分条件控制较麻烦，对映体的光学纯度亦不高。

（2）形成非对映异构体法　对映异构体的物理性质在一般条件下都相同，不能直接用一般的分离手段，如分步结晶、分馏、萃取等通常的物理方法给予分离，而非对映异构体的物理性质都不同。因而当要拆分某一外消旋体（*dl*）时，可用一个旋光性化合物（*d*′或 *l*′）与其化合，生成非对映异构体，再利用它们的物理性质不同，用通常的物理方法分离开来，最后分别分解为左旋体和右旋体。

$$dl\text{-A} + d'\text{-B} \longrightarrow \begin{cases} d\text{-A } d'\text{-B} \longrightarrow d\text{-A} + d'\text{-B} \\ l\text{-A } d'\text{-B} \longrightarrow l\text{-A} + d'\text{-B} \end{cases}$$

该方法是目前应用最广泛的方法，外消旋体的 3 种类型（外消旋混合物、外消旋化合物和外消旋固体溶液）均可采用。

用以拆分外消旋体的光学活性试剂称为拆分剂。一个好的拆分剂应具备下列条件：

① 必须易与原料作用生成非对映异构体，同时又易被除去。

② 所生成的非对映异构体应是很好的结晶，两者在一定溶剂中的溶解度有较大的不同。

③ 价廉易得或拆分后回收率高。

④ 具有较高的光学纯度，化学稳定性要好。

由此可见，外消旋体的拆分并非简单，关键要选择一个合适的拆分剂。

（3）常见的拆分剂

① 拆分外消旋碱。常用旋光性酸作为拆分剂与之反应，得到两个非对映异构体盐的混合物，然后用分步结晶法将其分离，再分别分解成纯的旋光性碱。

$$dl\text{-碱} + d'\text{-酸} \longrightarrow \begin{cases} d\text{-碱 } d'\text{-酸} \xrightarrow{\text{OH}^-} d\text{-碱} \\ l\text{-碱 } d'\text{-酸} \xrightarrow{\text{OH}^-} l\text{-碱} \end{cases}$$

常用作拆分剂的旋光性酸有：酒石酸、樟脑-10-磺酸、2-苯羟乙酸、苹果酸、二苯甲酰酒石酸、*N*-(1-苯乙酸) 酰氨酸及 *N*-(1-苯乙基)-琥珀酰胺酸等。

N-(1-苯乙酸)酰氨酸　　*N*-(1-苯乙基)-琥珀酰胺酸

② 拆分外消旋酸。主要用旋光性碱作为拆分剂，常用的旋光性碱大多是天然存在的生物碱，如奎宁碱、番木鳖碱、马钱子碱和麻黄碱等以及人工合成的如光学

活性的 2-苯基乙胺等。

③ 拆分外消旋醇。一般先与二元酸酐如邻苯二甲酸酐或丁二酸酐等作用生成二元酸单酯，然后再用旋光性碱拆分。

④ 拆分外消旋醛、酮。常用旋光性酰肼、肼或氨基脲等。拆分剂先与醛或酮作用，生成非对映体的腙和缩氨脲等。拆分后在酸性溶液中水解，即得旋光性的醛或酮。重要的拆分剂有薄荷肼（a）、孟基氨基肼（b）和酒石酰胺酚肼（c）等。

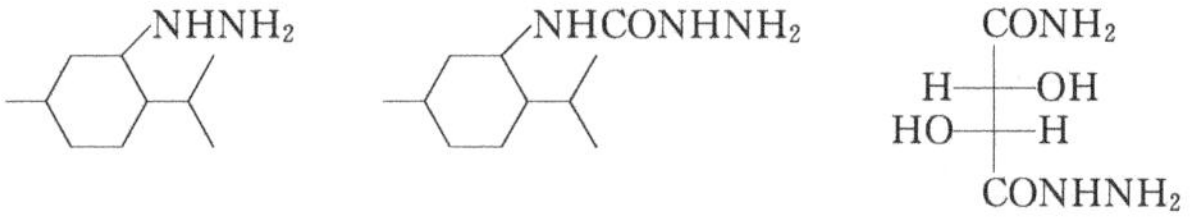

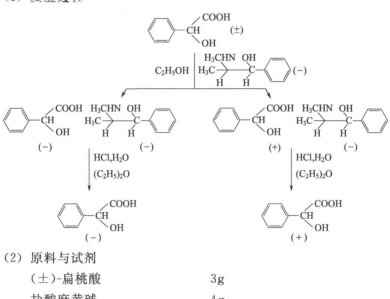

（4）酶拆分法　酶拆分法是利用酶对旋光异构体有选择性的酶解作用，使外消旋体中的一个旋光异构体优先酶解，另一个难以酶解被保留，从而实现分离。此法用于 DL-氨基酸的拆分时才能有用。

此外，色谱和离子交换树脂拆分等方法亦用于外消旋体的拆分。

【实验方法】

（1）反应过程

（2）原料与试剂

（±）-扁桃酸	3g
盐酸麻黄碱	4g
NaOH	1g
乙醚	180mL
95%乙醇	
浓盐酸	
苯	
无水硫酸钠	适量（干燥用）

（3）实验步骤

称取盐酸麻黄碱 4g（附注①），用水 20mL 溶解，溶液若浑浊应过滤，加 1g NaOH 使溶液呈碱性，用乙醚提取 3 次，每次 20mL，合并乙醚提取液用无水硫酸钠干燥，蒸去乙醚（附注②）得麻黄碱 3.2g。麻黄碱用 15mL 95％乙醇溶解后转入 50mL 圆底烧瓶中，加入（±）-扁桃酸 3g。装上回流冷凝管，在 70～75℃ 水浴中加热 30min，趁热过滤，滤液慢慢冷却（附注③），析出（－）-扁桃酸（－）-麻黄碱结晶，抽滤，得白色结晶。母液保留。

晶体用 8mL 乙醇重结晶，干燥后测定熔点（文献值 170℃，母液倒入回收瓶中）。根据熔点确定晶体纯度后，称取 1.5g 晶体，加入水 20mL，滴加浓盐酸约 1mL（附注④），使固体溶解。用乙醚提取 3 次，每次 20mL。合并醚液，用无水硫酸钠干燥，过滤后蒸去乙醚。用苯重结晶，得纯的（－）-扁桃酸结晶。

母液［含有（＋）-扁桃酸（－）-麻黄碱］蒸去乙醇后加水 20mL，滴入浓盐酸约 1.5mL（附注④）使溶液澄清。用乙醚提取 3 次，每次 20mL。乙醚提取液用无水 Na_2SO_4 干燥，过滤，蒸出乙醚。残留的黄色黏液放置后固化，苯重结晶，得（＋）-扁桃酸。

（4）旋光度的测定　分别测定（－）/（＋）-扁桃酸的熔点和比旋度（附注⑤）。

在 10mL 小烧杯中精确称取 0.2g 样品，用蒸馏水 5mL 溶解，倒入 10mL 容量瓶中，再用少量蒸馏水多次洗涤烧杯，每次洗涤液均倒入容量瓶，最后加水至刻度。

取 1dm 或 2dm 长的干净旋光管，细心旋紧细颈端，立于桌上。用干净吸管从粗颈端注入溶剂（本实验即为蒸馏水）至液面拱起，将玻璃盖板从管侧水平推进，注意必须不留气泡以免观察时光界模糊，再旋紧螺帽，用擦镜纸擦干玻璃板上的液渍，把旋光管放入旋光仪中，测定零点。

倾出旋光管中溶剂，用少量待测溶液荡洗几次，最后将待测溶液装满旋光管，置于旋光仪中测定旋光度。再按下式计算出比旋度。

$$[\alpha]_D^t = \frac{\alpha \times 100}{lC}$$

式中，$[\alpha]$ 为比旋度；α 为测得的旋光度；t 为测定时温度；D 为钠光谱的 D 线；C 为溶液浓度（100mL 溶液中含有溶质的克数）；l 为旋光管长度，dm。

注：① 待测溶液应不显浑浊或含有混悬的小粒。如有上述情形，应预先滤过，并弃去初滤液。

② 如果待测试样为液体，则式中 C 为该液体的密度。

【附注】

① 选用药用盐酸麻黄碱即可。

② 蒸馏后期用水泵减压蒸去残留的乙醚，但减压时间不宜过长。

③ 冷却速度宜缓慢，使析出的（－）-扁桃酸（－）-麻黄碱结晶较纯，过滤前在冰箱中放置过滤液，使结晶完全。

④ 加盐酸使溶液显酸性，此时若有油状黏稠物出现，可用滤纸滤掉。

⑤ 两个对映体的熔点和比旋度

（－）-扁桃酸:熔点为 132.8℃，$[\alpha]_D^{20}$ －154.5°

（＋）-扁桃酸:熔点为 132.8℃，$[\alpha]_D^{20}$ －155.5°

【思考题】

① 若要拆分（±）-2-苯乙胺，该用何种拆分试剂？

② 诱导结晶法和其他拆分方法比较有何优缺点？

③ 何谓比旋度？哪些化合物需测比旋度？举例说明？

④ 试用手册或文献数据计算拆分所得的（＋）扁桃酸和（－）扁桃酸的光学纯度？

【参考文献】

[1] Eliel E L. Stereochemistry of Carbon Compounds. New York：McGraw-Hill，1962.

[2] Clark Jr. Most F. Experimental Organic Chemistry. John Wiley&Sons Ltd，1988：441.

[3] Baar M R，Cerrone-Szakal A L. J Chem Educ，2005，82：1040.

3.3.3 β-甲氧基萘的制备

【目的要求】

① 熟悉甲基芳基醚的制备方法。

② 掌握酚羟基甲基化的实验操作。

③ 掌握硫酸二甲酯使用及注意事项。

【实验原理】

在碱性条件下，酚类化合物很容易和卤代烃发生反应得到酚醚。水溶性酚的碱金属盐可用硫酸二甲酯甲基化，根据软硬酸碱理论，属于软碱的硫酸二甲酯更有利于 O-烃化。

硫酸二甲酯是中性化合物，且在水中溶解度较小，并容易水解，生成甲醇及硫酸氢甲酯而失去作用。硫酸二甲酯与酚反应可在碱性水溶液中或无水条件下直接加热进行，两个甲基只有一个参加反应。β-萘酚在氢氧化钠溶液中可以和硫酸二甲酯反应，生成 β-甲氧基萘（Methoxynaphthalene 或称 2-萘基甲醚，2-Naphthyl methyl ether）。反应式如下：

【实验方法】

（1）原料与试剂

β-萘酚	14.4g(0.10mol)
硫酸二甲酯	14.1g(0.11mol)
氢氧化钠	4.4g(0.11mol)
氯仿	适量
乙醇	适量

（2）实验步骤

在装有机械搅拌、回流冷凝管、温度计和恒压滴液漏斗的150mL的反应瓶中，加入由 4.4g(0.11mol) 氢氧化钠和 48mL 水配成的溶液（附注①），再将 14.4g(0.10mol)β-萘酚溶解于氢氧化钠溶液中，冷至 5℃，通过滴液漏斗慢慢加入 14.1g

(0.11mol) 硫酸二甲酯（附注②）。加毕，任其自然升到室温，再加热至 75～80℃ 反应 1h。冷至室温，氯仿萃取 3 次，每次 30mL，合并萃取液，用 10% 氢氧化钠溶液洗一次，再用水洗涤两次，加入无水硫酸钠干燥。过滤，减压回收氯仿，得 β-甲氧基萘粗品。用乙醇重结晶，抽滤，干燥，得 β-甲氧基萘约 13.6g，收率 86%，熔点为 73～75℃。

【附注】

① 可以预先将氢氧化钠溶液配制好放冷后备用。

② 硫酸二甲酯毒性较大，量取时最好戴手套操作，或在老师指导下处置。

【思考题】

① 还有什么试剂或方法可以用于酚羟基的甲基化？

② 常用的烃化剂有哪些种类？

③ 萃取合并后的氯仿，为什么要用 10% 氢氧化钠溶液洗涤？

【参考文献】

[1] Windholz Martha. The Merck Index. 11th ed. Rahway(New Jersey)：Merck & Co Inc，1988：5918.

[2] 樊能廷. 有机合成事典. 北京：北京理工大学出版社，1992：268.

[3] Vogel A. Textbook of Practical Organic Chemistry. 4th ed. London：Longman Group Limited，1978：755.

阅读材料：　与手性有关的概念与术语

1. 手性的概念

相对映但不能重合的特征称为物质的手性。这和我们的左右手一样（虽然很像，但不能重叠）。

2. 分子的手性与旋光性

手性分子都具有旋光性，也可以说旋光性分子具有手性的结构特征。

分子与其镜象能重合者为非手性分子，不具有旋光性。

分子与其镜象不能重合者为手性分子，具有旋光性。

具有手性的分子称为手性分子。例如乳酸：

肌肉乳酸 $[\alpha]_D^{20} = +3.8°$，"+"右旋，发酵乳酸 $[\alpha]_D^{20} = -3.8°$，"−"左旋。

把与 4 个不同的原子或基团相连接的碳原子称为不对称碳原子或手性碳原子（通常用星号标出：C^*），是分子的不对称中心或称手性中心。例如：

$$\underset{H}{\overset{OH}{CH_3-C^*-COOH}} \qquad \underset{H}{\overset{Cl}{CH_3CH_2-C^*-CH_3}} \qquad \underset{CH_3}{\overset{H}{CH_3CH_2-C^*-CH_2OH}}$$

手性碳的构型表示式与标记有多种方式与方法。

3. D/L 和 *d/l*

（1）D 或 L　这种方法是以旋光化合物甘油醛为参照标准的。

右旋甘油醛规定为 D-型　　　　左旋甘油醛规定为 L-型

其他化合物的构型则以此为参照，由 D-型甘油醛转化来的化合物就是 D-型；由 L-型甘油醛转化来的就是 L-型。显然，这种规定是相对的，有很大的局限性。常用于氨基酸或碳水化合物，但最好使用 *R* 和 *S* 来表示。

（2）*d* 或 *l*　*d* 或 *l* 分别代表右旋或左旋，是按照实验测定结果而确定的，化合物能将单色平面偏振光的平面向顺时针方向或向逆时针方向旋转分别定为右旋或左旋，也可分别用"＋"和"－"表示。应指出的是，化合物的右旋和左旋与该化合物的绝对构型并无直接的联系。

4. 立体异构体、非对映异构体和对映体

（1）立体异构体（stereoisomers）　其分子由相同数目和相同类型的原子组成，是具有相同的连接方式但构型不同的化合物。

（2）非对映异构体（diastereoisomers）　对于分子中具有两个或多个小对称中心，并且其分子互相不为实物和镜像的立体异构体，例如，D-赤藓糖和 D-苏阿糖，常简称为"非对映体"。非对映体也在立体异构体的范畴之内。

（3）对映体（enantiomers）　构造相同、构型不同，形成实物与镜象关系的两种分子的现象称为对映异构现象，这种立体异构体称为对映异构体，简称为对映体。对映体是成对的，它们的旋光能力相同，方向相反，它们是互相不可重合的。

5. 对映体过量和对映选择性

（1）对映体过量（enantiomeric excess, e.e.%）在两个对映体（E_1 和 E_2）的混合物中，假定 E_1 的量大于 E_2，则对映体 E_1 过量的百分数称为 E_1 的对映体过量，以 e.e.% 表示。

$$e.e.\% = \{([E_1] - [E_2])/([E_1] + [E_2])\} \times 100\%$$

式中，$[E_1]$、$[E_2]$ 分别表示两个对映体的浓度。

（2）对映选择性（enatioselectivity）　一个化学反应中，产生的某一对映体多于其他对映体的程度。

6. 光学活性、光学异构体和光学纯度

（1）光学活性（optical activity）　实验观察到的化合物将单色平面偏振光的平面向观察者的右边或左边旋转的性质。

（2）光学异构体（optical isomers）　对映体的同义词，但现在已不常用，因为有一些对映体在某些偏振光波长下并无光学活性。

（3）光学纯度（optical purity）　根据实验测定的旋光度，在两个对映异构体的混合物中，一个对映体所占的百分数。现在常用对映纯度来代替。

7. 外消旋、内消旋化合物和外消旋化

（1）外消旋（racemic）　以外消旋体或两个对映体的等量混合物存在，则无旋光性，常以符号（±）表示。

（2）内消旋化合物

分子内具有两个或多个不对称中心，但又有对称面，因而不能以对映体存在的化合物。例如内消旋酒石酸。内消旋化合物用前缀 *meso-* 冠示。酒石酸有两个不对称中心，因此有一对对映体和一个内消旋体（见下图），共 4 个立体异构体。

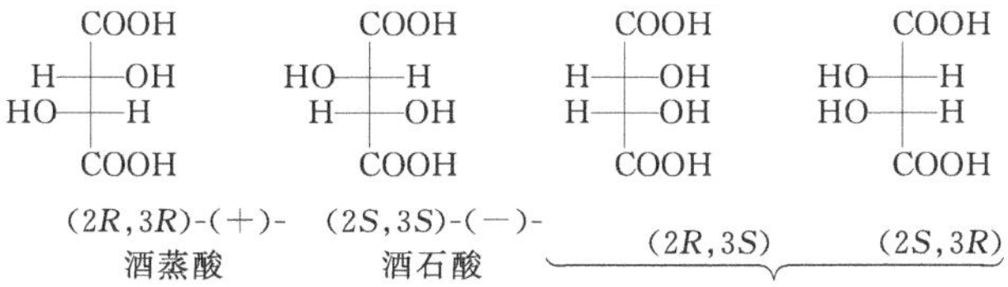

$$\begin{array}{cccc}
\text{COOH} & \text{COOH} & \text{COOH} & \text{COOH} \\
\text{H}-\text{OH} & \text{HO}-\text{H} & \text{H}-\text{OH} & \text{HO}-\text{H} \\
\text{HO}-\text{H} & \text{H}-\text{OH} & \text{H}-\text{OH} & \text{HO}-\text{H} \\
\text{COOH} & \text{COOH} & \text{COOH} & \text{COOH}
\end{array}$$

(2R,3R)-(+)-　　(2S,3S)-(−)-　　　　(2R,3S)　　　(2S,3R)

酒蒸酸　　　　　酒石酸　　　　内消旋酒石酸或 *meso*-酒石酸

一对对映体酒石酸

（3）外消旋化（racemization）　一种对映体转化为两个对映体的等量混合物。如果转化为两个对映体的量不相等，则称为部分消旋化。

8. R 和 S（分别取自拉丁文 Rectus 和 Sinister，即右和左字的第一个字母）

这种方法是由 Ingold 和 Prelog 等提出的，是广泛使用的一种方法，是关于面选择性的立体化学描述。它是根据手性碳上 4 个不同原子或基团在"CIP 优先性顺序规则"中排列次序来表示手性碳的构型的。对含有一个手性碳的化合物，做如下规定（假设该化合物为 Cabcd）。

① 把连接在 C* 上的 4 个原子或基团（a，b，c，d）按大小顺序规则排列，如：a＞b＞c＞d，如下图所示。

② 设想把最小的原子或基团（d）放在离观察者对着眼睛最远的地方。

③ 其他 3 个基团按递减顺序（a→b→c），若 a→b→c 为顺时针方向排列的用"R"表示，若 a→b→c 为逆时针方向排列用"S"表示。

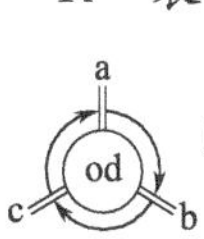

即：d—C—a→b→c 顺时针为 R 型

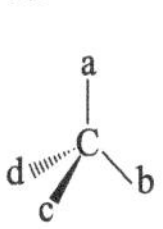

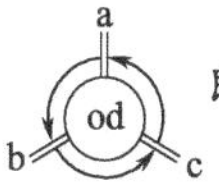

即：d—C—a→b→c 逆时针为 S 型

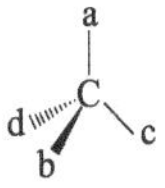

如上文酒石酸的两个手性碳构型即按此法确定。

9. 顺式/反式（*syn-/anti-*），赤式/苏式（*erythro-/threo-*）

（1）*syn-/anti-(cis-/trans-)*　用来描述两个取代基对于环上某平面的相对构型的前缀。*syn-/cis-* 指同侧，而 *anti-/trans-* 指异侧，如下图。有时在直链化合物中，也用 *syn-/cis-* 或 *anti-/trans-* 表示这相邻有关取代基在同侧或异侧。

syn-/cis-   *anti-/trans-*

（2）赤式/苏式（*erythro-/threo-*）　由碳水化合物的命名而来，用来表述相邻手性碳的相对构型，这两个手性碳至少含有一个相同的基团，以赤藓糖和苏阿糖为基础命名，赤式（*erythro-*）异构体指在 Fischer 投影式中相同或相似取代基在垂直链的同侧；苏式（*threo-*）异构体指位于异侧（见下图）。

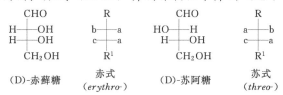

(D)-赤藓糖　　赤式　　(D)-苏阿糖　　苏式
　　　　　　（*erythro-*）　　　　　　　（*threo-*）

10. 旋转轴对称因素（C_n）

如果分子中有一条假想直线，当分子以此线为轴旋转 $360°/n(n=2,3,4\cdots)$ 之后，旋转的分子仍能与未经旋转的分子完全重合，那么这条直线便是该分子的 n 重对称轴，而该分子具有 C_n-旋转轴的对称因素。例如，分子反-2-丁烯为 C_2 旋转轴分子，对称分子顺-1,2,3,4-四氯环丁烷具 C_4 对称性（见下图）。在不对称合成中会经常遇到具 C_n 对称性的配体。

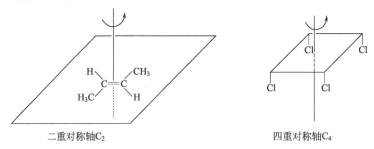

二重对称轴C_2 四重对称轴C_4

参考文献

［1］Hoffman R V. Organic Chemistry. 2nd ed.. New Jersey, John Wiley & Sons Inc, 2004：125-139.

［2］邢其毅，徐瑞秋，周政等. 基础有机化学. 第 2 版，上册. 北京：高等教育出版社，1993：84-102.

3.4　缩合反应

3.4.1　苯妥英钠（Phenytoin Sodium）的制备

【目的要求】

① 熟悉安息香缩合、乙内酰脲环合反应和操作。

② 通过苯妥英钠的合成，掌握已学的分离、精制技术。

③ 学习并掌握剧毒药品氰化钠（钾）的安全操作与处理方法。

【实验原理】

苯妥英钠化学名为 5,5-二苯基乙内酰脲钠（sodium 5,5-diphenylhydantoin-ate），又名大伦英钠（Dilantin Sodium），为抗癫痫药。

苯妥英钠通常用苯甲醛为原料，经安息香缩合，生成二苯乙醇酮，随后氧化为二苯乙二酮，再在碱性醇液中与脲缩合，重排制得。反应过程如下图式：

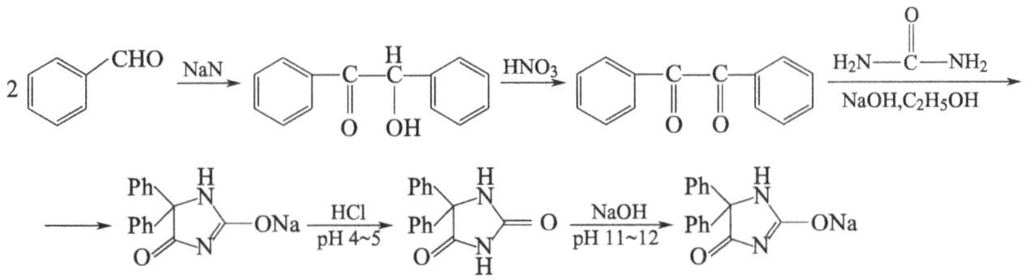

【实验方法】

（1）二苯乙醇酮（附注 a）的制备

① 原料与试剂

苯甲醛	10g（0.094mol，CP）
氰化钠	1.2g（0.025mol，工业用）
95％乙醇	20mL

② 实验步骤

将 10g（0.094mol）苯甲醛（附注 b）、20mL 95％乙醇置于 100mL 圆底烧瓶中，用 15％NaOH 溶液调到微碱性，加入 8mL 氰化钠（附注 c）溶液（由 1.2g 氰化钠和 8mL 水配制而成）。在水浴上加热回流 1h，停止加热，放置冷却，析出结晶，过滤，用水洗涤 3 次（附注 d），烘干后得 8.5g 二苯乙醇酮，收率 85％，熔点为 132～134℃。

③ 附注

a. 苯甲醛在 KCN（NaCN）作用下发生安息香缩合，生成二苯乙醇酮（安息香）。反应机理如图：

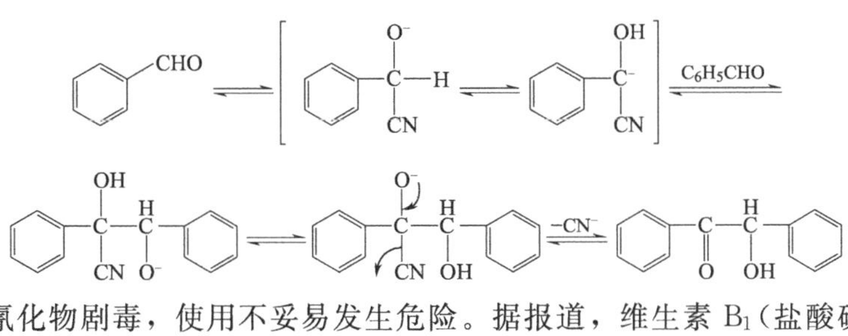

由于氰化物剧毒，使用不妥易发生危险。据报道，维生素 B_1（盐酸硫胺）作为一种辅酶亦可催化这类反应。该法不仅反应条件温和，收率较高，且无毒性。催化机理主要与维生素 B_1 分子的噻唑环有关。反应过程简述如下：维生素 B_1 在碱性

溶液中，噻唑环中 C_2 失去一个质子，形成碳负离子（Ⅰ），碳负离子（Ⅰ）对苯甲醛的羰基进行亲核加成，经质子转移形成烯醇加成物（Ⅱ），再与另一分子苯甲醛作用生成新的辅酶加成物（Ⅲ），（Ⅲ）离解成二苯乙醇酮和维生素 B_1。

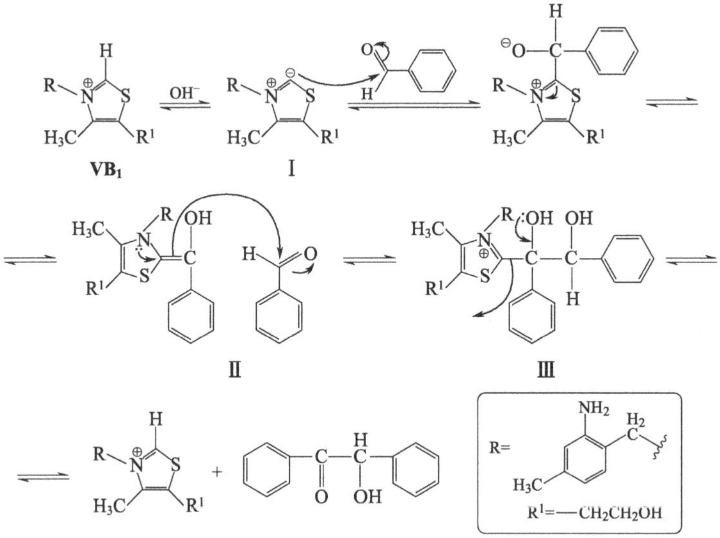

b. 苯甲醛长期放置有苯甲酸析出，需用稀碳酸钠溶液洗涤蒸馏后使用，或在氮气流下蒸馏后使用。

c. NaCN(KCN) 为剧毒药品，反应自始至终须保持在微碱性条件下，在通风橱中进行。使用器具（包括反应瓶、量器及抽滤瓶等）事后均应用硫酸亚铁溶液浸泡处理，并倒入规定的容器中，以确保安全。

d. 母液（先回收部分乙醇）及洗液中仍含有氰化钠，亦应加硫酸亚铁处理，切勿粗心大意。

（2）二苯乙二酮的制备

① 原料与试剂

　　二苯乙醇酮　　　　　　　　　　　6g(0.28mol，自制)

　　硝酸　　　　　　　　　　　　　　14mL(0.029mol，$d=1.33$)

② 实验步骤

将 6g 二苯乙醇酮和 14mL 硝酸置于 50mL 圆底烧瓶中，装上回流冷凝管。在水浴上加热回流（附注 a），待反应液上下两层基本澄清后，趁热倒入 20mL 水中，抽滤，用水洗至中性，干燥得到二苯乙二酮 5.6g，收率 95%，熔点为 89~92℃(附注 b)。

③ 附注

a. 硝化过程中有 NO_2 产生，须用导气管导入 NaOH 溶液中吸收。

b. 纯粹二苯乙二酮熔点为 95℃。

（3）苯妥英钠的制备

① 原料与试剂

二苯乙二酮	4g（0.019mol，自制）
脲	1.4g（0.023mol，CP）
NaOH	2g（0.05mol，CP）

② 实验步骤

将 4g 二苯乙二酮、20mL 50％乙醇、1.4g 脲及 13mL NaOH 溶液（由 2g NaOH 和 13mL 水配制而成）依次加到 100mL 圆底烧瓶中，在水浴上加热回流，二苯乙二酮固体渐渐消失（附注 a），随后倒入 250mL 水中，放冷，滤去杂质（附注 b）。滤液用活性炭脱色，过滤，滤液冷却后滴入稀盐酸，析出固体，抽滤，得苯妥英钠粗品。

将粗品混悬于 25mL 水中，搅拌下滴加 30％NaOH 溶液至固体恰好溶解。加热，活性炭脱色，趁热过滤，放冷析出固体，抽滤，用少量冰水洗涤，固体在 60℃以下真空干燥，得精制苯妥英钠 2g。

③ 附注

a. 二苯乙二酮在碱性醇溶液中与脲缩合生成苯妥英钠，其中经历了二苯乙醇酸型重排。

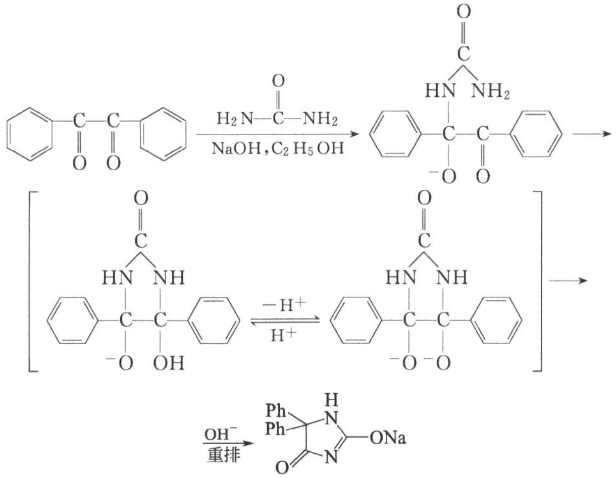

b. 除生成苯妥英钠外，尚有副产物（双分子缩合物）产生：

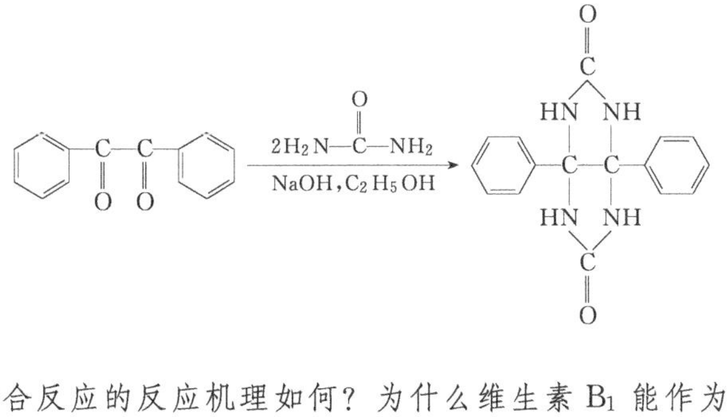

【思考题】

① 安息香缩合反应的反应机理如何？为什么维生素 B_1 能作为生化催化剂催化安息香缩合反应？

② 当两种不同的芳香醛发生混合安息香缩合反应时，主要得到哪一种结构的乙醇酮化合物，举例说明？

③ 安息香缩合反应的反应液为什么自始至终要保持微碱性？

④ 二苯乙二酮与脲的碱性催化缩合，生成乙内酰脲的反应机理如何？

⑤ 使用过 NaCN 的器具应如何处理，为什么？

⑥ 苯妥英钠能溶于 NaOH 溶液的原因是什么？

⑦ 如何避免双分子缩合物杂质的产生，怎样除去？

【参考文献】

［1］ 上海医药工业研究所技术情报站. 有机药物合成手册. 上海医药工业研究所，1976：665.

［2］ 彭司勋. 药物化学. 北京：化学工业出版社，1988：44.

［3］ Dannavant W R, et al. J Am Chem Soc，1956，78：2740.

［4］ 冉瑞成等. 化学教学，1985，2：32.

3.4.2　盐酸苯海索（Benzhenol Hydroehloride）的制备

【目的要求】

① 了解 Grignard 反应、Mannich 反应机理以及在药物合成上的应用。

② 通过 Grignard 反应掌握无水反应操作。

③ 掌握无水乙醚的制备及操作注意点。

④ 正确掌握搅拌和重结晶等基本操作

【实验原理】

盐酸苯海索又名安坦（Antane Hydrochloride），化学名为 1-环己基-1 苯基-3-哌啶基丙醇盐酸盐（1-cyclohexyl-1-phenyl-3-piperidinopropanol hydrochloride）。

本品能阻断中枢神经系统和周围神经系统中的毒蕈碱样胆碱受体。临床上用于治疗震颤麻痹和震颤麻痹综合征，也用于倾斜和颜面痉挛等症。

盐酸苯海索大多以苯乙酮为原料与甲醛、哌啶盐酸盐进行 Mannich 反应制得 β-哌啶基苯丙酮盐酸盐中间体，再与氯代环己烷、金属镁作用制备的 Grignard 试剂反应，得到盐酸苯海索。反应如下：

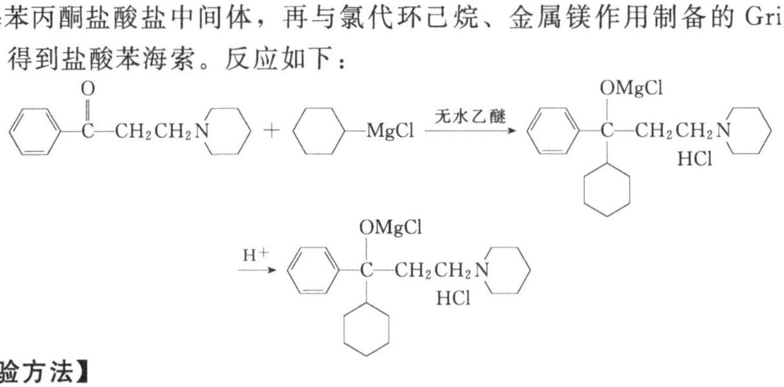

【实验方法】

（1）β-哌啶苯丙酮盐酸盐

① 原料与试剂

苯乙酮	18.1g(0.15mol)
多聚甲醛	7.6g(0.25mol)
哌啶	30g(0.35mol，约 37.5mL)
浓盐酸	30～40mL
95％乙醇	96mL

② 实验步骤

a. 哌啶盐酸盐的制备。在 250mL 的三颈瓶上分别装置搅拌器、滴液漏斗及带有氯化氢气体吸收装置（附注①）的回流冷凝管。投入 30g(0.35mol，约 37.5mL)哌啶，60mL 乙醇。搅拌下滴入 30～40mL 浓硫酸，至反应液 pH 约为 1，然后拆除搅拌器、滴液漏斗及回流冷凝管，改装成蒸馏装罝，用水泵减压蒸去乙醇和水，当反应物成糊状（附注②）时停止蒸馏。冷却至室温，抽滤，乙醇洗涤，干燥，得白色结晶。熔点为 240℃以上。

b. β-哌啶苯丙酮盐酸盐的制备。在装有搅拌器、温度计和回流冷凝管的 250mL 三颈瓶中，依次加入 18.1g（0.15mol）苯乙酮、哌啶盐酸盐、7.6g（0.25mol）多聚甲醛和 0.5mL 浓盐酸，搅拌加热至 80～85℃，继续回流搅拌 3～4h（附注③）。然后用冷水冷却，析出固体，抽滤，乙醇洗涤至中性，干燥后得白色鳞片状结晶，约 2.5g。熔点为 190～194℃。

（2）盐酸苯海索

① 原料与试剂

镁屑	4.1g(0.17mol)
氯代环己烷	22.5g(0.19mol)
N-β-哌啶苯丙酮盐酸盐（自制）	20g(0.08mol)
碘	少量

② 实验步骤

在装有搅拌器、回流冷凝管（上端装有无水氯化钙干燥管）、滴液漏斗的 250mL 三颈瓶（附注④）中，依次投入 4.1g(0.17mol)镁屑（附注⑤）、30mL 绝对乙醚、少量碘及 40～60 滴氯代环己烷（附注⑥）。启动搅拌器，缓缓升温到微沸（附注⑦），当碘的颜色退去并呈乳灰色浑浊时，表示反应已经开始，随后慢慢滴入余下的氯代环己烷（两次总共 22.5g）及 20mL 绝对乙醚的混合溶液，滴加速度以控制正常回流为准（如果反应剧烈则迅速用冷水浴冷却）。加完后继续搅拌回流，直到镁屑消失。然后用冷水冷却，搅拌下分次加入 20g N-β-哌啶苯丙酮盐酸盐，约 15min 加完，再搅拌回流 2h。冷却到 15℃以下，在搅拌下慢慢将反应物加到由 22mL 浓盐酸和 66mL 水配成的稀盐酸溶液中（附注⑧），搅拌片刻，继续冷却到 5℃以下，抽滤，用水洗涤到 pH 5，抽干，得盐酸苯海索粗品。

粗品用 1～1.5 倍量乙醇加热溶解，活性炭脱色，趁热过滤，滤液冷却到 10℃以下，抽滤。再用 2 倍量乙醇重结晶，冷却到 5℃以下后抽滤，依次用少量乙醇、蒸馏水、乙醇和乙醚洗涤，干燥，得盐酸苯海索纯品，重约 7g，熔点为 250℃(dec.)。

【附注】

① 见 3.1.1 的附注①。

② 蒸馏至稀糊状为宜，太稀产物损失大，太稠冷却后结成硬块，不易转移抽滤。

③ 反应过程中多聚甲醛逐渐溶解。反应结束后，反应液中不应有多聚甲醛颗粒存在，否则需延长反应时间，使多聚甲醛颗粒消失。

④ 所用的反应仪器及试剂必须充分干燥，仪器在烤箱中烘干后，取出稍冷，立即放入干燥器中冷却，或将仪器取出后，在开口处用塞子塞紧，以防止冷却过程中玻璃壁吸附空气中的水分。

⑤ 镁条的外层常有灰黑色氧化镁覆盖，应先用砂纸擦到呈白色金属光泽，然后剪成小条片备用。

⑥ 氯代环己烷可以用环己醇、浓盐酸制取（见 3.1.1）。

⑦ 可以用温水或红外灯加热，严禁用电炉或其他明火加热。

⑧ Grignard 试剂与酮的加成产物遇水即分解，放出大量热量且有 $Mg(OH)_2$ 沉淀，故应冷却慢慢加入稀酸中，这样可避免乙醚逃逸太多，也可使 $Mg(OH)_2$ 在酸性溶液中转变成可溶性 $MgCl_2$，使产物易于纯化。

【思考题】

① 写出 Grignard 反应和 Mannich 反应的机理？

② 制备 Grignard 试剂时加入少量碘的作用是什么？

③ 本实验的 Mannich 反应为什么要用 β-哌啶苯丙酮盐酸盐？用游离碱是否可以？

④ 在药物制备中 Grignard 反应和 Mannich 反应应用较广，请各举二例？

【参考文献】

［1］ 上海医药工业研究所技术情报站. 有机药物合成手册. 上海医药工业研究所，1976：798.

［2］ 上海市医药工业公司与上海医药工业研究所. 上海医药产品生产工艺汇编，1972：282.

3.4.3 肉桂酸 (*trans*-Cinnamic Acid) 的制备

【目的要求】

① 了解 Perkin 反应的基本原理。

② 掌握肉桂酸制备的实验操作。

【实验原理】

芳香醛和酸酐在碱性催化剂的作用下，可以发生类似的羟醛缩合反应，生成 α,β-不饱和芳香酸，这个反应称为 Perkin 反应。催化剂通常是相应酸酐的羧酸钾或钠盐，有时也可用碳酸钾（Kalnin 改进法）或叔胺代替。例如苯甲醛和乙酸酐在无水醋酸钾（钠）的存在下缩合，即得肉桂酸。反应时，醋酐与醋酸钾（钠）作用，生成一个酸酐的负离子和醛发生亲核加成，主成中间物 3-羟基醋酐，然后再发生失水和水解作用就得到不饱和酸。反应式如下：

$(CH_3CO)_2O+CH_3COOK \longrightarrow [^-CH_2COOCOCH_3]K^+ +CH_3COOH$

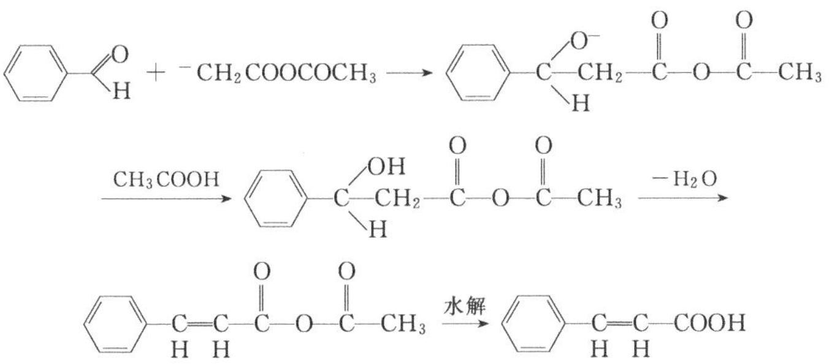

【实验方法】

（1）原料与试剂

苯甲醛	5.3g(0.05mol)
乙酸酐	8g(7.5mL，0.078mol)
无水醋酸钾	3g
碳酸钠	适量
活性炭	适量
乙醇	

（2）实验步骤

在干燥的装有空气冷凝管的 100mL 圆底烧瓶中（附注①），混合 5.3g（0.05mol）新蒸馏过的苯甲醛、3g 无水醋酸钾（附注②）和 8g（7.5mL，0.078mol）新蒸馏的乙酸酐，将混合物在 165～170℃的油浴上加热回流 2h。

反应完毕后，将反应物趁热倒入 500mL 圆底烧瓶中，并以少量沸水冲洗反应瓶几次，使反应物全部转移至烧瓶中，加入适量的固体碳酸钠（约 5～7.5g），使溶液呈微碱性，进行水蒸气蒸馏至馏出液无油珠为止。

残留液加入少量活性炭，煮沸数分钟后趁热过滤。在搅拌下往热滤液中小心加入浓盐酸至滤液呈酸性。冷却，待结晶全部析出后，抽滤收集，以少量冷水洗涤，干燥，产量约 4g（产率 54%）。可在热水或 3:1 的稀乙醇中进行重结晶，得到干燥的肉桂酸无色结晶，熔点为 131.5～132℃。

肉桂酸有顺反异构体，通常以反式形式存在，其熔点为 133℃。

【附注】

① 最好在冷凝管上装氯化钙干燥管，防止潮气进入。

② 无水醋酸钾需新鲜熔焙，方法是将含水醋酸钾放入蒸发皿中加热，则盐先在自己的结晶水中溶化，水分挥发后又结成固体。强热使固体再熔化，并不断搅拌，使水分散发后，趁热倒在金属板上，冷后研碎，放入干燥器中待用。也可以代之以乙酸钠，但反应时间需加长 3～4h。

【思考题】

① 本实验为什么要使用新蒸的苯甲醛和乙酸酐？

② 芳香醛与 $(R_2CHCO)_2O$ 进行 Perkin 反应将得到什么产物？写出反应式，并说明其反应机理？

③ 为什么在 Perkin 反应中，催化剂通常是使用与酸酐相应的羧酸钾或钠盐，在 Kalnin 改进法中使用碳酸钾代替羧酸盐有什么优点？

④ 解析肉桂酸的红外光谱图中的主要吸收峰。

【参考文献】

［1］ Windholz Martha. The Merck Index. 11th ed.. Rahway（New Jersey）：Merck & Co, Inc, 1988：2300.

［2］ 韩广甸，范如霖，李述文编译. 有机制备化学手册，中卷. 新 1 版. 北京：化学工业出版社，1988：143.

附：肉桂酸的红外光谱图（图 3-5）

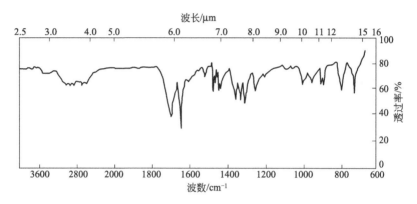

图 3-5　肉桂酸的红外光谱

阅读材料：　分子内环化反应

环加成反应属于分子间的环化反应。但是，在缩合反应过程中我们经常会遇到分子内环化的问题，分子内环化有哪些可遵循的规律、原则，是这节阅读材料中要回答的问题，这里只讨论 C—C 键之间的环化。

通常的分子内环化都是通过分子内的亲电中心和亲核中心的相互作用来完成的，这是环化反应的动力之源，烷基化、酰化等都可作为该类环合反应的思考起点，举例如下。

烷基化：

$$Br(CH_2)_3Br + CH_2(CO_2Et)_2 \xrightarrow{EtONa} \left[H_2C \underset{CH_2-Br}{\overset{CH_2-CH(CO_2Et)_2}{<}} \right] \xrightarrow[40\%]{EtONa} \underset{(4\text{-}Exo\text{-}Tet)}{\overset{CO_2Et}{\underset{CO_2Et}{\bowtie}}}$$

酰化：

$$EtO-\overset{O}{\overset{\|}{C}}(CH_2)_4\overset{O}{\overset{\|}{C}}-OEt \xrightarrow[81\%]{EtONa} \quad （自身的酰化）\ (5\text{-}Exo\text{-}Trig)$$

下面分别介绍分子内环化的规律。

1. 分子内闭环的条件：Baldwin 规则

（1）分子内环化的影响因素

① 距离（键长）因素。为了形成一个 n-元环，必须在两个被（n-2）个 C 原子（或其他原子）隔开的原子间形成新键，所以，当 n 足够大时，才能使发生成键环合反应的"活性"原子有充分接近的可能，如上面的两个例子。但是当 n 更大时，又会有降低"活性"原子接近的构象的可能性。

② 张力的因素

a. 在环化物中的角张力（即正常键角的扭曲）可能使环化物与它的非环状前身相比要降低稳定性，如果闭环是可逆的，则平衡对于后者有利；

b. 在产物中不利的空间相互作用（如取代基间的相互排斥，C_2 轴向）也会对环合有重要的影响。所以，在闭环阶段的过渡态中，角张力和/或不利的空间相互作用有着十分重要的意义，正是由于考虑到这些过渡态的几何状态，才形成了闭环的 Baldwin 规则。

在 Baldwin 规则中，如果过渡态没有正常键角或键长的严重扭曲，闭环将困难或完全不发生，Baldwin 把这一过程命名为不利的过程。

（2）亲电性碳的几何形状　大家都熟悉在四面体碳原子上发生的亲核取代反应（S_N2 反应）过渡态的几何形状，例如一个 S_N2 反应可表述为：$X^- + RCH_2Y \rightarrow RCH_2X + Y^-$，进攻的亲核试剂 X^- 接近的最佳取向是沿着 C-Y 轴，这样产生的过渡态的角 X-C-Y 为 $180°$。

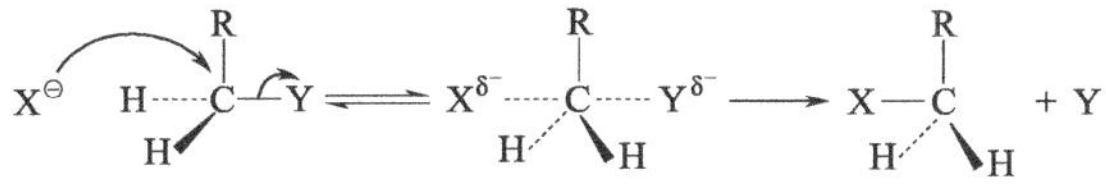

这里可以看到亲电性碳原子的几何形状为四面体（tetrahedron，Tet）。

相应的亲电性的 C 是三角形的（Trigone，Trig）（如羰基中的碳）和对角形的（Digona，Dig.）（如炔烃或氰基中的碳），在亲核取代反应中，亲核试剂接近的最佳取向对 $C=Y$ 键和 $C\equiv Y$ 键分别是在 $109°$ 和 $60°$。

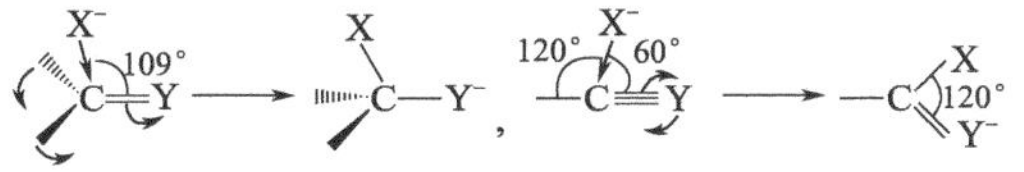

上图表明，都是从稳定的产物形状来决定 X^- 的进攻方向的，由以上分析可以看到，所讨论的闭环条件中的角张力因素是十分重要的。

（3）Baldwin 规则的闭环分类标准　在以下"（4）"中介绍的 Baldwin 规则中，闭环规则的分类是按以下的 3 个标准进行的：①形成环的大小；②原子或基团 Y 是在所形成的环以外（即脱离，exo），还是环系的一部分（endo）；③亲电性的碳是四面体的、三角形的还是对角形的。

有了以上 3 个标准，我们就可以对下面的两例反应进行闭环类型的分类。

(5-Exo-Tet)

(6-Endo-Trig)

(分子内Michael反应)

上一例是五元环，Y 在所形成的环以外，亲电性的 C 是四面体型，下一例为六元环，Y 是形成的环的一部分（即双键的碳），亲电性的 C 是三角形。上两例中的 X 原子是第二周期元素，如 C、N 和 O。

同样，我们也可以将开始的烷基化和酰化的环化反应分类为：4-Exo-Tet 和 5-Exo-Trig。

（4）Baldwin 规则

规则 1：3 到 7-Exo-Tet 过程全部是有利的。5 和 6-Endo-Tet 过程是不利的。

规则 2：3 到 7-Exo-Trig 过程全部是有利的。3 到 5-Endo-Trig 过程是不利的，而 6 和 7-Endo-Trig 过程是有利的。

规则 3：3 和 4-Exo-Dig 过程是不利的。5 到 7-Exo-Dig 过程是有利的。3 到 7-Endo-Dig 过程是有利的。

说明：其中亲核的原子 X 是第二周期元素（即为 C、N 和 O）。

以上是由大量的实验结果总结出来的规律，所说的某一过程是有利的，并不能肯定在任何情况下都必然地容易发生，还要考虑到前面提及的其他因素的影响，如取代基的相互作用和位阻等。一般说来，某一"有利"过程比"不利"过程易于发生，这是肯定的。另外，五元环和六元环化合物较比它们小的或大的环容易形成，这里就看到：距离因素十分重要，且环合后的角度使原四面体碳键角改变不大，键扭曲有限。但是，规则中还是有形成键角为 90°和 60°的四元环与三元环有利的过程，这些已很难用 Paulin（鲍林）的"杂化轨道"理论来解释，说明我们对化学键本质的认识还不完善。

Baldwin 规则也可以用下面的表格形式表述（表 3-1）。

表 3-1 表格式 Baldwin 规则

	Exo			Endo		
	Tet.	Trig.	Dig.	Tet.	Trig.	Dig.
3	√	√	×		×	√
4	√	√	×		×	√
5	√	√	√	×	×	√
6	√	√	√	×	√	√
7	√	√	√		√	√

注：表中，√为"有利"，×为"不利"。

最后，应说明的是，以上条件下的环合大部分符合 Baldwin 规则，但仍存在一些例外，不符合该规则，即按规则是"不利"的，但仍环合了等。

2. Michael 反应在闭环过程中的重要地位

在以上讨论分子内环化作用中涉及：环化作用实际上是发生在一条由（n-2）个 C 原子（或其他原子）相隔的亲电和亲核中心之间，这两个亲电、亲核中心的性质起因于邻近官能团的影响，而要合成带有恰当定位官能团的几个原子链常是困难的。而 Michael 反应对这条链的合成显得特别有效，因为，它可导致生成的两个活性官能团常被 3 个 C 原子所隔开的产物，这恰恰是易环化成五元环或六元环化合物的前身。另外，对于 Michael 反应所必需的碱性条件，同样也适合于加速随后发生的分子内环化缩合或是说闭环步骤，有以下例子为证：

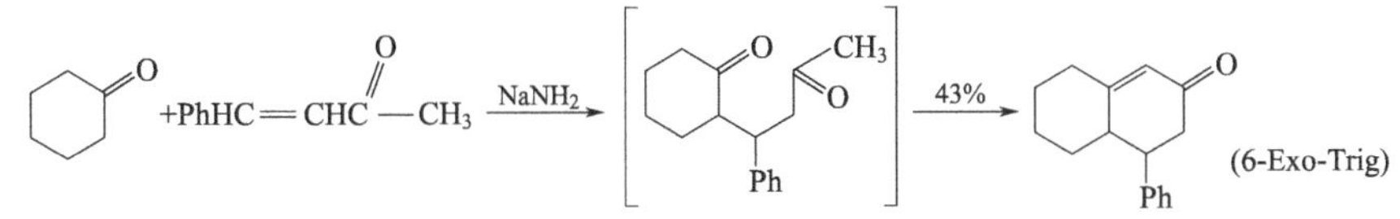

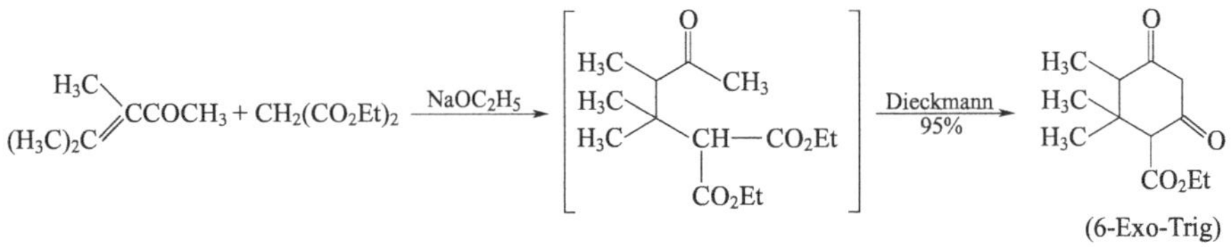

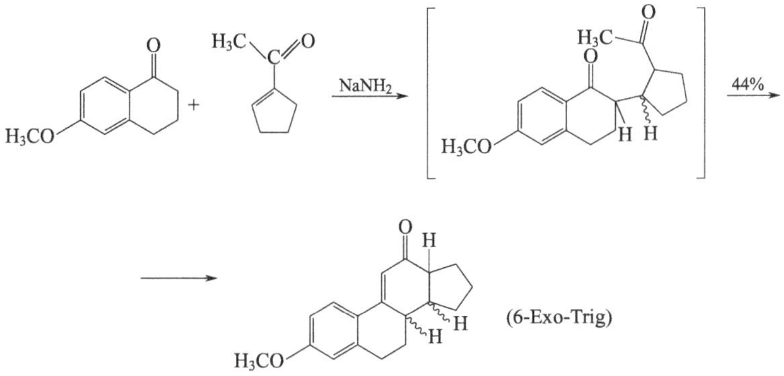

以上这些例子都被称为 Michael-Ribinson 加成环化反应，都是 6-Exo-Trig 类型，完全符合 Baldwin 规则。

参考文献

［1］ Baldwin J. Chem Soc, Chem Comm, 1976：734，736.

［2］ Baldwin J. Chem Soc, Chem Comm, 1977：233.

［3］ Baldwin J. J Org Chem, 1977, 42：3846.

［4］ Baldwin J. Tetrahedron, 1982, 38：2939.

［5］ Kuerti L, Czako B. Strategic Application of Named Reactions in Organic Synthesis. New York：Elsevier Inc, 2005：468

3.5 重排反应

3.5.1 邻氨基苯甲酸（Anthranilic Acid）的制备——Hofmann 重排

【目的要求】

① 了解 Hofmann 重排反应的基本原理和伯胺的制备方法。

② 掌握由酰胺制备伯胺的实验操作。

③ 掌握制备次溴酸钠的实验操作。

【实验原理】

脂肪族、芳香族以及杂环族酰胺类化合物与氯或溴在碱液中经取代、消去、重排和水解等反应，生成减少一个碳原子的伯胺，称为 Hofmann 重排，又称为 Hofmann 降解，这是由酰胺制备少一个碳原子伯胺的重要方法。

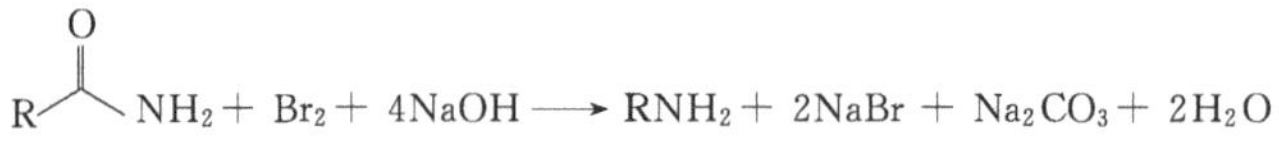
O
R
NH2 + Br2 + 4NaOH
RNH2 + 2NaBr + Na2CO3 + 2H2O

反应是通过活性中间体——酰氮烯（acynitrene）进行的。

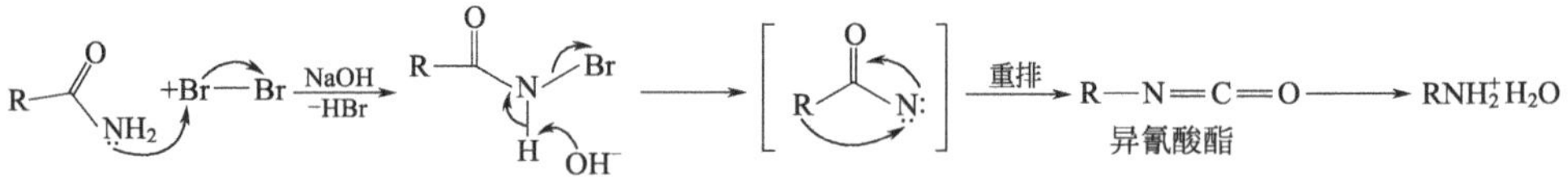
O
R
NH2
+Br—Br
NaOH
-HBr
N
Br
H
OH⁻
N:
重排
R—N═C═O
RNH2 H2O
异氰酸酯

用邻苯二甲酰亚胺进行 Hofmann 重排反应是工业上制备有机合成中间体邻氨基苯甲酸的好方法。由于邻氨基苯甲酸具有偶极离子的结构，因此，自碱溶液中酸化析出邻氨基苯甲酸时，要掌握好酸的加入量，使酸的加入量接近邻氨基苯甲酸的等电点。

本实验的反应式如下：

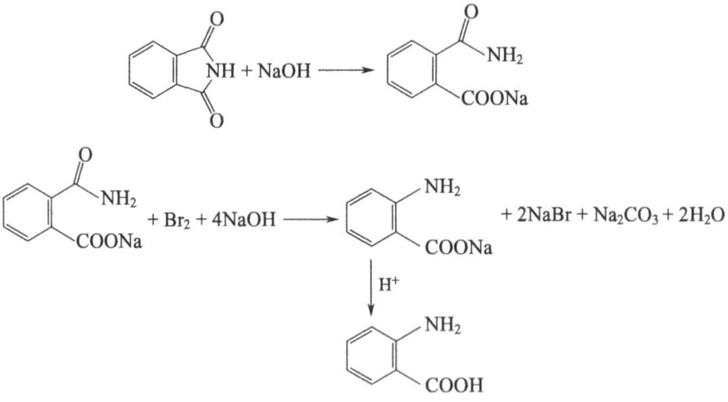
NH + NaOH
NH2
COONa
+ Br2 + 4NaOH
+ 2NaBr + Na2CO3 + 2H2O
H⁺
COOH

【实验方法】

（1）原料与试剂

邻苯二甲酰亚胺	6g(0.04mol)

溴	7.2g(2.3mL，0.045mol)
氢氧化钠	(7.5＋5.5)g(0.325mol)

浓盐酸、冰醋酸、饱和亚硫酸氢钠溶液　　　　　适量

（2）实验步骤

在 150mL 锥形瓶中，加入 7.5g 氢氧化钠和 30mL 水，混合溶解后，置于冰盐浴中冷至 0℃ 以下。一次加入 2.3mL(7.2g，0.045mol) 溴（附注①），振荡锥形瓶，使溴全部作用制成次溴酸钠溶液，置于冰盐浴中冷却备用。

在另一锥形瓶中配制 5.5g 氢氧化钠溶于 20mL 水的溶液，亦置于冰盐浴中冷却备用。在 0℃ 以下，向制好的次溴酸钠溶液中慢慢加入 6g(0.04mol) 粉状邻苯二甲酰亚胺，剧烈振摇后迅速加入预先配制好并冷至 0℃ 的氢氧化钠溶液。

将反应瓶从冰浴中取出后在室温下旋摇，液温自动上升，在 15～20min 内使迅速升温达 20～25℃(必要时加以冷却，尤其在 18℃ 左右往往有温度的突变，须加以注意!)，在该温度保持 10min，再使其在 25～30℃ 反应 0.5h，在整个反应过程中要不断振摇，使反应物充分混合。此时反应液为澄清的淡黄色溶液。

然后在水浴上加热至 70℃，维持 2min。加入 2mL 饱和亚硫酸氢钠溶液，振摇后抽滤。将滤液转入烧杯，置于冰浴中冷却。在搅拌下慢慢加入浓盐酸使溶液恰成中性（用试纸检验，约需 15mL）（附注②），然后再慢慢加入 6～6.5mL 冰醋酸（附注③），使邻氨基苯甲酸完全析出。抽滤，用少量冷水洗涤。粗产品用热水重结晶，并加入少量活性炭脱色，干燥后可得白色片状晶体 3～3.5g，熔点为 144～145℃。

纯邻氨基苯甲酸熔点为 145℃。

本实验约需 5～6h。

【附注】

① 溴为剧毒、强腐蚀性药品，取溴操作必须在通风橱中进行，戴防护眼镜及橡皮手套，并注意不要吸入溴的蒸气。如不慎被溴灼伤皮肤时，应立即用稀乙醇洗或多量甘油按摩，然后涂以硼酸凡士林。量取溴的一种简便方法是：先将溴加到放在铁圈上的分液漏斗中，然后根据需要的量滴到量筒中，或将溴先加到滴定管中，后根据需要的量滴到量筒中，或用刻度移液管小心地将液溴转移至反应瓶中。

② 邻氨基苯甲酸既能溶于碱，又能溶于酸，故过量的盐酸会使产物溶解。如加入了过量的盐酸再用氢氧化钠中和至中性。

③ 邻氨基苯甲酸的等电点为 pH＝3～4，为使产物完全析出，需加入适量的醋酸。

【思考题】

① 本实验中，溴和氢氧化钠的量不足或有较大程度过量有何不好？

② 邻氨基苯甲酸的碱性溶液加盐酸使之恰成中性后，为什么不再加盐酸而是加适量醋酸使邻氨基苯甲酸完全析出？

③ 使用液溴时应注意哪些问题？

【参考文献】

［1］ Neilson，et al．J Chem Soc，1962：371．

［2］ Sugihara N. J Org Chem, 1956, 21: 1445.

［3］ Dougherty C J. J Chem Educ, 1977, 54: 643.

3.5.2 对苯二酚双乙酸酯（Hydroquinone Diacetate）的制备——Fries 重排

【目的要求】

① 了解 Fries 重排反应机理。

② 掌握由羧酸酚酯制备酚酮的实验操作。

③ 掌握合成对苯二酚双乙酸酯的实验操作。

【实验原理】

羧酸的酚酯在 Lewis 酸（如 $AlCl_3$、$ZnCl_2$ 或 $FeCl_3$）催化剂存在下加热，发生酰基迁移至邻位或对位，形成酚酮的重排称为 Fries 重排。

通式：

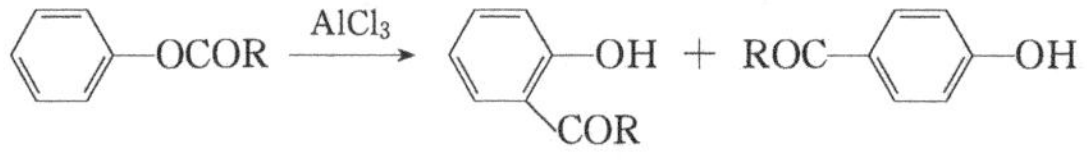

本重排反应可看作是 Friedel-Craft 酰基化反应的自身酰基化过程。重排产物中邻位与对位异构体的比例主要取决于反应温度、催化剂浓度和酚酯的结构。一般情况下是两种异构体的混合物，但通常低温有利于生成对位异构体，高温有利于生成邻位异构体，用多聚磷酸催化时主要生成对位重排产物，而用四氯化钛催化时则主要生成邻位重排产物。

本实验的反应式如下：

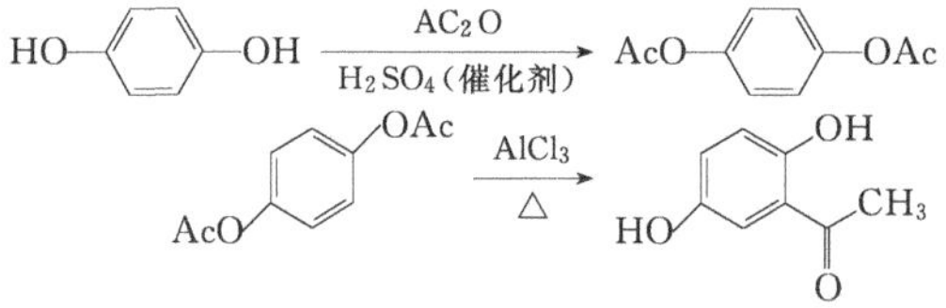

【实验方法】

（1）原料与试剂

对苯二酚	11.0g(0.10mol)
乙酸酐	20.6g(19.03mL, 0.202mol)
氯化铝	11.6g(0.087mol)
浓硫酸	

（2）实验操作

在 100mL 的锥形瓶中加入对苯二酚和乙酸酐（附注①），再滴加一滴浓硫酸，用玻璃棒温和地进行搅拌，反应混合物迅速放热，并且对苯二酚溶解。5min 后变成澄清的溶液，将其倾倒入 80mL 的碎冰中，生成白色晶体，用布氏漏斗过滤收集形成的固体，并用 100mL 冰水洗涤、抽干，尽可能地除去水分，在真空干燥器中加入五氧化二磷进行真空干燥。得到 18.6～19.0g 对苯二酚乙酸酯，熔点 121～122℃，也可以用稀的乙醇进行重结晶（附注②）。

在 50mL 圆底烧瓶中，加入 5.0g 对苯二酚乙酸酯和 11.6g 粉末状氯化铝（附注③），装上带有氯化钙干燥管和气体吸收装置的空气冷凝管（附注④），在油浴上缓慢加热升温，大约用 30min，将烧瓶从室温升高到 110～120℃，此时有氯化氢气体放出。继续慢慢升温至 160～165℃，并保持温度 3h(附注⑤)，大约 2h 后，氯化氢气体放出速度开始变慢，反应物变成绿色黏稠的浆糊状。将烧瓶从油浴上移开，并放冷至室温。加入 35g 碎冰和 2.5mL 浓盐酸，搅拌分解过量的氯化铝。用布氏漏斗抽滤生成的固体，用冰水洗涤两次，每次 10mL。得到大约 3.5g 的粗品，用 400mL 水重结晶（附注⑥），得到绿色针状结晶 2.5～3.0g，熔点为 202～203℃。

【附注】

① 最好使用新蒸馏过的乙酸酐，如果用一般的未经处理的乙酸酐有时会使收率降低。

② 重结晶用 50％的乙醇，10g 粗产品约需要 40mL 稀乙醇，重结晶后产物的熔点为 121.5～122.5℃。

③ 每 1mol 酯需要 3mol 的氯化铝，氯化铝低于 3mol 会造成收率下降。考虑到氯化铝中含有杂质，所以用量比实际多加 10％。

④ 如果氯化氢放出过于激烈，可以暂时将氯化钙干燥管拿掉，使冷凝管直接和气体吸收装置连接，防止干燥管被冲掉。等到气体放出变温和时，再把干燥管插上。

⑤ 实际反应大约需要 2h，再多加热 1h，确保反应完全。

⑥ 产物也可以用 25mL 95％的乙醇重结晶。

【思考题】

① 简述 Fries 重排的反应机理？

② 简述氯化铝的性质，使用氯化铝要注意哪些问题？

③ 气体吸收装置的作用是什么？如何设置气体吸收装置？

【参考文献】

［1］ Prichard W W. Organic Syntheses, Coll. 1955，3：452.

［2］ Ciusa, Sollazzo. Chem Zentr, 1943，114：615.

［3］ Rosenmund, Lohfert. Ber, 1928，61：2606.

阅读材料：重排反应类型

1. 重排反应

重排反应（rearrangement reaction）是有机合成中一类重要的反应，在药物合成中经常要用重排反应，如阿奇霉素（Azithromycin，AZI）合成的重要中间体红霉素 6,9-亚胺醚的制备，就是以红霉素 E 肟为原料应用 Beckmann 重排反应而制得的；又如消炎镇痛药伊索昔康（Isoxicam）的合成中用到 Hofmann 降解重排反应等。

重排反应分为分子内重排和分子间重排，以前者为多见，故重排常定义为：受试剂或介质等条件的影响，同一有机分子内的一个基团或原子从一个原子迁移到另一个原子上，使分子内结构发生变化，而形成一个新的分子的反应称为重排反应（或称分子内重排，intramolecular rearrangement）。在重排反应中，分子的骨架发生改变，大部分重排是迁移基团或原子移到相邻的原子上，称为1,2-重排，也有更长距离的迁移，如1,3-重排和1,4-重排等。

从重排反应的反应类型看，它属于原子经济性和高效反应类型，因该类反应的基本特征是原料和产物都含有相同的原子（除个别重排反应，如 Hofmann 降解重排），重排反应本身并不会产生废物，从绿色药物合成角度考虑，重排反应将会在药物合成中得到广泛应用。

2. 重排反应分类

（1）按终点原子电荷分类　这是常用的分类方法，其中有：

亲核重排（缺电子重排，或称阴离子型迁移重排，anionotropic rearrangement）；

亲电重排（富电子重排，或称阳离子型迁移重排，cationotropic rearrangement）；

自由基重排（radical rearrangement）。

（2）按重排过程起、终原子的性质等分类　这一分类方法不太常用，其中有：从碳原子到碳原子的重排；从碳原子到杂原子的重排；从杂原子到碳原子的重排；σ键迁移重排。

3. 重要的亲核重排反应

（1）Beckmann 重排（肟-酰胺重排）　酮肟类化合物在酸性催化剂的作用下，重排成取代酰胺的反应称为 Beckmann 重排。

① 重排机理。首先质子加成到肟羟基上，正电荷分散到 N 原子上，肟羟对位烷基 R 亲核进攻 N 原子形成三元环中间体同时，释放出一分子水，R 完成迁移，正电荷转移到邻位 C 原子上，再在水的作用下，形成酰胺。

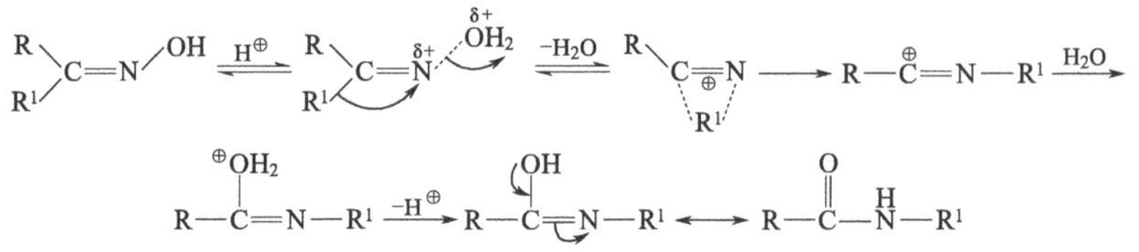

② 肟的立体异构化。由于 Beckmann 重排中迁移基团位于肟羟基反位，故当肟基 C 原子上连有不同烃基时，会有 Z/E 异构体，重排后产物酰胺也为混合物，这是不希望的结果。为此，应了解造成肟异构化的可能性。

a. 在质子极性溶剂中，肟易发生异构化：

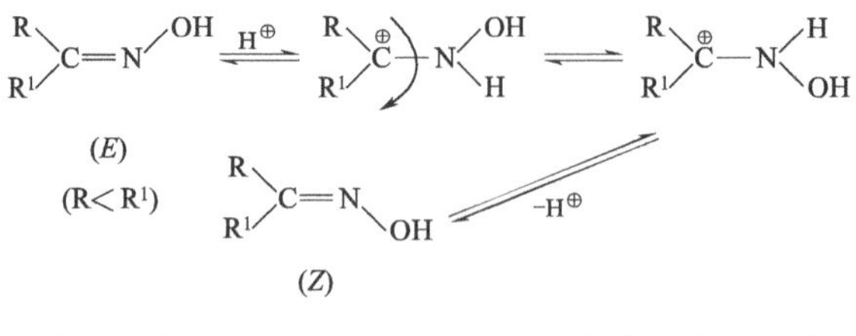

b. 在酮的肟化过程中发生异构化。取决于构型稳定性和肟结构的立体与电子效应，常规是位阻大的烃基常处于肟羟基的反位（E 式），当位阻足够大时，即使在极性溶剂中也仅为单一 E 式肟。

③ 影响重排产物的因素。除溶剂性质外，酸性催化剂、反应温度以及酮肟结构等对重排也有影响。

a. 在非极性或极性小的非质子溶剂中，用 PCl$_5$ 催化，可减少肟的异构化，否则易引起异构化，如下例，在质子酸作用下，原料肟发生异构化，经 Beckmann 重排后，得另一种酰胺：

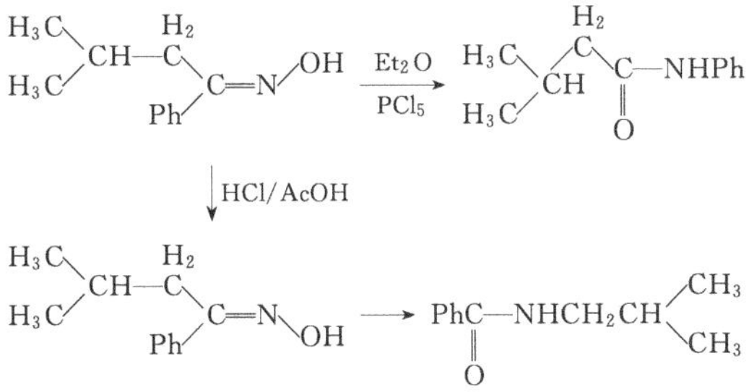

b. 反应温度。温度与产品性质、收率、催化剂与溶剂选择均有密切关系，如用 PCl$_5$ 作催化剂时，反应温度常为室温，硫酸或 PPA（多聚磷酸）作催化剂时，常需在 $100\sim150℃$ 反应。

④ Beckmann 重排的应用

a. 将酮转变为酰胺；

b. 确定酮肟的结构；

c. 扩环成内酰胺化合物，在制备苯并氮䓬类药物常用到该重排反应；

d. 制备仲胺（形成酰胺后，再还原）；

e. 在二苯酮肟中，若亲核性的羟基或氨基位于肟基邻位，则酸性重排时会产生苯并杂环衍生物，见下例：

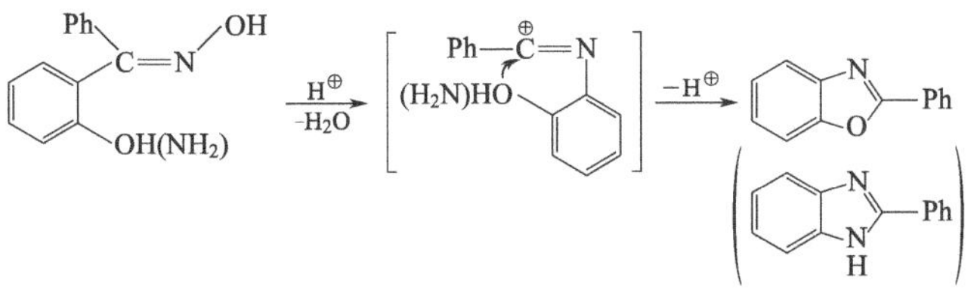

（2）Hofmann 重排（酰胺-胺重排）　酰胺用溴（或氯）和碱处理转变为少一个碳原子（失去羧基）的伯胺的反应，称为 Hofmann 酰胺-胺重排，或称为 Hofmann 降解反应（Hofmann degradation）。

① 反应机理。酰胺在溴与碱的水溶液（即次溴酸钠）作用下先转化为溴酰胺离子，脱去溴负离子形成该反应的关键中间体乃春（Nitrene，又称氮烯或氮宾），因 N 原子外层仅有 6 个电子，这是一个缺电子中间体，随后发生重排形

成异氰酸酯,在有水条件下,转化为伯胺。若反应在 $R^1ONa\text{-}R^1OH$ 中反应,最后重排产品为氨/胺基甲酸酯。

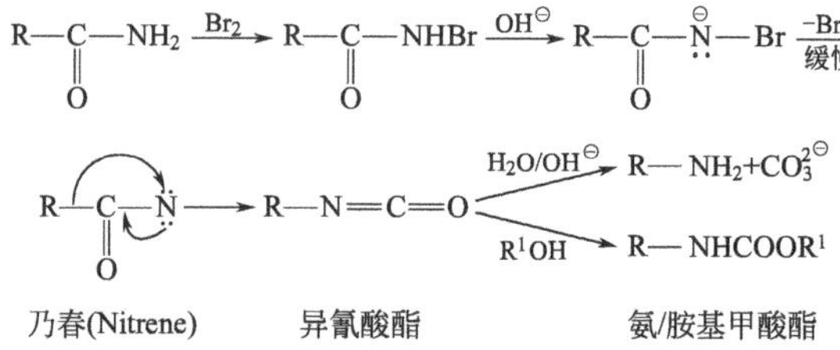

$$R-\underset{O}{\underset{\|}{C}}-NH_2 \xrightarrow{Br_2} R-\underset{O}{\underset{\|}{C}}-NHBr \xrightarrow{OH^{\ominus}} R-\underset{O}{\underset{\|}{C}}-\overset{\cdot\cdot}{N}^{\ominus}-Br \xrightarrow[\text{缓慢}]{-Br^{\ominus}}$$

$$R-\underset{O}{\underset{\|}{C}}\overset{\curvearrowright}{\longrightarrow}\overset{\cdot\cdot}{N} \longrightarrow R-N=C=O \underset{R^1OH}{\overset{H_2O/OH^{\ominus}}{\rightrightarrows}} \begin{array}{l} R-NH_2+CO_3^{2\ominus} \\ R-NHCOOR^1 \end{array}$$

乃春(Nitrene)　　异氰酸酯　　氨/胺基甲酸酯

② 反应特点。酰胺中 R 为供电性的重排速度快于 R 为吸电性的。若 R 中有手性碳,重排后 R 保留原来手性。

(3) Curtius 重排　酰基叠氮化物加热分解生成异氰酸酯的反应,称为 Curtius 重排。该重排机理与上述的 Hofmann 重排很相似,见下述反应过程:

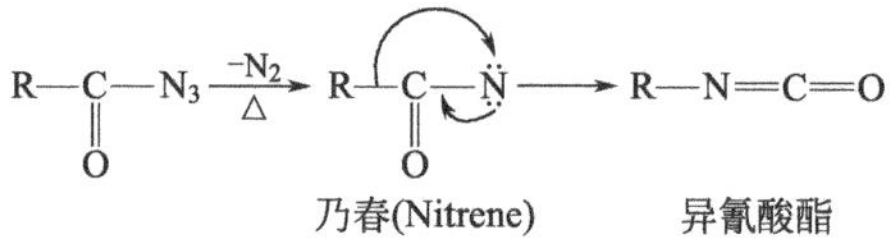

$$R-\underset{O}{\underset{\|}{C}}-N_3 \xrightarrow[\triangle]{-N_2} R-\underset{O}{\underset{\|}{C}}\overset{\curvearrowright}{\longrightarrow}\overset{\cdot\cdot}{\ddot{N}} \longrightarrow R-N=C=O$$

乃春(Nitrene)　　　异氰酸酯

与 Hofmann 重排一致,生成的异氰酸酯可与水、醇、胺/氨反应,分别生成降解的胺、氨/胺基甲酸酯、脲类衍生物。

(4) Wolff 重排　α-重氮酮经加热、光解或在某些金属等催化剂作用下,脱去一分子氮气后,重排成烯酮的反应,称为 Wolff 重排。烯酮可与水、醇、胺和经氧化,分别生成相应的酸、酯、酰胺和酮。

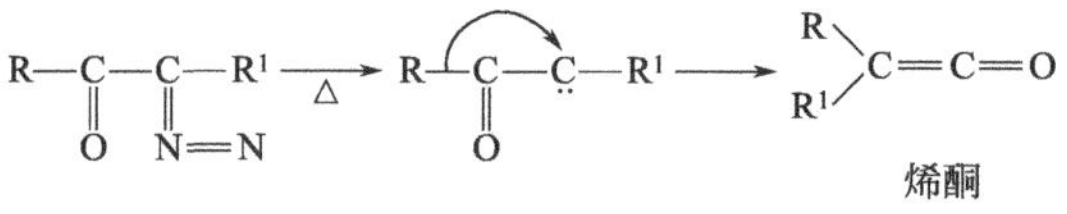

$$R-\underset{O}{\underset{\|}{C}}-\underset{N_2}{\underset{\|}{C}}-R^1 \xrightarrow{\triangle} R-\underset{O}{\underset{\|}{C}}\overset{\curvearrowright}{\longrightarrow}\overset{\cdot\cdot}{C}-R^1 \longrightarrow \underset{R^1}{\overset{R}{\diagup}}C=C=O$$

烯酮

(5) Pinacol 重排(邻二醇重排)　连二醇类化合物在酸催化下,失去一分子水重排生成醛或酮的反应,称为 Pinacol 重排反应。其反应过程见下图,在酸性条件下,一羟基质子化,后脱水成正碳离子,接着 R^3 做 1,2-迁移,最后再失去质子,得醛酮。

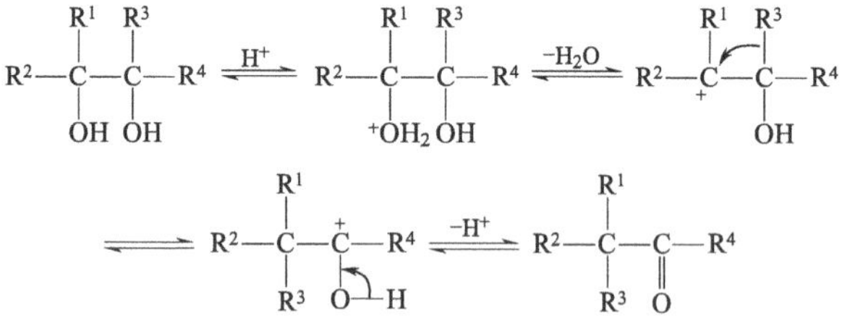

$$R^2-\underset{OH}{\underset{|}{\overset{R^1}{\overset{|}{C}}}}-\underset{OH}{\underset{|}{\overset{R^3}{\overset{|}{C}}}}-R^4 \underset{}{\overset{H^+}{\rightleftharpoons}} R^2-\underset{{}^+OH_2}{\underset{|}{\overset{R^1}{\overset{|}{C}}}}-\underset{OH}{\underset{|}{\overset{R^3}{\overset{|}{C}}}}-R^4 \xrightarrow{-H_2O} R^2-\underset{+}{\overset{R^1}{\overset{|}{C}}}\overset{\curvearrowright}{\longrightarrow}\underset{OH}{\underset{|}{\overset{R^3}{\overset{|}{C}}}}-R^4$$

$$\rightleftharpoons R^2-\underset{\underset{O}{\underset{|}{R^3}}}{\underset{|}{\overset{R^1}{\overset{|}{C}}}}\overset{+}{\underset{\curvearrowright}{}}-R^4 \xrightarrow{-H^+} R^2-\underset{\underset{O}{\underset{\|}{R^3}}}{\underset{|}{\overset{R^1}{\overset{|}{C}}}}-R^4$$

该反应受邻二醇的结构和迁移基团的迁移能力等因素影响。

4. 重要的亲电重排反应

基本原理与亲核重排相似,都为离子型重排反应;不同之处在于亲电重排中终点原子首先形成负离子,脱离基常为—H 和金属原子等(而亲核重排中脱离基常为—OH、—NH$_2$、—X 和负电性较大的酯基），而迁移基团带有正电荷进行重排（常发生从杂原子到碳原子的重排）。

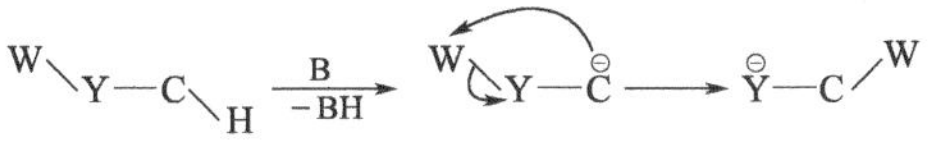

（1）Stevens 重排（内鎓盐-胺重排）　季铵盐分子中连于氮原子的碳原子上具有吸电子的基团取代时，在强碱性条件下，可发生重排生成叔胺的反应，称为 Stevens 重排反应。

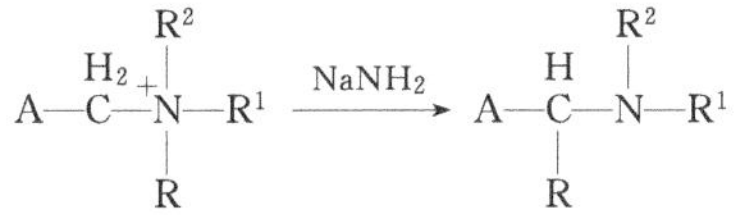

式中，A 为酰基、酯基、烯丙基或芳基等。一般迁移基团有烯丙基、苄基和二苯苄基等。

① 反应机理。与季铵的氮原子相连的碳原子具有吸电子的基团取代时，在强碱性条件下，脱质子成碳负离子，促使季铵氮原子上的取代基发生迁移重排，生成叔胺。重排中经历三元桥式或五元环状过渡态。

② 立体化学。若迁移基团具有不对称中心，则经本重排后，其构型保持不变，故 Stevens 重排是立体专一性重排。

③ 不同类型的季铵盐对重排反应的影响

a. 季铵盐阳氮离子 α-位有酸性较大的次甲基，可提高反应速度和收率。

b. 含有烯丙基的季铵盐。由于碳负离子上的电荷可在烯基 π 电子参与下发生离域，除有 1,2-重排外，还可得到 1,4-重排产物，并且随溶剂极性和反应温度增加而增多。

c. 环内季铵盐的扩环与缩环。在邻环上形成碳负离子→扩环重排产品，在环内形成碳负离子→缩环重排产品，见下图例。

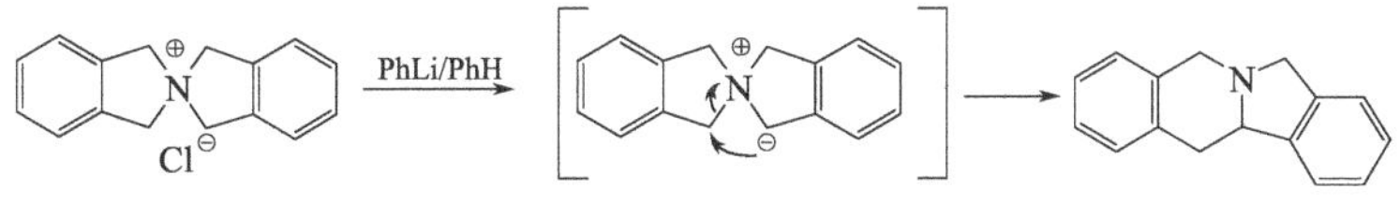

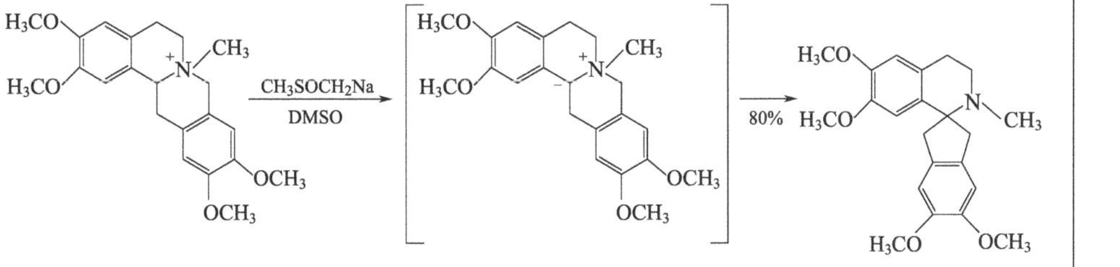

d. 含苄基的季铵盐。除有正常的 Stevens 重排产物外，还有一定量的 Sommelet-Hauser 重排产物。

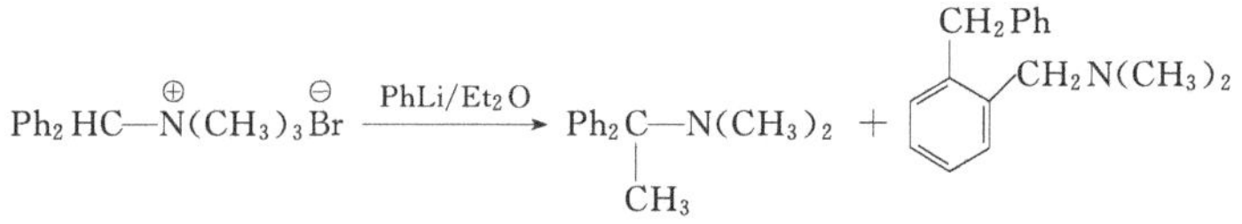

$$Ph_2HC-\overset{\oplus}{N}(CH_3)_3\overset{\ominus}{Br} \xrightarrow{PhLi/Et_2O} Ph_2\underset{CH_3}{\overset{|}{C}}-N(CH_3)_2 + \text{（邻甲基苄基二甲胺结构）}$$

Stevens 重排产物　　Sommelet-Hauser
重排产物

（2）Sommelet-Hauser 苯甲基季铵盐重排　苯甲基季铵盐经氨基钠或钾（强碱）处理后，重排生成邻甲基苯甲基叔胺的反应，称为 Sommelet-Hauser 苯甲基季铵盐重排反应。

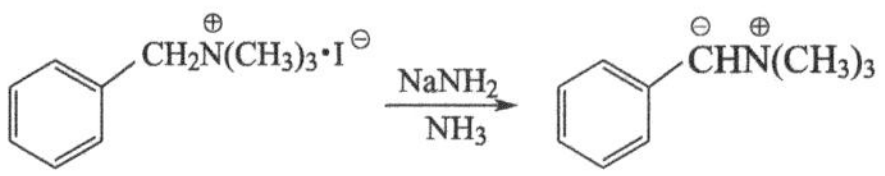

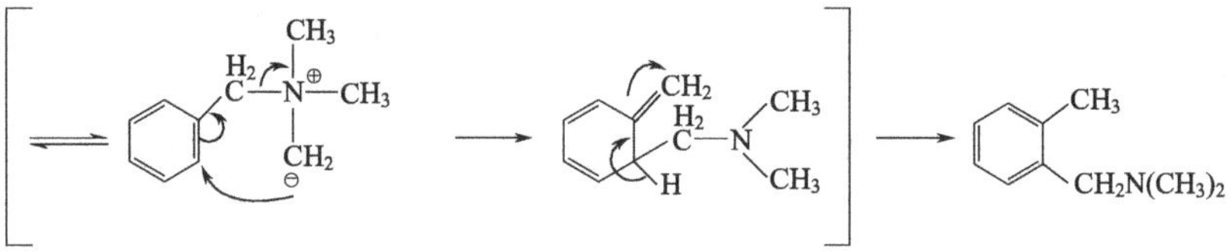

$$\text{（苄基三甲基碘化铵）} \xrightarrow[NH_3]{NaNH_2} \text{（负碳中间体）}$$

Sommelet-Hauser 与 Stevens 重排共同点：季铵盐→负碳季铵内鎓盐→重排。

影响两种重排趋向的因素：低温有利于 Sommelet-Hauser 重排，高温有利于 Stevens 重排。

（3）Wittig 醚重排　醚类化合物和强碱（烷基锂或氨基钠）作用重排生成醇的反应，称为 Wittig 醚重排反应，其反应机理是：首先在强碱（如下图式中的苯基锂）作用下，形成 α-位 C 负离子后，有两种机理引至产品，一种是迁移基 R^1 不游离直接经过渡态 A 形成 D，这属于亲电重排；另一种是迁移基先断裂成 C 负离子 B，然后对羰基做亲核进攻，形成 D，具亲核性质。最后 D 酸化成醇。

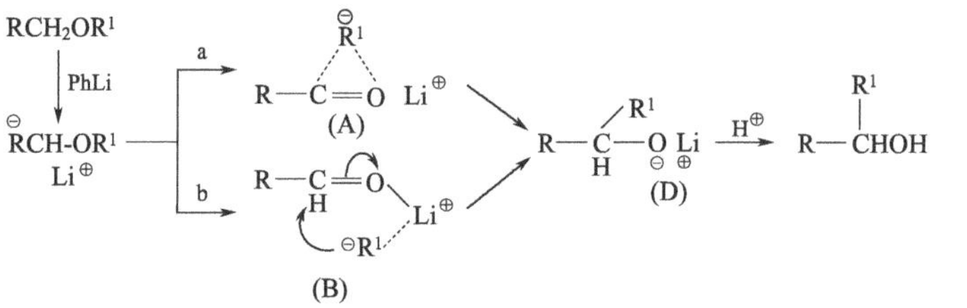

取何种机理进行重排，取决于迁移基 R' 的结构与迁移能力的大小，R' 迁移倾向大，主要以亲电重排方式（即经 A）重排；反之，烷-氧键断裂后，生成的 C 负离子稳定，则以第二种机理完成反应。以第二种机理常使反应中产生醛的副反应以及迁移基团发生消旋。

（4）Fries 重排　如上"3.5.2"实验原理中所讲，该重排反应实际上是 Friedel-Craft 酰基化反应的一种特例，酰化剂在原料的分子中。Fries 重排的机理目前尚不完全清楚，存在分子间重排与分子内重排两种说法，下面图式为分子间重排的过程。

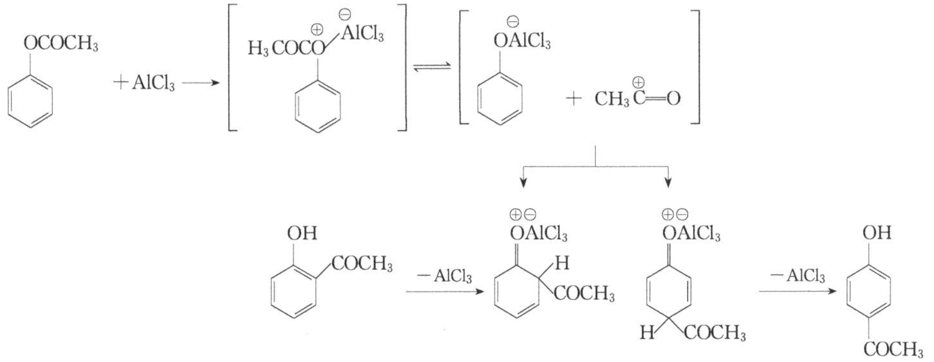

5. σ键迁移重排

协同反应中，一个原子或基团从起点原子上的σ键越（通）过共轭的π电子系统，迁移到分子内的一个新位置上，形成新的σ键，称为σ键迁移重排。σ键迁移重排是一种非催化的热重排。

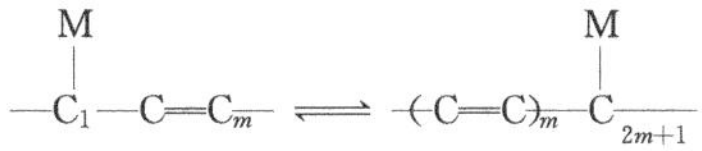

Claisen 重排和 Cope 重排的区别如下。

① Claisen 重排是烯醇或酚的烯丙基醚类衍生物加热到足够高的温度时发生的重排，而形成 γ,δ 不饱和酮或邻（或对)C-烯丙基酚衍生物的反应：

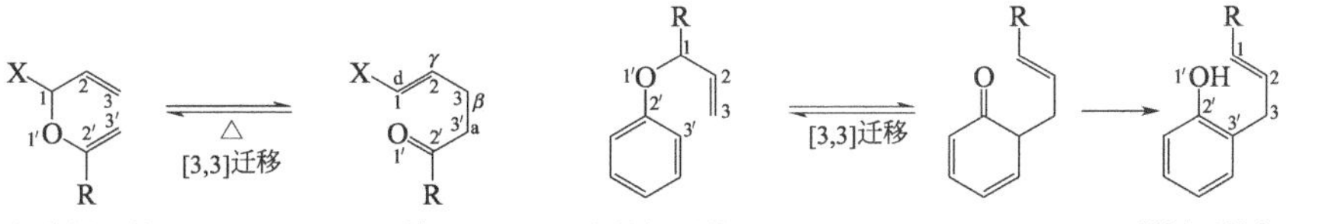

烯醇烯丙基醚   γ不饱和酮   酚的烯丙基醚   邻烯丙基酚

② Cope 重排是 1,5-二烯类化合物受热时发生 [3,3]σ键迁移重排，得到另一双烯丙基衍生物的反应：

以上两种重排均属于 [3,3]σ键迁移重排，不同之处在于 Claisen 重排的分子中含有氧原子，发生 C—O 键断裂。这两种重排在药物合成中都得到较多的应用。

③ Claisen 重排和 Cope 重排机理。脂肪族的 Claisen 重排和 Cope 重排均是 1,5-二烯类，二者重排机理相似，均经过六元环的过渡态：

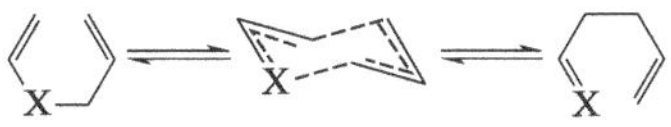

X＝O，S，NH，CH$_2$

参考文献

［1］ 李正化. 有机药物合成原理. 北京：人民卫生出版社，1985：654-709.

［2］ 闻韧. 药物合成反应. 第2版. 北京：化学工业出版社，2003：236-282.

［3］ Kuerti L，Czako B. Strategic Application of Named Reactions in Organic Synthesis. New York：Elsevier Inc：20-25，50，88，98，116，210，422，434，490，494.

［4］ Hiersemann M，Nubbemeyer U. The Claisen Rearrangement-Methods and Application. Weinheim：Wiley-VCH Verlag GmbH & Co KGaA，2007：45-110.

3.6 氧化反应

3.6.1 环己酮（Cyclohexanone）的制备

【目的要求】

① 学习由醇氧化制备酮的原理和方法。

② 掌握蒸馏、萃取等基本实验操作技术。

【实验原理】

仲醇的氧化和脱氢是制备脂肪酮的主要方法。工业上大多用催化氧化或催化脱氢法，即用相应的醇在较高的温度（250～350℃）和有银、铜、铜-铬合金等金属催化的情况下来制取。实验室一般都用化学氧化剂氧化，酸性重铬酸钾（钠）是最常用的氧化剂之一。

$$Na_2Cr_2O_7 + H_2SO_4 \longrightarrow 2CrO_3 + Na_2SO_4 + H_2O$$

反应中重铬酸钾盐在硫酸作用下，先生成铬酸钾，再进一步和醇发生氧化作用。酮比醛稳定，不容易进一步被氧化，因此一般可得到满意的产率。但仍需谨慎地控制反应条件，勿使氧化反应进行得过于猛烈，或使反应产物进一步遭受氧化而发生分子断链。

【实验方法】

（1）原料与试剂

环己醇	20g(0.2mol)
重铬酸钾	21g(0.07mol)
浓硫酸	20mL
草酸，精盐，无水碳酸钾等	适量

（2）实验步骤

在装有搅拌器、滴液漏斗和温度计的 500mL 三颈烧瓶中，放置 120mL 冷水，慢慢加入 20mL 浓硫酸，充分搅匀后，小心加入 20g(21mL，0.2mol) 环己醇。将溶液冷至 30℃ 以下。

在烧杯中将 21g(0.07mol) 重铬酸钾（$Na_2Cr_2O_7 \cdot 2H_2O$）溶解于 12mL 水中，

将此溶液分数批加入三颈烧瓶中，并不断搅拌。氧化反应开始后，混合物迅速变热，并且橙红色的重铬酸盐变成墨绿色的低价铬盐，当瓶内温度达到 55℃时，可在冷水浴或在流水下适当冷却，控制反应温度在 55～60℃，待前一批重铬酸盐的橙红色完全消失之后，再加入下一批。加完后继续搅拌直至温度有自动下降的趋势为止。然后加入少量草酸（约需 1g），使反应液完全变成墨绿色，以破坏过量的重铬酸盐。

拆除搅拌装置，改装成蒸馏装置（附注①）。在反应瓶内加入 100mL 水，再加几粒沸石，将环己酮与水一并蒸馏出来，环己酮与水能形成沸点为 95℃的共沸混合物，直至馏出液不再浑浊后再多蒸 15～20mL（附注②）（约收集馏出液 80～100mL），用氯化钠（约需 15～20g）饱和馏出液，在分液漏斗中静置后分出有机层，用无水碳酸钾干燥，蒸馏，收集 152～156℃的馏分，产量为 12～13g（产率 62%～67%）。

纯环己酮的沸点为 155.6℃，折光率 $[n]_D^{20}$ 1.4507。

【附注】

① 这里进行的实际上是一种简化了的水蒸气蒸馏。环己酮与水形成恒沸混合物，沸点 95℃，含环己酮 38.4%。

② 水的馏出量不宜过多，否则即使采用盐析，仍不可避免有少量环己酮溶于水中而损失掉。环己酮在水中的溶解度在 31℃时为 2.4g。

【思考题】

① 氧化法制备环己酮有多种方法，请列举一、二例？

② 在整个氧化过程中，为什么要严格控制度反应温度在 55～60℃？温度过高或过低有什么不好？

③ 本方法可能会发生哪些副反应？试写出有关的化学反应式？

④ 反应结束后为什么要加入草酸？如果不加有什么不好？

【参考文献】

［1］ Mohrig J R, et al. J Chem Educ, 1985, 62: 519.

［2］ Frechet J M J. J Org Chem, 1978, 43: 2618.

［3］ Martha W. The Merck Index. 11th ed.. Rahway (New Jersey): Merck & Co, Inc, 1988: 2720.

附：环己酮的红外光谱图（图 3-6）

3.6.2　己二酸（Adipic Acid）的制备

【目的要求】

① 了解羧酸的制备方法以及氧化法制备羧酸的常用氧化剂种类。

② 掌握用硝酸或高锰酸钾氧化环己酮制备己二酸的实验方法。

③ 掌握有害气体的吸收实验操作。

【实验原理】

羧酸是重要的化工产品，制备羧酸多用氧化法，烯、醇和醛等氧化都可以用来

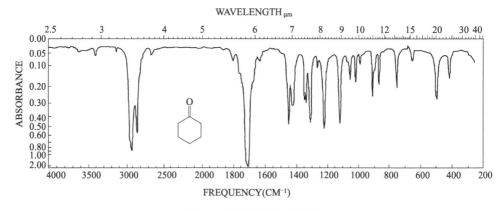

图 3-6 环己酮的红外光谱

制备羧酸，所用的氧化剂有重铬酸钾-硫酸、高锰酸钾、硝酸、过氧化氢及过氧酸等。

制备脂肪族一元酸，可用伯醇为原料。由于羧酸不易继续氧化，又比较容易分离提纯，因此，在实验操作上比利用氧化反应由醇制备醛酮更为简单。用重铬酸钾加硫酸使伯醇氧化时，因作为中间产物生成的醛容易与作原料的醇生成半缩醛，故得到的产物有较多的脂。

$$R-\overset{O}{\overset{\|}{C}}H \xrightarrow[H^+]{R-OH} R-\overset{OH}{\underset{H}{\overset{|}{C}}}-O-R \xrightarrow{[O]} R-\overset{O}{\overset{\|}{C}}-O-R$$

仲醇氧化得到酮。酮一般不被弱氧化剂所氧化，但遇到强氧化剂如 $KMnO_4$ 或 HNO_3 等时，则被氧化，这时碳链断裂，生成多种碳原子数较少的羧酸混合物，而环己酮由于对称的环状结构，氧化断链开环后得到单一产物——己二酸。根据所用的氧化剂的不同，一般有以下两种方法。

（1）硝酸氧化法

反应式：

$$3\,\text{(环己醇)} + 8HNO_3 \longrightarrow 3\,\text{(己二酸)} + 8NO + 7H_2O$$
$$\xrightarrow[]{4O_2} 8NO_2$$

（2）高锰酸钾氧化法

反应式：

$$3\,\text{(环己醇)} + 8KMnO_4 + H_2O \longrightarrow 3\,\text{(己二酸)} + 8MnO_2 + 8KOH$$

反应的可能的机理：

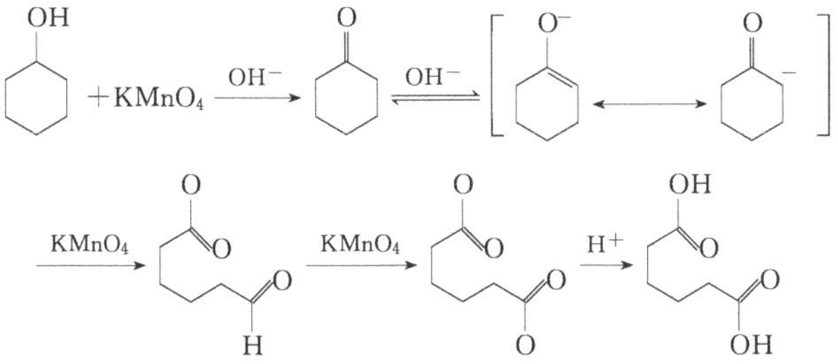

环己酮是对称酮，在碱作用下只能得到一种烯醇式离子，氧化生成单一的化合物，若为不对称酮就会产生两种烯醇式离子，每一种烯醇式离子氧化得到不同的产物，因而在合成上的用途不大。

【实验方法】

（1）用硝酸氧化

① 原料与试剂

环己醇　　　　　　　　　1.4mL（1.3g，约 0.013mol）

50％硝酸　　　　　　　　4mL（5.24g，约 0.042mol）

钒酸铵

② 实验步骤

在装有滴液漏斗、回流冷凝管、温度计的 100mL 三颈烧瓶中加入 4mL（5.24g，约 0.042mol）50％的硝酸（附加①）及一小颗钒酸铵，滴液漏斗中加入 1.4mL（1.3g，约 0.013mol）环己醇（附注②）。由于在反应过程中有氧化氮气体产生，因此在回流冷凝管上接一气体吸收装置（图 3-1），用碱液予以吸收。用水浴预热三颈烧瓶至约 50℃，移去水浴，先滴入 4～5 滴环己醇（附注③），加以摇动使反应开始，瓶内反应物温度升高并有红棕色气体放出。慢慢滴下余下的环己醇，控制滴加速度，维持瓶内温度于 50～60℃（附注④）（可借冷、热水浴辅助调节），同时加以振荡。滴完（约需 10min）后，用沸水浴加热 10min 至无红棕色气体产生为止。将反应物小心倒入烧杯中，用冷水浴冷却，析出己二酸。抽滤，用少量冰水洗涤晶体，干燥后得粗产物约 1.5g，熔点 148～152℃。用水重结晶后，产量约 1～1.2g，熔点为 151～152.5℃。

纯己二酸为白色棱状结晶，熔点为 153℃。

本实验约需 3～4h。

（2）用高锰酸钾氧化

① 原料与试剂

环己醇　　　　　　　　　1.4mL（1.3g，约 0.013mol）

高锰酸钾　　　　　　　　5.6g（0.035mol）

10％氢氧化钠溶液　　　　3mL

浓盐酸

② 实验步骤

在装有搅拌装置、温度计的 250mL 烧杯中加入 3mL 10％氢氧化钠溶液和 30mL 水，边搅拌边加入 5.6g(0.035mol) 高锰酸钾。待高锰酸钾溶解后，用滴管缓慢滴加 1.4mL(1.3g，约 0.013mol) 环己醇（附注③），反应随即开始，控制滴加速度，使反应温度维持在 45℃ 左右（附注④）。滴加完毕，反应温度开始下降时，在沸水浴上加热 3～5min，促使反应完全，可观察到有大量二氧化锰的沉淀凝结（附注⑤）。

用玻璃棒蘸一滴反应混合物点到滤纸上做点滴试验。如有高锰酸钾存在，则在棕色二氧化锰点的周围出现紫色的环，可加少量固体亚硫酸氢钠直到点滴试验呈阴性为止。趁热抽滤混合物，用少量热水洗涤滤渣 3 次，将洗涤液与滤液合并置于烧杯中，加少量活性炭脱色，趁热抽滤。将滤液转移至干净烧杯中，并在石棉网上加热浓缩至 8mL 左右，放置，冷却，抽滤，干燥，得己二酸白色晶体 1.2～1.5g，熔点为 151～152℃。

纯己二酸为白色棱状结晶，熔点为 153℃。

本实验约需 3～4h。

【附注】

① 因环己醇与浓硝酸相遇会发生剧烈反应，故切勿用同一支量筒量取，以免发生意外。

② 可用少量水冲洗量筒，并加入滴液漏斗中，这样既可减少转移时的损失，也可以降低环己醇的熔点，在室温较低时也不会凝固堵塞滴液漏斗。

③ 此反应属强烈放热反应，要控制好滴加速度和搅拌速度，以免反应过剧，引起飞溅或爆炸。同时不要在烧杯口上方观察反应情况，整个反应过程请戴上护目镜。

④ 反应温度不可过高，否则反应就难以控制，易引起混合物冲出反应器。

⑤ 二氧化锰胶体受热后产生凝胶作用而沉淀下来，便于过滤分离。

【思考题】

① 如何用市售的质量分数为 71％，相对密度为 1.42 的浓硝酸来配制 4mL 50％硝酸？

② 在本实验中是如何严格控制反应温度及加料速度的，为什么？

③ 请根据表 3-2 中列出的己二酸的溶解度来解释：同样是最后抽滤的洗涤工作，为什么方法一需用冰水作洗涤剂，而方法二需用热水作洗涤剂？

表 3-2 己二酸的溶解度随温度变化情况

温度/℃	15	34	50	70	87	100
溶解度/(g/100g 水)	1.44	3.08	8.46	34.1	94.8	100

④ 环己醇用铬酸氧化得到环己酮，用高锰酸钾氧化则得到己二酸，为什么？

⑤ 在碱性条件下，使高锰酸钾与邻甲基环己酮反应，会生成哪几种产物？以方程式表示。

【参考文献】

［1］　Ellis B A．Organic Syntheses，Coll．1941，1：18．

［2］　Wagner EC．J Chem Educ，1933，10：114．

附：己二酸红外光谱图（图 3-7）

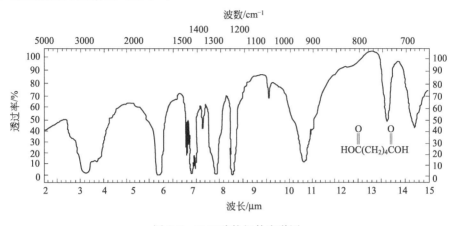

图 3-7　己二酸的红外光谱图

3.6.3　间氯过氧苯甲酸（*m*-Choroperoxybenzoic Acid）的制备

【目的要求】

① 了解过氧化物氧化剂的反应原理和用途。

② 掌握用过氧化氢氧化制备间氯过氧苯甲酸的实验方法。

③ 掌握减压蒸馏和萃取等实验操作方法。

【实验原理】

过氧化氢 H—O—O—H 中的一个氢原子被间氯苯甲酰基置换，就得到间氯过氧苯甲酸。因此可以采用间氯苯甲酰氯与过氧化氢作用，制备间氯过氧苯甲酸，反应如下式：

反应原理如下：

【实验方法】

（1）原料与试剂

七水合硫酸镁	0.5g(约 2.03×10^{-3} mol)
氢氧化钠	3.6g(0.09mol)
过氧化氢(30%)	9mL
间氯苯甲酰氯	5.25g(0.3mol)
二氧六环	45mL
水	36mL
硫酸(20%)	90mL
二氯甲烷	80mL
无水硫酸钠	适量（干燥用）

（2）实验步骤

在100mL聚乙烯烧杯中放置七水合硫酸镁、氢氧化钠、36mL水、30%的过氧化氢、二氧六环和少量冰块（附注①），使温度降到15℃。在激烈搅拌下，一次加入间氯苯甲酰氯。再加少量冰块，以便维持温度在25℃以下，并继续搅拌15min。将反应混合物转移到250mL的分液漏斗中，加入20%的冷硫酸（附注②），振荡，静置。分出有机层，水层用4×20mL冷二氯甲烷萃取。合并萃取液，加无水硫酸钠干燥。滤除固体后减压蒸馏，尽快将大部分溶剂蒸出，留下白色浆状物或片状细小固体（附注③）。高真空蒸馏2h，以除尽残留的溶剂，得5.1g间氯过氧苯甲酸白色片状细小固体（附注④）。碘量法分析表明，活性氧含量为80%～85%。

【附注】

① 注意！玻璃器皿的表面能催化分解产物，故必须在聚乙烯器皿中进行反应。

② 取浓硫酸18mL，慢慢倒入盛有碎冰的200mL烧杯中，边倒边慢慢搅拌，再加入碎冰至所需的体积（90mL），并用冰浴保温。二氯甲烷使用前也用冰浴冷却。

③ 尽可能快速蒸去二氯甲烷，因为与热的玻璃仪器接触会引起过酸的分解。间氯过氧苯甲酸在低温下聚乙烯容器中可以长期保存，分解速度很慢。

④ 产品中的杂质是间氯苯甲酸，其酸性比相应的过酸强，故可用pH 7.5的磷酸盐缓冲液洗除。真空干燥后产品纯度>99%。

【思考题】

① 间氯过氧苯甲酸为何不能放置在普通玻璃器皿中保存？

② 如何制备间氯苯甲酰氯？

③ 本制备方法中可能生成的副产物是什么？如何去除？

【参考文献】

［1］ McDonald R N, et al. Org Syn, 1970, 50：15.

［2］ Schwartz N N, Blumbergs J H. J Org Chem, 1964, 29：1976.

阅读材料： Sharpless 氧化反应（一个极有价值的不对称催化氧化反应）

从20世纪80年代起，在有机合成化学领域，"不对称催化氢化反应"的研究一直是一个重要的前沿，许多杰出的化学家在这个领域作出了令人瞩目的成绩。美国科学家夏普雷斯（Sharpless）不追踪热点，而是别出心裁，另辟蹊径，独立地进行“不对称催化氧化反应”的研究工作，成功地研制出了手性氧化催化剂。

因为氢化使反应物中双键饱和，失去反应活力，而氧化则会导致分子的功能性增加，这为建造新的复杂分子开辟了新途径。1980年，夏普雷斯成功地将 $Ti(O\text{-}iPr)_4$ 与 D-(－)-酒石酸二乙酯；D-(－)-DET 配位基或其对映体 L-(＋)-DET 配位基混合，在二氯甲烷溶剂中加入 *t*-BuOOH，并在－20℃的反应温度下，经不对称催化将烯丙醇的碳碳双键氧化成环氧化合物，且产物的对映体过量可高达99% e.e.，这就是夏普雷斯不对称环氧化反应（asymmetric epoxiation，缩写为AE)。

不对称环氧化反应（AE）一个重要的工业应用就是（*R*)-缩水甘油的合成，如下图所示。缩水甘油被用作制药工业生产单一光学活性的β-阻断剂的重要原料，例如（S)-普萘洛尔、(S)-阿替洛尔等就是以夏普雷斯的不对称氧化催化反应系统而合成的。

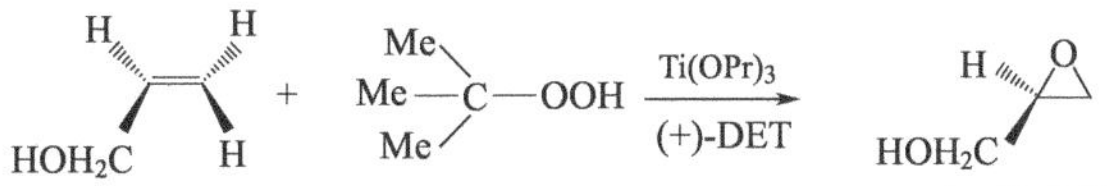

(*R*)-缩水甘油
95%

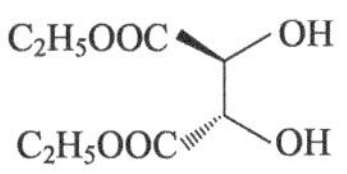

(*S*,*S*)-酒石酸二乙酯 (−)-DET

(*R*,*R*)-酒石酸二乙酯 (+)-DET

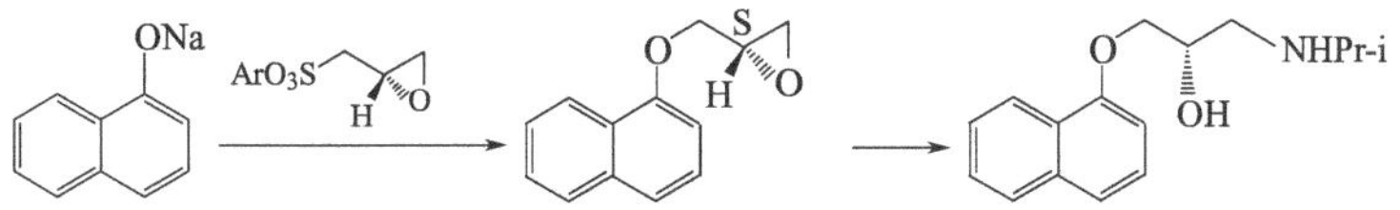

(*S*)-普萘洛尔

许多有机化学家一致认为夏普雷斯的环氧化反应是过去几十年化学合成领域中的一个最重要的发现。

夏普雷斯在不对称催化氧化反应方面的第二项重要发现是用金鸡纳碱衍生物催化的烯烃不对称双羟基化反应（asymmetric dihydroxylation，AD)，这同样也是现代有机合成化学中最重要的反应。四氧化锇这个氧化剂能够很好地把烯烃氧化成顺式二醇，但是它有价格昂贵、易挥发和毒性大等缺点，有人对它的使用方法加以改进，用其他氧化剂和催化量的四氧化俄配合，利用氧化剂将被还原的锇再氧化进行循环使用，降低了四氧化俄的用量，但是这个氧化过程没有对映选择性（enantioselective)。

夏普雷斯等在典型的反应中，以0.2%mol OsO_4 和1%mol 的各种金鸡纳碱衍生物作催化剂，以计量的 $K_3Fe(CN)_6$ 作氧化剂，对大多数烯烃都能得到高产率、高e.e.值的光学活性邻二醇，且反应条件极为温和，无需低温、无水和无氧等条件。由于光学活性邻二醇极易经过官能团转变形成其他光学活性产物，使这一反应成为应用前景最为广泛的不对称催化反应之一。

重要的催化不对称双羟基化反应的手性配体有 (DHQD)$_2$-PHAL 或 (DHQD)$_2$-PHAL，它们分别是由二氢喹啉 (DHQ) 或二氢奎尼丁与 2,3-二氮杂萘 (PHAL) 形成的化合物。

在 (DHQ)$_2$-PHAL 的存在下，反应一般从 α-面加成；而在 (DHQD)$_2$-PHAL 的存在下，反应一般从 β-面加成。

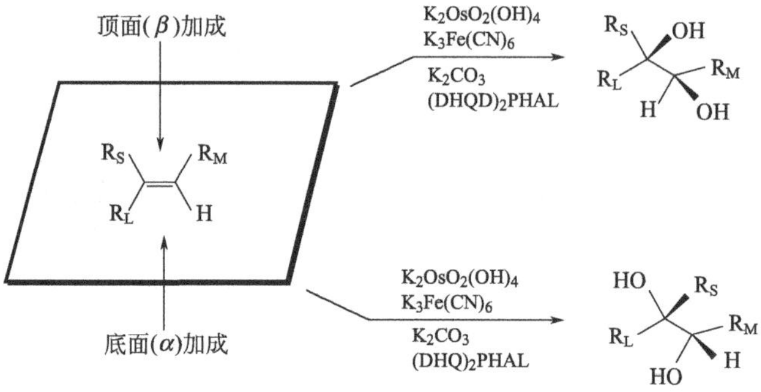

药物合成中应用夏普雷斯的不对称氧化反应进行烯烃的催化量的碳碳双键的二羟基化 (dihydroxylation) 氧化反应的例子是氯霉素的合成。

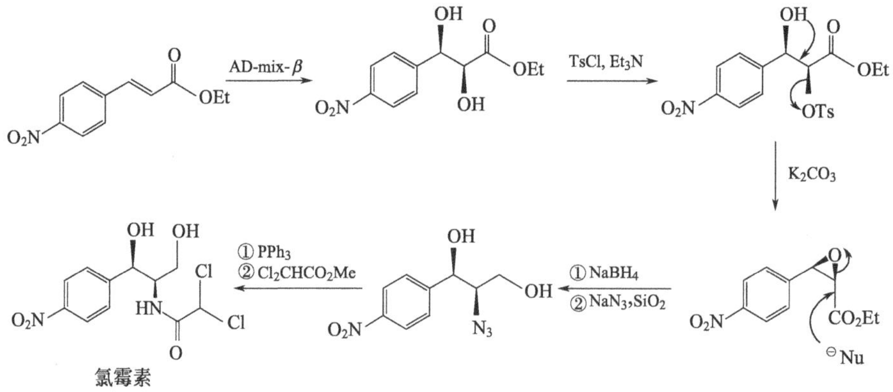

氯霉素

手性催化氧化反应不仅为化合物的结构多样性学术研究开辟了新路，而且在工业研究领域已有非常广泛的应用。过去数十年间，许多科学家已认识到夏普雷斯的环氧化是合成领域内最重要的发现。2001 年诺贝尔化学奖授予给夏普雷斯和另外两名科学家，一名是美国科学家诺尔斯，一名是日本科学家野依良治。尤其应该强调的是他们的发现的重要性以及对工业生产的改进。新药物合成是不对称催化反应的最重要应用，但是也可以应用到调味品、甜味剂和杀虫剂等生产领域，这是从基础研究到工业应用的典型范例。由于受 2001 年诺贝尔化学奖的激发，目前，全世界有许多研究小组正在开发其他不对称合成催化反应，因为 2001 年诺贝尔化学奖的研究成果已经为这方面的学术和应用研究提供了许多可供借鉴的方法，这不仅对化学，而且对材料科学、生物学和医学等都有很大的促进作用。

参考文献

［1］ Katsuki T, Sharpless K B. J Am Chem Soc，1980，102：5974.

［2］ Jacobsen E N, Mark I, Mungall W S, et al. J Am Chem Soc，1988，110：1968.

3.7　还原反应

3.7.1　苯佐卡因（Benzocaine）的制备

【目的要求】

① 通过苯佐卡因的合成，学习酯化、还原等反应。

② 掌握利用酸碱性、有机溶剂重结晶等精制固体物质的方法。

【实验原理】

苯佐卡因（Benzocaine）化学名为对氨基苯甲酸乙酯（Ethyl *p*-aminobenzoate），化学结构式为：

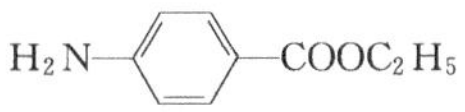

$$H_2N—\text{C}_6\text{H}_4—COOC_2H_5$$

本品作为局麻药，用于创面、溃疡面及痔疮的镇痛。

苯佐卡因的国内合成路线有两条：第一条以对硝基苯甲酸为原料，经酯化、还原制得；第二条是对硝基苯甲酸先还原，再酯化得目的物，见下图。本实验以第一条路线合成苯佐卡因。

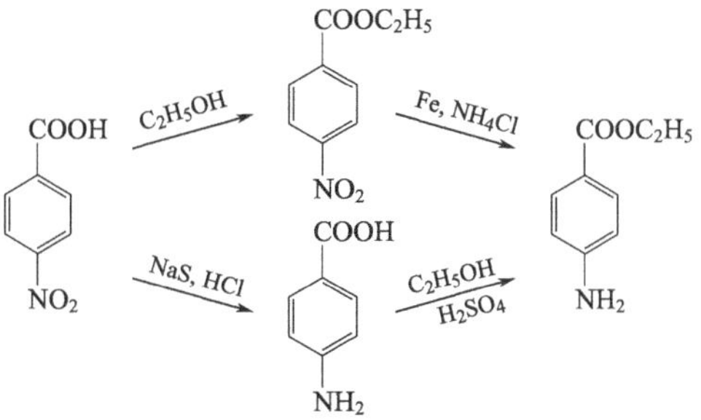

【实验方法】

（1）对硝基苯甲酸乙酯的合成

① 原料与试剂

对硝基苯甲酸	10.2g(0.06mol)
乙醇	23mL
浓硫酸	1.5g

② 实验步骤

在搅拌冷却下，将硫酸慢慢滴加到乙醇中（附注 a），升温，加对硝基苯甲酸，加完后，加热回流 5h（附注 b）。反应液回收 1/2 量乙醇后，倒入冰水中，析出晶体，冷却至 3～5℃，抽滤。滤饼加 5 倍量水搅匀，用碳酸钠水溶液（附注 c）中和至 pH 7.5～8.0，搅拌，复测 pH 应为 7.5～8.0，抽滤，得对硝基苯甲酸乙酯。熔点为 56～58℃。

③ 附注

a. 加浓硫酸一定要缓慢，以防乙醇被炭化；

b. 在回流过程中，反应液逐渐澄明，澄明后要继续回流一段时间，使反应趋于完全；

c. Na_2CO_3 溶液的浓度为 40％。

（2）苯佐卡因的合成

① 原料与试剂（附注 a）

对硝基苯甲酸乙酯（自制）

铁粉

4.1％氯化铵溶液

$CHCl_3$

5％盐酸

② 实验步骤

将氯化铵溶液升温至 95℃，搅拌下加入铁粉，保持 95～98℃，活化 20min（附注 b）后，慢慢加入对硝基苯甲酸乙酯，反应 1.5h。反应毕，升温至 50℃，用碳酸钠溶液调节至 pH 7～8，加入 3/4 量氯仿搅匀。抽滤，滤饼用 1/4 量氯仿洗涤，洗涤液合并，静置分层，氯仿层用 5％盐酸萃取 4 次。静置分层。分取水层，加入固体碳酸钠中和至 pH 7～7.5（附注 c），析出结晶。抽滤，水洗，得苯佐卡因粗品。

粗品用乙醇加热溶解，加活性炭脱色（附注 d），抽滤，滤液冷却，加 3 倍量蒸馏水冷至室温，析出结晶。抽滤，水洗，干燥，得苯佐卡因精品，熔点为 88～91℃。

③ 附注

a. 对硝基苯甲酸乙酯为上步"（1）"中自制的，其他原料用量根据制得的对硝基苯甲酸乙酯量来决定，参考配料比（质量数）：对硝基苯甲酸乙酯：铁粉：4.1％氯化铵溶液：氯仿：5％盐酸＝1：0.86：3.33：6.66：20；

b. 铁粉一定要活化，否则，还原效果不佳；

c. 用固体碳酸钠中和时，应慢慢加入碳酸钠，以防生成大量泡沫而溢出；

d. 脱色-重结晶原料参考配比（质量数）：粗品：乙醇：活性炭＝1：2：0.1。

【思考题】

① 酯化反应为可逆反应，为打破平衡使反应向生成物方向移动，你认为可采取哪些措施？

② 苯佐卡因制备中可能带进哪些杂质，如何除去？

【参考文献】

［1］ Roger Adams F L Cohen. 有机合成. 南京大学有机化学教研组译. 北京：科学出版社，1957，192.

［2］ 上海医药工业研究所技术情报站. 有机药物合成手册. 上海医药工业研究所，1976：759.

［3］ 顾可权等. 半微量有机制备. 北京：高等教育出版社，1990，205.

3.7.2　氢化肉桂酸（Hydrocinnamic Acid）的制备

【目的要求】

① 了解催化氢化反应的基本原理和应用范围。

② 掌握常压氢化反应装置和常压氢化反应的操作及安全。

③ 了解常用的氢化催化剂的种类和催化活性。

④ 掌握一种型号 Raney-Ni 的制备和活性检查方法。

【实验原理】

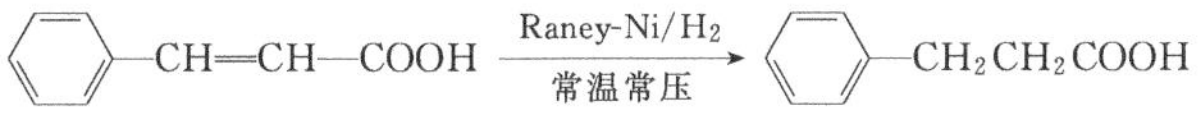

$$\bigcirc\text{—CH=CH—COOH} \xrightarrow[\text{常温常压}]{\text{Raney-Ni/H}_2} \bigcirc\text{—CH}_2\text{CH}_2\text{COOH}$$

【实验方法】

（1）原料与试剂

镍铝合金	5g
氢氧化钠	8g
肉桂酸	3.7g(0.025mol)
95％乙醇	50mL

（2）实验步骤（附注①）

在 500mL 烧杯中，放置 5g 镍铝合金（含镍 40％～50％）和 50mL 蒸馏水，分批加入 8g 固体氢氧化钠，且不时进行搅拌。反应剧烈放热，并有大量氢气逸出。控制碱的加入速度，以泡沫不溢出为宜。加毕，再在室温下搅拌 10min，然后在 70℃ 水浴中保温 0.5h。倾去上清液，以倾泻法依次用蒸馏水和无水乙醇各洗涤 3 次（附注②），最后用无水乙醇覆盖备用（附注③）。

用 250mL 圆底烧瓶作氢化反应瓶。在氢化瓶中加入 3.7g 肉桂酸和 50mL 无水乙醇，摇动使固体溶解（必要时可在水浴上温热），然后加入 2mL Raney-Ni，用少量无水乙醇洗涤氢化瓶壁上的催化剂，放入搅拌子。氢化瓶放在电磁搅拌器上，塞紧插有导气管的磨口塞与氢化系统相连。检查整个系统是否漏气。如不漏气可进行氢化反应（详见阅读材料：常压和加压催化氢化）（附注④）。

氢化反应结束后，按照常压氢化操作置换完系统中的残余氢气。打开氢化瓶，用折叠滤纸滤去镍催化剂（附注⑤），滤液先在水浴上蒸馏，要尽量把乙醇蒸净，否则产品不易结晶。趁热将产品倒在表面皿上，冷却后即得略带绿色或白色的氢化肉桂酸结晶，干燥后称重。熔点为 46～48℃。如需进一步提纯，可以减压蒸馏，收集 145～147℃/18mmHg 或 194～197℃/75mmHg 的馏分。纯氢化肉桂酸熔点为 48.6℃。

【附注】

① 在整个实验中，应避免有明火存在，以防着火爆炸事故发生。

② 在制备催化剂的过程中严禁 Raney-Ni 与自来水接触。

③ 本方法制得的是高活性碱性 Raney-Ni。制好后取一小粒，放在纸上待溶剂干后应可自燃，否则要重新制备。

④ 在抽气、充气过程中，要充分熟悉三通阀的方向，切不要搞错。

⑤ 不宜将催化剂中乙醇抽干，以免引起催化剂燃烧。使用过的催化剂不要随便乱倒，应倒在老师指定的容器中。

【思考题】

① 在制备催化剂时，为什么不能使用自来水？

② 使用过的催化剂为什么不能随便乱倒？乱倒会出现什么后果？

③ 本实验应如何计算产率？

【参考文献】

［1］ ＥＣ霍宁. 有机合成. 南京大学有机化学教研组译. 北京：科学出版社，1981：111.

［2］ 王文江，鲍春和，阎坤凯. 化学教育，1983，5：42.

3.7.3 葡甲胺（N-Methylglucamine）的制备

【目的要求】

① 通过实验熟悉高压釜的结构和性能，掌握加压氢化实验操作。

② 了解还原胺化反应的反应过程。

【实验原理】

葡甲胺的化学名是 1-脱氧-1-甲氨基-D-山梨醇（1-Deoxy-1-methylamino-D-sorbitol），为一诊断用药。

本品由葡萄糖与甲胺在镍催化剂作用下，还原胺化制得，其反应过程见如下图式：

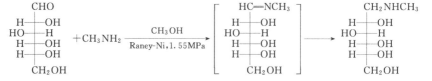

反应中，首先葡萄糖醛基与甲胺缩合形成亚胺中间体，随后在 Raney-Ni 催化下，加氢还原成产品。

【实验方法】

（1）Raney-Ni 的制备

① 原料与试剂

镍铝合金　　　　　　　　　50g（0.58mol）

NaOH　　　　　　　　　　50g（1.25mol，C. P.）

95％乙醇　　　　　　　　　150mL

② 实验步骤

在 800mL 烧杯中加入 50g NaOH 及 200mL 蒸馏水，搅拌溶解。在水浴上加热到 50～85℃，搅拌下分批加入 50g 镍铝合金（附注 a），约 45min 加完。再在 85～100℃下搅拌 30min，静置使镍沉降，倾去上层清液。以倾泻法用蒸馏水洗涤至中性，再用 95％乙醇洗涤 3 次，每次 50mL，检查活性（附注 b）后用乙醇覆盖备用。

③ 附注

a. 镍铝合金粉末含镍为 40％～50％，每次不宜加得太多，否则会因反应剧烈产生大量气泡而溢出，造成损失。

b. 用刮刀取少许活性镍放于滤纸上，干后可自燃，则活性好，可用于实验。

（2）甲胺乙醇溶液的制备

① 原料与试剂

甲胺水溶液　　　　　　　　500g

95％乙醇　　　　　　　　　480mL

② 实验步骤

在 1000mL 锥形瓶（吸收瓶）中加入 480mL 的 95％乙醇，在蒸发瓶中放置 500g 甲胺水溶液，装置见图 3-8。

小心加热蒸发瓶，使甲胺缓慢蒸发出来，甲胺气体通过回流冷凝器顶端导入装

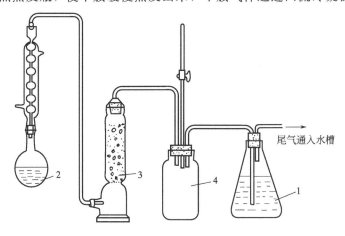

图 3-8　甲胺乙醇溶液制备实验装置图

1—吸收瓶；2—蒸发瓶；3—干燥塔；4—安全瓶

有固体 NaOH 的干燥塔,干燥后进入吸收瓶吸收。当蒸发瓶中甲胺水溶液的温度升到 92℃时,停止加热蒸馏,测定甲胺乙醇溶液中的甲胺含量(附注),应在 15％以上。若含量不足,则继续通甲胺,浓度高则加入计算量的乙醇稀释到 15％。

③ 附注

甲胺的含量测定。精密吸取 1mL 甲胺乙醇溶液于 100mL 容量瓶中,加水至刻度,摇匀。吸取 20mL 置于锥形瓶中,加 0.1mol/L 的 HCl 标准溶液 40mL 及酚酞指示液数滴,用 0.1mol/L 的 NaOH 溶液滴定到显红色不褪为止。甲胺的含量按下式计算:

$$甲胺含量(\%) = \frac{N_{HCl}V_{HCl} - N_{NaOH}V_{NaOH} \times 0.03106}{1 \times (20/100)} \times 100\%$$

(3) 葡甲胺的制备

① 原料与试剂

葡萄糖	6g(0.033mol)
15％甲胺乙醇溶液	29g
Raney-Ni	1.3g

② 实验步骤

在 100mL 高压釜中投入 6g 葡萄糖(附注 a)、29g 15％甲胺乙醇溶液及 1.3g Raney-Ni,再用少量乙醇冲洗附于釜壁的上述原料。仔细盖上釜盖,逐个对称地拧紧螺帽。按规定顺序排除釜内空气(附注 b),然后通氢气使釜内压力达到 1.55MPa,关闭进气阀,启动搅拌,待正常后开始加热,维持反应温度在(68±2)℃。随时观察釜内压力变化,在压力降至 1.10MPa 时,补充氢气到 1.55MPa。如此反复加氢气,直至氢压不再变化为止,约需 6h。停止搅拌,冷却至室温,打开排气阀排尽釜残余氢气,拧松螺帽,移开釜盖,吸出物料,过滤除去催化剂 Raney-Ni(附注 c)。滤液冷却到 5℃以下,析出晶体,抽滤,得葡甲胺粗品。

粗品用 6～8 倍量蒸馏水溶解,加少量活性炭及 0.5g EDTA 的水溶液,加热至回流,过滤,滤液在搅拌下慢慢倒入适量乙醇中。冷却到 5℃以下,析出晶体,抽滤,烘干后约得 3g 精制的葡甲胺,收率 46.2％,熔点为 128～131℃。

③ 附注

a. 一般用药用葡萄糖,经 50～55℃干燥 24h 后备用。

b. 高压釜中排除空气的操作步骤:拧松进气阀,通入氢气到 0.3MPa,关闭进气阀,经检查无漏气现象后拧松排气阀,将气体放出(可稍留一些压力以防空气倒灌),关闭排气阀后重复以上操作两次,使釜中的空气全部排除,最后,通入氢气至所需压力(1.55MPa),拧紧进气阀,关闭氢气钢瓶阀门,进行氢化还原反应。

c. 反应后的 Raney-Ni 有相当的活性,过滤时切勿滤干,以防催化剂燃烧,并立即用少量乙醇洗涤 3 次,然后,将湿的催化剂滤渣连同滤纸放到盛有乙醇的烧杯中回收。

【思考题】

① 试述葡萄糖与甲胺在催化剂作用下进行缩合-还原反应的过程？

② 在加压缩合-还原胺化反应中甲胺的摩尔用量要过量很多倍，为什么？

③ 加压缩合-还原胺化反应要用何种压力表？能否使用氧气压力表？

【参考文献】

[1]　上海医药工业研究所技术情报站. 有机药物合成手册. 上海医药工业研究所, 1976：1260.

[2]　上海市医药工业公司与上海医药工业研究所. 上海医药产品生产工艺汇编, 1972：428.

[3]　Kaner M，et al. Helv Chim Acta, 1937, 20：83.

3.7.4　羰基还原的立体化学

【目的要求】

① 了解复氢化合物还原羰基的基本原理。

② 熟悉各种还原试剂对羰基还原的立体选择性。

③ 掌握樟脑还原及冰片和异冰片氧化的实验操作，了解还原反应的立体化学途径。

【实验原理】

羰基还原成羟基时，羰基的碳原子由 sp^2 杂化转变 sp^3 杂化。当一个酮 $R^1(R^2)$ C=O 的 R^1 和 R^2 不相同时，还原后碳原子就成为一个手性碳原子。因此就可能有两种构型，即 R-构型和 S-构型。羰基用不同的方法还原，得到 R 构型和 S 构型的相对比例有可能很不相同。例如樟脑（Camphor）用电化学法还原得到 84% 的冰片（Borneol）和 16% 异冰片（Isoborneol）；而用硼氢化钠（Na_2BH_4）还原时得到 16% 的冰片和 84% 的异冰片。

羰基用金属氢化物还原时，一般认为，影响产物立体异构体相对比例的因素有两个：一是立体因素，即试剂应从立体阻碍小的一侧进攻；二是能量因素，即所得产物的相对稳定性。

例如，2-甲基环己酮还原为 2-甲基环己醇，用 $LiAlH_4$ 还原，产物中反式异构体占 82%，顺式异构体占 18%；但用体积较大的 $NaBH_4$-甲醇溶液还原，则反式异构体占 69%，顺式异构体占 31%，而两个异构体的平衡混合物，反式异构体为 99%，顺式为 1%。

樟脑为 1,7,7-三甲基双环 [2,2,1] 庚酮-2。它有两个手性碳原子。但因与桥相连的两个碳原子上的氢和甲基只能同在环的一边，因此只有一对外消旋体。从天然樟树得到的樟脑是右旋的。合成品是消旋体，一般认为右旋体质量最好，消旋体次之，左旋体差。将樟脑还原成冰片和异冰片，它们是非对映异构体，具有不同的物理性质，由于分子的形状和极性不同，它的吸附作用也不同，因此能用色谱法分离。

【实验方法】

（1）樟脑的还原（硼氢化钠法）

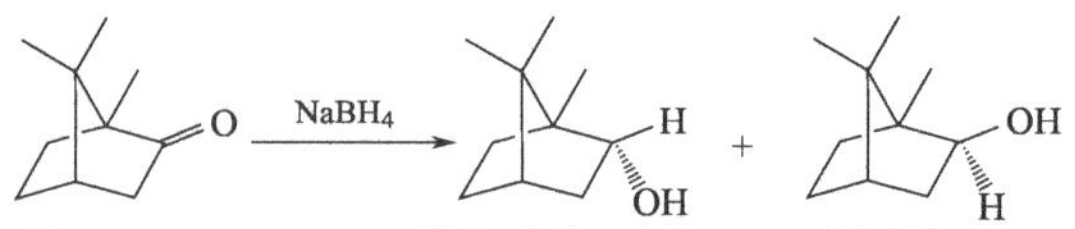

樟脑(Ⅰ)
mp:174～179℃

冰片(龙脑)(Ⅱ)
mp:206～208℃

异冰片(Ⅲ)
mp:214～217℃

① 原料与试剂

樟脑　　　　　　　　　1.0g(6.6mmol)

硼氢化钠　　　　　　　0.35g(8.0mmol)

乙醇　　　　　　　　　10mL

② 实验步骤

在 25mL 圆底烧瓶中，把 1.0g(6.6mmol) 樟脑溶解在 10mL 乙醇中。一次加入 0.35g(8.0mmol)NaBH₄。装上回流冷凝器，使反应混合物在蒸汽浴上加热回流 0.5h，然后冷却至室温，倒入 20g 冰水混合物中，吸气过滤出产物，并用水洗涤 3 次。在空气中晾干，称重。产物约为 0.9g(90%)。

樟脑还原产物的分析方法如下。

a. 气相色谱分析。取少量产物溶于乙醚中进行气相色谱分析，证明冰片和异冰片的混合物，并计算两者相对的百分含量。

附　气相色谱分析采用如下条件：柱长 2m，用 5% 的聚乙二醇 1000 涂布在 60～80 目白色担体上。氮气流速 40L/min，汽化温度 140℃，柱温 110℃，用气火焰离子鉴定器。检测温度 125℃。

b. 薄层色谱。取两块 5cm×15cm 和两块 8cm×15cm 的玻璃片，洗净，用蒸馏水及 50% 乙醇淋洗后，烘干。将 15g 硅胶加到 50mL 蒸馏水（水中溶有 0.2g 羧甲纤维素钠）中，搅拌 1min，使其成为均匀浆状，然后进行铺板。先用玻棒将硅胶均匀地涂上薄薄的一层，后用两手拿住薄板的两端在桌上轻轻地击打数下，使玻板上的硅胶更加均匀，最后在 110℃ 烘干，置干燥器内备用。

取一片 5cm×15cm 的薄层板，分别用冰片、樟脑还原产物的乙醚溶液进行点样，置于层析缸中用氯仿-苯（2：1，体积分数）为展开剂，约展开 10cm 左右为止，取出色谱分离，待薄层上尚残留少许展开剂时，用另一块与薄层板同样大小均匀地涂上浓硫酸的玻璃板，立即覆盖在薄层上，即可显色。然后将两点的 R_f 值进行对比，证明樟脑已还原成冰片和异冰片。

（2）冰片和异冰片氧化成樟脑

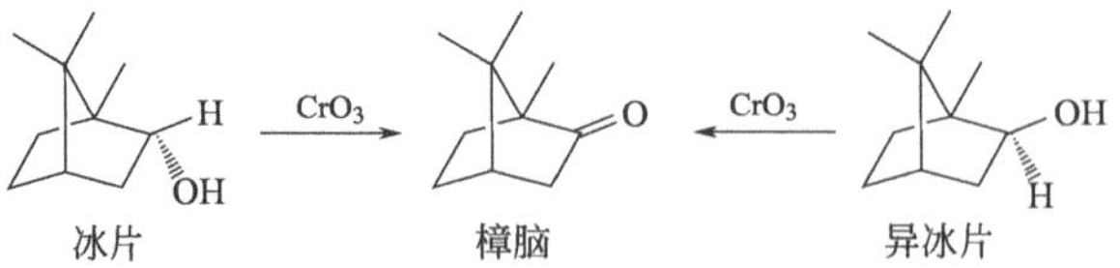

冰片　　　　　樟脑　　　　　异冰片

① 原料与试剂

溶液 A. 2% 冰片乙醚溶液

溶液 B. 2% 异冰片乙醚溶液

溶液 C. 2%樟脑乙醚溶液

溶液 D. 10%CrO_3＋5%H_2SO_4 水溶液

② 实验步骤

在小试管Ⅰ和Ⅱ中分别加入等体积的（0.75mL 左右）溶液 A 与溶液 D，及溶液 B 与溶液 D。经常摇动小试管，使醚层与水层能很好地混合。0.5h 后，取上层乙醚溶液进行薄层色谱。

取一片 8cm×15cm 薄层板，分别用小试管Ⅰ的上层乙醚溶液（溶液 A），小试管Ⅱ的上层乙醚溶液（溶液 B）以及溶液 C 点样，方法如前述，在层析缸中用氯仿展开 8cm，取出薄层板，待氯仿挥发后，用碘蒸气显色。将三点的 R_f 值作对比，证明冰片、异冰片都氧化成樟脑。

【思考题】

① 樟脑用硼氢化钠还原的主要产物是什么？为什么？

② 2-降冰片酮用硼氢化钠还原时，得到的主要产物为内型-降冰片，试解释？

【参考文献】

[1] Pavia D L, et al. Introduction to Organic Laboratory Techniques：A Microscale Approach. 2nd ed.. Philadelphia：Saunders College Pub，2004.

[2] Gaylord N G. Reduction with complex Metal Hydrids. New York：Interscience，1956.

[3] Hodgc M. J Chem Educ，1967，44：36.

[4] Michael D. J Chem Educ，1968，45：192.

阅读材料：　常压和加压催化氢化

有机化合物在催化剂存在下与氢气的反应称为催化氢化，氢分子可以加成到烯基、炔基、羰基、氰基和硝基等不饱和基团上使之成为饱和键。催化氢化按氢化方法（压力）的不同可以分为常压（液相）催化氢化、加压（液相）催化氢化和气相催化氢化；根据催化剂在反应体系中是否可溶于反应介质又可以分为非均相催化氢化和均相催化氢化。

催化氢化所用的催化剂大多数是元素周期表中第八族的过渡金属，如钯、铂、钌、铑和镍等元素，钼和铬的氧化物也常应用。催化剂的活性按 Pt＞Pd＞Rh，Ru＞Ni 的次序降低。需要注意的是，催化剂的活性不仅与金属的种类有关，而且随催化剂的制备方法而异。此外，催化氢化速度还与催化剂载体的存在与否、氢化反应所用的溶剂、反应的温度和压力有关。

1. 氢化催化剂的分类

（1）镍催化剂　镍催化剂是一种价格便宜、应用广泛的氢化催化剂，实验室中常用的镍催化剂是 Raney-Ni，又称活性镍。在中性或弱碱性条件下，用于烯键、炔键、硝基、氰基、羰基、芳杂环和芳稠环的氢化以及碳卤键和碳硫键的氢解。

Raney-Ni 的制备：将镍铝合金粉末加到一定浓度的 NaOH 溶液中，使合金中的铝形成可溶性的铝酸钠除去，得到多孔海绵状的金属镍微粒。

$$4AlNi + 12NaOH \longrightarrow 2Ni_2 + H_2 + 4Al(ONa)_3 + 5H_2$$

例如，将 50% 的镍-铝合金和 20%～50% 的氢氧化钠水溶液于 50～100℃ 共热，氢氧化钠和铝作用生成铝酸钠被溶解，而留下非常细小的镍，并且放出大量的氢气，这一步操作称为"展开"；然后在一定的温度中保温反应，称为"消化"；接着用蒸馏水洗去铝酸钠及过量的碱，最后用乙醇或有机溶剂进行洗涤，得到活性的镍催化剂。

制备过程中，由于反应温度、碱的浓度和用量、反应时间和洗涤等条件不同，所得产物分散程度、铝的残留量和氢的吸附量也各不相同，其催化活性也各不相同。因而将不同条件下制得的 Raney-Ni 分为 W_1-W_8 不同的型号，活性次序为 $W_6 > W_7 > W_3$，W_4，$W_5 > W_2 > W_1 > W_8$。干燥的 Raney-Ni 比表面大，吸附的氢比较多，在空气中剧烈氧化而自行燃烧，因此，制备好的 Raney-Ni 必须用溶剂（如无水乙醇）覆盖。

（2）钯和铂催化剂　贵金属钯和铂催化剂的共同特点是催化活性大，反应条件要求较低，一般在常温常压下氢化，适用于中性和酸性条件，应用范围比 Raney-Ni 还广泛。铂催化剂比较容易中毒，不宜用于有机硫化物和有机胺类的还原。钯较不易中毒，如果选用适当的抑制剂，则可以获得良好的还原选择性，用于复杂分子的选择性还原。钯-碳催化剂有 5% 钯-碳和 10% 钯-碳催化剂，制备方法是将处理过的活性炭混悬在氯化钯的盐酸水溶液中，用氢气或甲醛等还原剂还原形成极细的金属粉末，吸附在活性炭上即得钯-碳催化剂。

例如，将 8.33g 氯化钯（若采用二水合氯化钯用量为 10.0g）、5.5mL 浓盐酸和 40mL 水混合，在水浴上加热至全溶。所得的溶液倾入由 135g 乙酸钠和 500mL 水组成的溶液中，加入活性炭 45g，放入氢化反应瓶中，氢化至不吸氢为止（约需 1～2h）。抽滤收集所得催化剂，用 2L 水分 5 次洗涤，抽干，置空气中晾干，再放在有氯化钙的干燥器中干燥，得 48～50g，密闭保存。此催化剂为 10% 钯-碳。

钯-碳（Pd/C）催化剂制备好后要首先在空气中，后在 KOH 作干燥剂的干燥器中干燥，绝对不能在烘箱中干燥，否则会着火燃烧。

铂催化剂最常用的是 PtO_2（Adams 催化剂）。制备方法是将氯铂酸铵与硝酸钠混合均匀后熔融，氧化过程中有大量的 NO_2 放出，经洗涤等处理后即得 PtO_2 催化剂。使用时，先通入氢气使其还原成铂黑，再投入反应物进行加氢反应。

$$(NH_4)_2PtCl_6 + 4NaNO_3 \xrightarrow{500\sim550℃} PtO_2 + 4NaCl + 2NH_4Cl + 4NO_2 + O_2$$

（3）铜催化剂　亚铬酸铜 $[Cu(CrO_2)_2]$ 是在较高温度和压力下进行氢化

的催化剂。其特点是对酯基和酰胺基的氢化比钯、铂和镍催化剂有更好的催化能力，已经被广泛应用于工业上。

（4）均相催化氢化催化剂　均相催化氢化催化剂主要为过渡金属铑、钌、铱的三苯基膦络合物。如 $(Rh_3P)_3RhCl$（氯化三苯膦络铑、$(Rh_3P)_3RuClH$（氯氢三苯膦络钌）等。

催化剂 $(Ph_3P)_3RhCl$（**1**）的中心原子铑，以其 d 轨道与氢、溶剂烯键等形成配位络合物，起催化作用。首先在溶剂（**s**）中离解生成二（三苯膦）氯化铑和溶剂分子的络合物（**2**），然后与氢分子生成二氢络合物（**3**），还原时，反应物分子置换了（**3**）中的溶剂分子，生成中间络合物（**4**），用 H_2 进行顺式加成。最后解离为还原产物和溶剂化的二（三苯膦）氯铑（**2**），（**2**）再继续参与反应。

$$(Ph_3P)_3RhCl + (s) \rightleftharpoons (Ph_3P)_2Rh(S)Cl + Ph_3P$$

$$\mathbf{1} \qquad\qquad\qquad \mathbf{2}$$

$$+H_2 \,\|\, -H_2$$

$$S + (Ph_3P)_3RhCl(RHC\!\!\underset{H_2}{=\!=\!=}\!\!CHR') \xrightarrow{\text{RHC : CHR'}} (Ph_3P)_2Rh(S)ClH_2$$

$$\mathbf{4} \qquad\qquad\qquad\qquad\qquad \mathbf{3}$$

$$RCH_2CH_2R' + (Ph_3P)_2Rh(S)Cl \quad \mathbf{2}$$

2. 催化氢化反应的主要影响因素

催化氢化是药物合成的主要操作之一，利用催化氢化以实现各种官能团的转化，如醛（酮）氢化还原为相应的醇类，腈和酰胺还原成胺类。但这类转化需要有一定条件，如催化剂种类及其活性、反应温度、溶剂、压力和反应容器等。

（1）催化剂种类和用量　在不同的催化反应中需选择合适的催化剂，并确定用量。增加催化剂的用量可以加快反应速度，但有些场合，例如还原芳香族硝基化合物时，只能用少量催化剂，借以防止放热反应无法控制。在实践中，催化剂的用量往往是通过小试来决定的，下面是常用催化剂的一般用量。

催化剂	用量比例（质量分数）/%
5%钯、铂载体催化剂	10
氧化铂	1～2
Raney-Ni	10～20
铜铬氧化物（亚铬酸铜）	10～20

（2）温度　提高温度，反应速度加快，但氢化反应系放热反应，温度太高反而会发生副反应，且使反应选择性下降。因而在反应速度达到要求的前提下，应选用尽可能低的反应温度。

（3）溶剂　选择的溶剂应使原料和产物都能溶解，而且不会发生化学反应。常用的有水、甲醇、乙酸乙酯、四氢呋喃以及冰醋酸等。

（4）压力 一般来说，压力会影响氢化反应的速度、反应的选择性和产率，当压力由低变高时，反应速度将显著地增加，有些反应必须在加压下才能进行。此外，在加压下反应有时可以不用贵金属催化剂，而用 Raney-Ni 或铜铬氧化物等。

根据使用压力的大小，加压催化氢化可以分为低压催化氢化和高压催化氢化，前者压力在 $4 \times 10^2 \mathrm{kPa}$ 左右，反应容器是厚壁硬质玻璃瓶；后者压力一般在 $6 \times 10^2 \mathrm{kPa}$ 以上，反应是在金属高压釜中进行的。

一般来说，低压氢化用于烯键、三键的加氢和硝基、羰基的还原；高压氢化用于苯环、杂环和羧酸衍生物的还原。

3. 常压催化氢化装置和操作方法

图 3-9 是一种简单实用的常压催化氢化装置，A 为氢化反应瓶，用磁力搅拌器 I 搅拌，必要时还可加热；D 是平衡瓶，内装水（也可以加入一些硫酸铜使读数清晰，并可防止水质变坏），与计量管 C 相通；B 是三通活塞；F 是水银压力计；E 是三通活塞；H 接氢气源；G 与真空系统相连，用于排出空气。

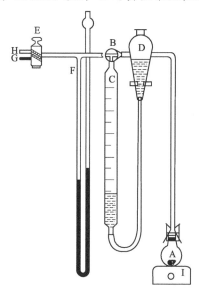

图 3-9 常压催化氢化装置

常压催化氢化的操作步骤如下。

① 取下氢化反应瓶 A，打开三通活塞 B，提高平衡瓶 D 的位置，使储氢刻度计量管 C 中充满水，关闭 B 并降低平衡瓶高度。

② 将催化剂和含有待氢化的反应物的溶液加入到氢化反应瓶 A 中，并用溶剂将瓶口和瓶壁粘有的催化剂冲洗至瓶中，并保证瓶中催化剂被溶液所覆盖。将氢化反应瓶 A 连接到氢化系统中，将整个氢化系统通过旋塞 E 与循环水真空泵相连，调节三通活塞 B 使之与 A 相通而与计量管 C 断开，开动循环水泵将整

个氢化系统抽真空。

③ 慢慢旋转三通活塞 E，向系统中注入氢气，再将 E 慢慢旋至 G 位置，再次抽真空，如此反复 3~4 次，用氢气置换完系统中的空气。

④ 再将 E 旋至 H 位置，使系统再次充满氢气，并打开三通活塞 B 使之与氢气钢瓶相通，使计量管 C 中也充满氢气，再调节三通活塞 B 使 C 与氢气钢瓶断开而与氢化反应瓶 A 相通。

⑤ 移动平衡瓶 D 使其中的水位略高于计量管 C 的水位，记录下 C 中的水位高度，放好平衡瓶。

⑥ 开动磁力搅拌器 I 开始氢化，反应中途可以移动平衡瓶 D 使其中的水位等于计量管 C 的水位，读取刻度以观察反应的吸氢体积。

⑦ 如果 C 中的氢气量不够，在读取计量管 C 读数后，按照④和⑤的操作向 C 中补充氢气。

⑧ 当反应停止吸氢或吸氢已达到理论量时，即表示氢化已完成。最后再移动平衡瓶 D 使其中的水位等于计量管 C 的水位，读取刻度以计算整个吸氢体积。

⑨ 停止搅拌，调节三通活塞 B 使计量管 C 与氢化反应瓶 A 断开，调节三通活塞 E 与循环水泵相连，用水泵抽去氢化反应瓶 A 中的氢气，然后慢慢注入空气。

⑩ 取下氢化反应瓶 A，滤去催化剂，按常规方法进行后处理，即得产物。

⑪ 所消耗氢气的体积换算成标准温度和压力条件下的体积，计算所消耗氢气的摩尔数。

$$V = \frac{nRT}{P} = n \times 0.082 \times (273 + t) \times 100$$

⑫ 用过的催化剂要回收，千万不可随手乱丢，以免引起催化剂自燃着火造成事故。

4. 高压催化氢化装置和操作方法

高压催化氢化装置如图 3-10 所示，主体设备为一厚壁金属制成的耐压反应釜，式样较多，但结构大同小异，为使反应物料充分接触，有机械搅拌、电磁搅拌和振荡釜体 3 种形式。整个高压反应釜由反应容器、搅拌器及传动系统、冷却装置、安全装置、加热炉等组成。釜体、釜盖采用 1Cr18Ni9Ti 不锈钢加工制成，釜体通过螺纹与法兰连接，釜盖为整体平板盖，两者由周向均布的主螺栓、螺母紧密连接。高压釜主密封口采用 A 型的双线密封，其余密封点均采用圆弧面与平面、圆弧面与圆弧面的线接触的密封形式，依靠接触面的高精度和光洁度，达到良好的密封效果。釜体外装有桶型碳化硅炉芯，电炉丝穿于炉芯中，其端头由炉壳侧下部穿出，通过接线螺柱、橡胶套电缆与控制器相连。釜盖上装有压力表、爆破膜安全装置、汽液相阀、温度传感器等，便于随时了

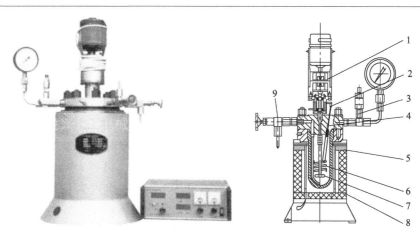

图 3-10　GS 型高压催化氢化装置

1—磁力耦合器；2—测温元件；3—压力表/防爆膜装置；4—釜盖；5—釜体；
6—内冷却盘管；7—推进式搅拌器；8—加热炉装置；9—针形阀

解釜内的反应情况，调节釜内的介质比例，并确保安全运行。安全阀的结构采用薄膜式，当压力超出阀中安全防爆片的承受压力时，安全防爆片破裂，逸出釜内气体。安全防爆片是由 0.1mm 厚的磷铜片制成的，表面覆盖有聚四氟乙烯防护薄层。

高压釜应放置在室内。在装备多台高压釜时，应分开放置。每间操作室均应有直接通向室外或通道的出口，应保证设备放置地点通风良好。氢气钢瓶和高压釜或其他氢化装置不能放置在一个室内，氢气钢瓶应放置在氢气钢瓶储藏室，二者用紫铜管连接。为保证安全，设备的使用压力和温度绝对不许超出规定范围。釜内液体量不得超过容积的二分之一。

在装釜盖时，应防止釜体釜盖之间密封面相互磕碰。将釜盖按固定位置小心地放在釜体上，拧紧主螺母时，必须按对角、对称地分多次逐步拧紧，每次拧紧不宜过大（不得大于 1/8 圈），一般每个螺母须重拧 5 次以上。用力要均匀，避免螺母拧紧不均匀或拧得过紧，那样会严重损伤密封面的螺栓。不允许釜盖向一边倾斜，以达到良好的密封效果。松开釜盖时也应成对角轮流地均匀拧松螺母。正反螺母连接处，只准旋动正反螺母，两圆弧密封面不得相对旋动，所有螺母纹连接件在装配时，应涂润滑油。

加热速度要控制好，温度不宜升得太快。当高压釜的温度与所需温度相距约 20℃ 时，应降低升温速度或停止加热，以免过热。

操作结束后，可自然冷却、通水冷却或置于支架上空冷。待温度降低后，再放出釜内带压气体，使压力降至常压（压力表显示零），再将主螺母对称均等旋松，再卸下主螺母，然后小心地取下釜盖，置于支架上。每次操作完毕，应清除釜体、釜盖上的残留物。主密封口应经常清洗，并保持干净，不允许用硬物或表面粗糙物进行擦拭。

5. 均相催化氢化

均相催化氢化可进行选择性还原，例如，一些在多相氢化中易于被还原的基团如硝基、氰基和偶氮基等在均相氢化中不发生反应，所以在多功能基分子的还原中，可以选择性地保留以上基团，如 ω-硝基苯乙烯，在均相氢化中可以保留硝基还原得到 ω-硝基苯乙烷。

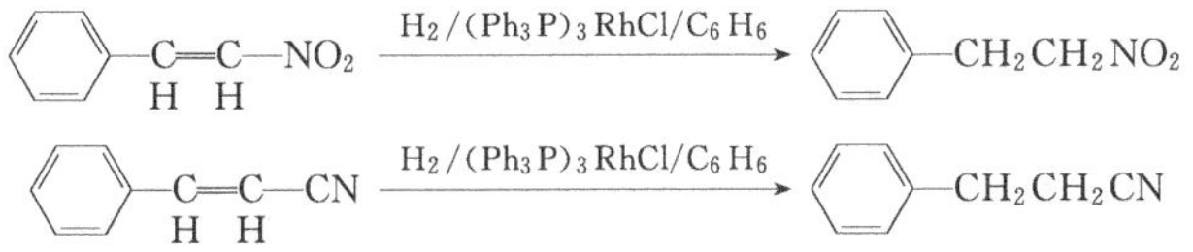

在多相氢化中，如果分子中含有容易氢解的基团，氢化时常伴随发生氢解的反应，但是采用均相催化氢化一般不发生氢解。

将均相催化剂中的配体改用光学活性的磷化合物，则成为可溶性的手性催化剂，具有不对称诱导作用，能进行不对称氢化，得到具光活性的化合物。例如：

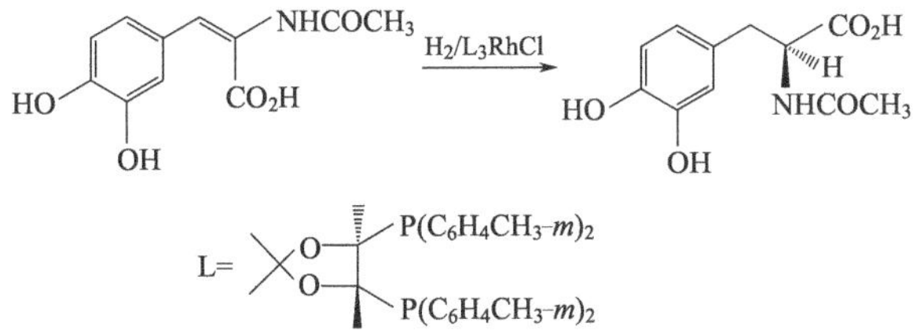

不对称氢化的效果取决于配体的结构，并且配体决定催化剂与底物的作用方向。Noyori 开发的 BINAP（见下图）为配体均相催化剂对丙烯酸类的 C=C 键显示专属性很高的对映体选择性，用于（S）-萘普生和（S）-布洛芬的合成，已实现了工业规模生产。

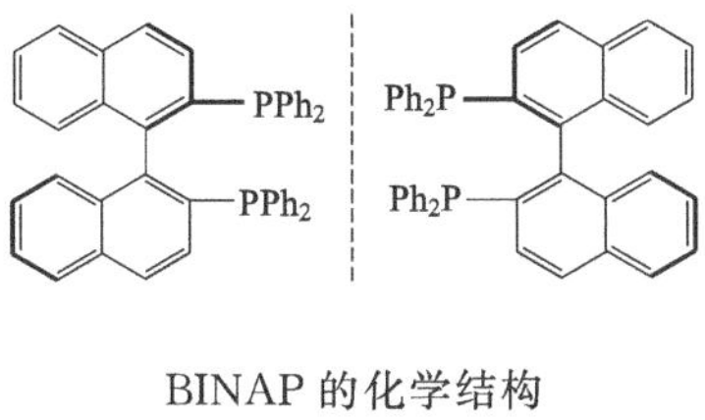

BINAP 的化学结构

3.8　其他合成实验

3.8.1　对硝基苯乙腈（p-Nitrobenzyl Cyanide）的制备

【目的要求】

① 掌握硝化反应的基本原理。

② 掌握混酸的配制方法。

③ 了解邻-硝基苯乙腈、对-硝基苯乙腈异构体性质与分离方法，掌握抽滤、重结晶等实验操作。

【实验原理】

在有机化合物中引入硝基，形成含 C—NO₂ 键的反应称为硝化反应。在芳环或芳杂环上引入硝基，多采用直接硝化法，即芳族化合物与硝酸或混酸等硝化剂作用，发生硝化反应。例如硝酸和硫酸的混合物（简称混酸）生成 NO_2^+（nitronium ion），对芳环做亲电进攻。这一过程受芳环上取代基的影响，并决定生成物的结构。

本实验对硝基苯乙腈的合成就是用混酸作硝化试剂，在苯乙腈的对位硝化而得，反应式如下：

$$\bigcirc\text{—CH}_2\text{CN} \xrightarrow{\text{HNO}_3/\text{H}_2\text{SO}_4} \text{O}_2\text{N—}\bigcirc\text{—CH}_2\text{CN}$$

反应过程中除生成对硝基苯乙腈外，还有少量的邻硝基苯乙腈生成，可以在后处理时除去。

【实验方法】

（1）原料与试剂

苯乙腈	10g(0.085mol)
浓硝酸	27.5mL(0.43mol, *d* 1.42)
浓硫酸	27.5mL(0.19mol, *d* 1.84)

（2）实验步骤

在装有滴液漏斗和搅拌器的 250mL 圆底烧瓶中，放入由 27.5mL 浓硝酸和 27.5mL 浓硫酸所组成的混合物（附注①）。在冰浴中冷至 10℃，再慢慢滴加 10g 苯乙腈（不含醇和水）（附注②），调节加入速度使温度保持在 10℃ 左右，最高不超过 20℃。待苯乙腈全部加完以后（约 1h），移去水浴，将混合物搅拌 1h，然后倒入 120g 碎冰中。这时有糊状物慢慢析出来，其中一半以上是对硝基苯乙腈，其他为邻硝基苯乙腈和油状物，但没有二硝基化合物生成。用抽滤法过滤并压榨产物，尽可能除去其中所含的油状物。然后再把产物溶解在 50mL 沸腾的 95％乙醇中，冷却析出对硝基苯乙腈的结晶。再用 55mL 80％的乙醇（*d* 0.86～0.87）重结晶，得到熔点为 115～116℃ 的产物 7.0～7.5g（理论产率的 50％～54％）。

这种产物在大多数的用途中是适用的，特别是用于制备对硝基苯乙酸时。有时必须除去产物中所含微量的邻位化合物，在这种情形下应当再从 80％乙醇中结晶，这时产物的熔点为 116～117℃。

【附注】

① 混酸配制。用量筒量取 27.5mL 硝酸放在烧杯中，再量取 27.5mL 浓硫酸慢慢加入到硝酸中，搅拌均匀。浓硝酸和浓硫酸有强的腐蚀性和氧化性，量取时须戴塑胶手套，仔细操作避免撒落到衣服和手上，造成伤害。

② 用纯的苯乙腈作原料产率较高，如用工业苯乙腈作为原料，产物量只有 5g 左右。

【思考题】

① 常用的硝化试剂还有哪些？试列举一、二例并说明特点？

② 为何在反应中没有二硝基化合物生成？

【参考文献】

H 盖尔曼，A 勃拉特. 有机合成. 南京大学有机化学教研组译. 北京：科学出版社，1957：319.

3.8.2　对硝基苯乙酸（p-Nitrophenylacetic Acid）的制备

【目的要求】

① 了解氰基水解的反应机理。

② 掌握酸水解制备对硝基苯乙酸的实验方法。

【实验原理】

氰基在酸性或碱性条件下水解首先生成酰胺，再进一步水解可以生成羧酸，反应原理如下：

$$RCHCN + H_2O \xrightarrow{H_2SO_4} RCNH_2 \xrightarrow[H_2SO_4]{H_2O} RCOOH$$

对硝基苯乙酸在酸存在下水解生成对硝基苯乙酸，酸可以用硫酸或盐酸，反应式如下：

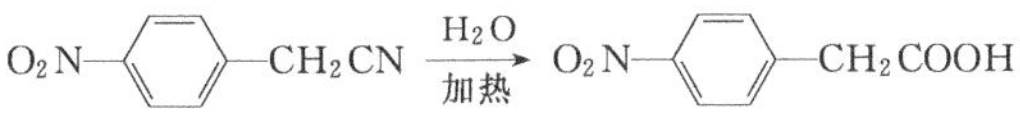

$$O_2N-\!\!\!\!\bigcirc\!\!\!\!-CH_2CN \xrightarrow[\text{加热}]{H_2O} O_2N-\!\!\!\!\bigcirc\!\!\!\!-CH_2COOH$$

【实验方法】

（1）原料与试剂

对硝基苯乙腈	10g（自制，参见"3.8.1"）
浓硫酸	30mL（0.56mol，d 1.84）

（2）实验步骤

在 100mL 圆底烧瓶中放置 10g 对硝基苯乙腈，将 30mL（0.56mol）浓硫酸（d 1.84）和 28mL 水配成溶液，把该溶液的 2/3 倒在硝基苯乙腈上。充分摇动混合物，直到所有的固体都被酸润湿为止。用剩余的酸把粘在容器壁上的固体洗到液体中去（附注①），在烧瓶上装上回流冷凝管，然后加热到沸腾，并继续煮沸 15min（附注②）。

反应混合物的颜色变得相当深，用等体积的冷水将其冲淡，并冷却至 0℃ 或 0℃ 以下。过滤溶液，所得沉淀用冰水洗涤数次，然后将其溶解在 160mL 沸水中，趁热过滤，最好使用热滤漏斗（附注③）。放置冷却，抽滤，干燥得对硝基苯乙酸淡黄色长针状结晶，熔点为 151～152℃。产量为 10.3～10.6g（理论产量的 92%～95%）。

【附注】

① 如果不冲洗干净，这部分原料就不能被水解。

② 如果用电热套加热，注意加热温度不能过高。过热的地方容易使产物分解。

③ 过滤的速度如果慢，产物就会在滤纸上析出，也可以把这部分收集起来，重新用热水溶解合并。

【思考题】

氰基在酸性条件下水解，除生成羧酸外，还有什么副产物生成？

【参考文献】

H 盖尔曼，A 勃拉特. 有机合成. 南京大学有机化学教研组译. 北京：科学出版社，1957：327.

3.8.3 β-甲基呋喃丙烯酸乙酯 [Ethyl 3-(furan-2-yl)but-2-enoate] 的制备

【目的要求】

① 了解 Wittig-Horner 反应的原理。

② 掌握制备亚磷酸二乙酯的实验方法。

③ 熟悉并掌握简单的 Wittig-Horner 试剂制备方法。

【实验原理】

德国化学家 G Wittig 发明了用三苯基膦与卤化物反应，生成季磷盐，然后用强碱脱去卤化氢，使它变成一种负碳离子，这个负碳离子的负电荷被相邻的磷原子上空的 d 轨道所稳定。这种负碳离子称为 Ylide，也称为 Wittig 试剂，是一种亲核试剂，可以进攻醛酮的羰基碳，然后消除去三苯基氧膦生成烯烃。

Horner 改进了这一反应，用膦酸酯 [如 $(RO)_2\overset{\overset{O}{\|}}{P}CH_2COOR$ ，$R=CH_3$，$C_2H_5^-$] 和羰基化合物醛、酮反应，合成具有碳碳双键的化合物，这就是 Wittig-Horner 反应。膦酸酯则称为 Wittig-Horner 试剂。此反应的特点是在碱性试剂存在下，于温和的反应条件下进行，产率一般较好，而且形成双键的位置固定。常用的碱性试剂有醇钠、氨基钠、氢化钠和钠等，此反应可以成功地用于萜类、甾体等多种天然产物的合成。

本实验以膦羧基乙酸三乙酯（Wittig-Horner 试剂）和 α-呋喃乙酮为原料，在金属钠存在下，30～33℃进行反应制备 3-甲基呋喃丙烯酸乙酯（顺、反混合物）。反应式如下：

$$(C_2H_5O)_2\overset{\overset{O}{\|}}{P}CH_2COOC_2H_5 + \underset{O}{\bigcirc}{-}COCH_3 \xrightarrow[30\sim33℃]{Na,甲苯} \underset{O}{\bigcirc}{-}\underset{CH_3}{\overset{|}{C}}{=}CHCOOC_2H_5 + (C_2H_5O)_2\overset{\overset{O}{\|}}{P}O^-Na^+$$

【实验方法】

(1) 亚磷酸二乙酯的制备

① 反应式

$$PCl_3 + 3CH_3CH_2OH \longrightarrow P\begin{matrix} -OCH_2CH_3 \\ -OCH_2CH_3 \\ -OCH_2CH_3 \end{matrix} \xrightarrow{HCl} (CH_3CH_2O)_2POH + CH_3CH_2Cl$$

② 原料与试剂

绝对乙醇	52g(66mL, 1.13mol)
三氯化磷	51.5g(0.37mol)
四氯化碳	100mL

③ 实验步骤

在装有冷凝管、搅拌器、恒压滴液漏斗和温度计的 500mL 四颈瓶中，放入 52g(66mL, 1.13mol) 绝对乙醇（附注①）和 56mL 四氯化碳，在搅拌下，慢慢从滴液漏斗加入 51.5g (0.37mol) 三氯化磷溶解在 44mL 四氯化碳中的溶液。虽然放热，但外部不需要冷却，滴加完毕后，混合物在 82～84℃回流 0.5h，然后通入空气除去氯化氢和低沸点液体，蒸馏（附注②），主要馏分沸点 94～96℃/33mmHg，产率 93％。

（2）膦羧基乙酸三乙酯（Wittig-Horner 试剂）的制备

① 反应式

$$(CH_3CH_2O)_2POH + Na \longrightarrow (C_2H_5O)\overset{\displaystyle O}{\underset{}{P}}\text{—}Na + 1/2H_2 \uparrow$$

$$(C_2H_5O)\overset{\displaystyle O}{\underset{}{P}}\text{—}Na + ClCH_2COOC_2H_5 \longrightarrow (C_2H_5O)_2\overset{\displaystyle O}{\underset{}{P}}\text{—}CH_2COOC_2H_5$$

② 原料与试剂

亚磷酸二乙酯	27.6g(0.2mol)
金属钠	4.6g(0.2mol)
氯乙酸乙酯	30g(0.24mol)
二甲苯	100mL

③ 实验步骤

在装有冷凝器、搅拌器、恒压滴液漏斗和温度计的 250mL 四颈瓶中，放入 100mL 二甲苯，在搅拌下将 4.6g (0.2mol) 切成小块的金属钠加入（附注③）。从滴液漏斗逐滴加入 27.6g(0.2mol) 亚磷酸二乙酯，当反应完毕后，再逐滴加入 30g(0.24mol) 氯乙酸乙酯。加完后，将此混合物回流并搅拌 2～3h。以保证比较少的可溶的亚磷酸二乙酯钠反应完全，放置过夜（有大量氯化钠悬浮在其中）。过滤除去氯化钠，得到的澄清溶液在减压下先蒸去二甲苯（附注④），再减压蒸馏收集馏分沸点 140～143℃/10mmHg 的馏分，得到膦羧基乙酸三乙酯，产率 58％。

（3）β-甲基呋喃丙烯酸酯的制备

① 原料与试剂

Wittig-Horner 试剂	11.5g(0.05mol)
金属钠	1.2g(0.052mol)
α-呋喃乙酮	5.0g(0.045mol)
甲苯	360mL

② 实验步骤

在装有冷凝器、搅拌器、恒压滴液漏斗和温度计的 250mL 四颈瓶中，放入

40mL 甲苯，在搅拌下将 1.2g(0.052mol) 切成小块的金属钠加入（附注③）。将此澄清溶液加入 11.5g(0.05mol) Wittig-Horner 试剂，温度升到 40℃。将此澄清溶液冷却到 20℃，加入 5.0g(0.045mol)α-呋喃乙酮（附注④）在 20mL 甲苯中的溶液，将此混合物在 30~33℃ 搅拌 3h，冷却到 20℃，倾倒在冰上，用甲苯提取 3 次，每次 100mL，提取液经过无水硫酸钠干燥，在减压下先蒸去甲苯（附注⑤），再减压蒸馏收集馏分沸点 80~86℃/1mmHg，得到产品，产率 67%(Z:E=0.6:1)。

【附注】

① 绝对乙醇的制备。在圆底烧瓶中放置 1L 无水乙醇（99.5%）加 7g 清洁的钠，当钠已反应完后加入 27.5g 纯邻苯二甲酸二乙酯，回流 2h。蒸馏，将最初 25mL 乙醇弃去，所得乙醇含水量可以低于 0.01%（保存时严防吸潮）。

② 用水泵减压蒸馏除去低沸点液体同时氯化氢也将除去，此时氯化氢已经很少了。亚磷酸二乙酯可用水泵减压蒸馏。

③ 二甲苯或甲苯均需绝对无水，否则会与金属钠有反应。在反应过程中防止潮气，仪器上需装氯化钙干燥管。

④ α-呋喃乙酮的制备。在搅拌下将 5g 85% 磷酸慢慢加到 30℃ 的 102g（1mol）乙酐和 34g（0.5mol）呋喃的混合物中，反应过程的温度维持在 35~60℃。加入磷酸后，使反应混合物在 35~60℃ 加热搅拌 1h。将混合物冷却到 20℃ 以下，加入 200mL 水，水蒸气蒸馏，蒸馏液用固体氢氧化钾中和使呈碱性，用乙醚提取。提取液经过无水硫酸钠干燥，蒸去乙醚后，减压蒸馏得到 α-呋喃乙酮，沸点为 45~50℃/15mmHg，或 67℃/10mmHg，熔点为 30~32℃，产率 62%。

⑤ 用水泵减压蒸馏先蒸去二甲苯或甲苯，然后再用油泵减压蒸馏得到所需产品。

【思考题】

① 试比较用 Grignard 试剂与醛酮作用后的产物脱水生成烯烃与用 Wittig-Horner 反应制备烯烃的优缺点？

② 试给出下面反应的产物及构型？

【参考文献】

[1] Boutagy J, Thomos R. Chem Rev, 1974, 74: 87.

[2] Wadsworth W S. Org Reaction, 1977, 25: 73.

[3] Conbie H M C, et al. J Chem Soc, 1945: 380.

[4] Kosolapoff G M. J Am Chem Soc, 1946, 68: 1103.

[5] Cornayova M, et al. Collect Czech Chem Common, 1976, 41: 764.

[6] Hartough H D, Iosak A I. J Am Chem Soc, 1947, 69: 3093.

[7] Gilman H, Calloway N O. J Am Chem Soc, 1933, 55: 4197.

阅读材料：　硝化反应与硝化剂

1. 硝化反应

硝化反应是指有机化合物分子中的氢原子被硝基取代的反应。

硝化反应是发现最早和使用广泛的有机单元反应之一，早在 1834 年，就有人用硝化的方法将苯硝化成硝基苯，不久，在 1842 年，有人发现了将硝基苯还原成苯胺的方法，由此，硝化反应成为有机合成中的一类重要反应，其理论研究与应用得到迅速的发展。

1856 年，英国化学家 Perkin（珀金）以苯胺为原料合成喹啉未果，意外地制造出第一个合成染料——苯胺紫（mauveine），导致了有机化学合成工业的快速发展。

1873 年，苦味酸被合成并获得应用，加深了人们对硝化反应应用意义的认识。

20 世纪初，Euler 提出了硝酰阳离子 NO_2^+ 为有效硝化剂的见解，开创了硝化理论研究的先河，为硝化理论研究指出了正确的方向和奠定了基础。

第二次世界大战后，Ingold 对芳烃亲电硝化规律与应用做了系统的研究，发表了一系列文章，充实和发展了硝化理论。与此同时，苏联有机化学家 Титов（季托夫）进行了混酸硝化的基础研究，丰富了硝化理论。

20 世纪 70 年代以后，参与研究硝化反应的理论和实际应用问题的化学家迅速增多，呈现百花齐放之势，对硝化过程提出多种机理、见解和方法，诸如：芳烃亲电硝化的单电子转移机理、碰撞对理论、自位硝化理论、两相硝化反应以及绿色硝化理论等。

2. 硝化产物的分类与用途

在有机化合物中引入硝基所形成的硝化产物可分为 3 类，即硝基与分子中碳原子相连的硝基化合物（或称 C-硝基化合物）、硝基与氧原子相连的硝酸酯（或称 O-硝基化合物），以及硝基与氮原子相连的硝胺（或称 N-硝基化合物）。

人们在有机分子中引入硝基的目的很多，硝基化合物主要用于以下方面。①制备猛炸药与火药等含能材料；②经还原用于制备氨基化合物，这在制备药物及其中间体时常用到；③制备染料，基于硝基的极性，加深染料的颜色；④制备农药，利用硝基增加毒性；⑤利用硝基的强吸电性，促进硝基芳烃的亲核取代反应，或使硝基 α-位碳上氢原子活化，发生相关反应，这是药物合成中常用到的一种策略；⑥用于制备极性溶剂，如硝基甲烷等；⑦用于药物制备。

3. 硝基在药物中的作用

硝基为强吸电子性基团，并且也是氢键接受体，药物分子中引入硝基后，物理化学性质的变化主要有水溶解度下降、脂溶性增加、pk_a 降低以及偶极矩增加等。

硝基在生理作用与药理、药效方面的作用主要体现在以下方面。

① 含硝基药物在体内存留时间比相应的无硝基化合物长，因而治疗和毒性作用较长。

② 有人认为硝基有亲微生物、寄生虫作用，临床上使用的硝基芳香烃化合物，如氯霉素、呋喃妥因等具有抗微生物效用。在许多抗寄生虫药物中硝基成为必需的基团，如呋喃丙胺和甲硝唑等。近年来，药物化学家发现，硝基咪唑在抗肿瘤方面是有效的结构组分，正吸引着许多研究组对其进行深入研究。

③ 作用于中枢神经系统的苯二氮䓬受体（BZR）的硝基苯二氮䓬类药物中，如硝西泮、氯硝西泮等，具有广谱抗癫痫和抗惊厥等作用。

④ 二氢吡啶类钙拮抗剂如硝苯地平和尼莫地平等都含有芳香硝基，它们是治疗心血管疾病的药物。另外，对于碳链的硝酸酯类化合物，在19世纪末，人们就知道甘油三硝酸酯扩张血管，可治疗心绞痛等疾病，这是基于硝酸酯在体内可释放出气体小分子NO，可舒张血管平滑肌细胞。

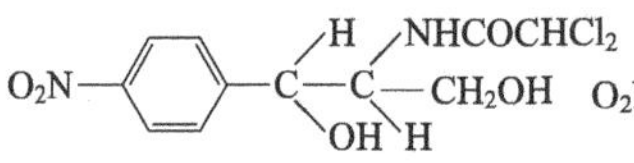

氯霉素 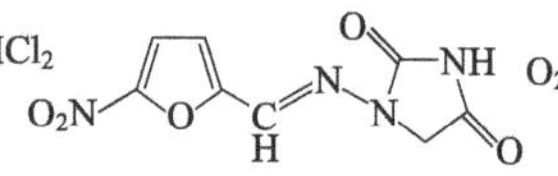　　　　　　　　　呋喃妥因 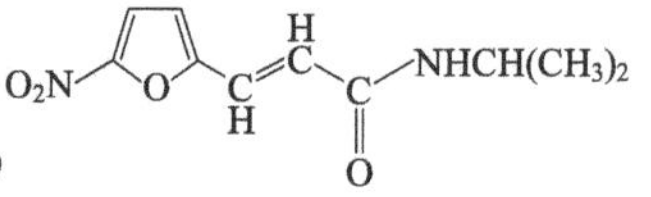　　　　　　　呋喃丙胺

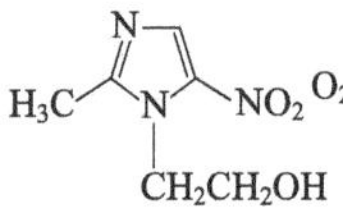

甲硝唑 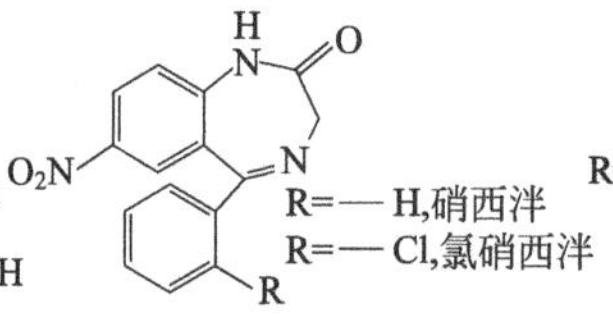 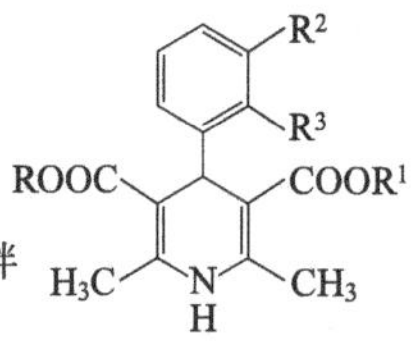　　　　R=——H,硝西泮　　R=R¹=——CH₃,R²=——NO₂,R³=——H,硝苯地平
　　　　　　　R=——Cl,氯硝西泮

⑤ 由于硝基易被还原成氨基，在药物上这一特点也常被用到，如下图中的氮芥类抗肿瘤前药化合物，因氮芥基的对位氨基被酰化而烷化活性很弱，本身无细胞毒作用，但进入肿瘤细胞后，利用实体瘤的缺氧状态，使分子中硝基还原成氨基，随后向酰基做分子内亲核取代，释放出活性氮芥，而发挥抗肿瘤作用。其活化过程见下图。

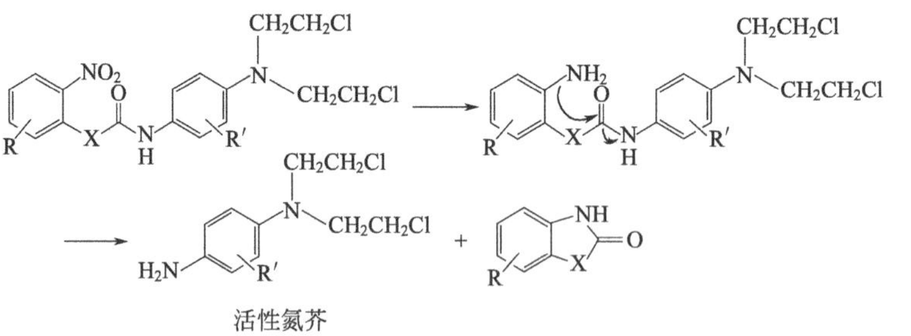

活性氮芥

另外，硝基在体内可被酶促还原，引起次级的生物作用，或发生更复杂的生物转化。

由上可见，硝化反应在药物合成中为常用的反应。

4. 硝化剂

由于被硝化物结构与性质的多样性，迫使人们发展出多样的硝化剂，以适应多种硝基化合物的合成。硝化剂类型较多，其中有单一的化合物，也常用混合硝化剂。常用的硝化剂有如下几种。

(1) 稀硝酸 一般用于含有强的供电定位基的芳香族化合物的硝化，硝酸约过量 $10\% \sim 65\%$，由于稀硝酸具有较强的氧化性，硝化中要小心控制温度，芳环上的氨基等要事先加以保护。

(2) 发烟硝酸（98% 以上，相对密度 1.50 以上） 用于苯环上有一个吸电基团（如硝基等）以及氮杂芳香化合物的硝化，发烟硝酸可离解出硝酰阳离子 NO_2^+：

$$HNO_3 \rightleftharpoons NO_3^- + H^+$$
$$H^+ + HNO_3 \rightleftharpoons NO_2^+ + H_2O$$
$$\overline{2HNO_3 \rightleftharpoons NO_2^+ + NO_3^- + H_2O}$$

由上式可见，需两分子硝酸才能产生一分子可发生硝化反应的硝酰阳离子 NO_2^+，因而用发烟硝酸作硝化剂时，需过量很多倍，过量的硝酸必须设法利用或回收，这使发烟硝酸作硝化剂的实际应用受到限制。同时在硝化中水分不断产生，会强烈影响硝化能力，当反应体系中水的含量达到 5% 时，硝酰阳离子 NO_2^+ 几乎不产生，而伴有的氧化副反应却十分激烈，要严格控制反应温度。

(3) 硝硫混酸 这是发烟硝酸与浓硫酸（或发烟硫酸）的混合物，是目前最常用的硝化剂，在浓硫酸作用下，一分子硝酸可产生一分子硝酰阳离子 NO_2^+，硝酸用量可达被硝化物的一倍量多一点：

$$HNO_3 + H_2SO_4 \rightleftharpoons H_2ONO_2^+ + HSO_4^-$$
$$H_2ONO_2^+ \rightleftharpoons NO_2^+ + H_2O$$
$$H_2O + H_2SO_4 \rightleftharpoons H_3O^+ + HSO_4^-$$
$$\overline{HNO_3 + 2H_2SO_4 \rightleftharpoons NO_2^+ + H_3O^+ + 2HSO_4^-}$$

硝硫混酸作硝化剂的优点较多，包括：硝酸用量大大减少，而硝化能力很强，其原因在于浓硫酸可吸收水分，硝酸不被稀释；硫酸热容量大，反应温度不易升高，同时硫酸消耗硝酸和反应产生的氧化氮，减少了氧化反应；硝硫混酸比例可做较大变化，可根据被反应物结构和产物要求进行调整，很适用于较难硝化的原料的硝化。

该硝化剂缺点也十分明显，包括硫酸用量较大以及产生大量废酸，为此，很多情况下，人们用硝酸盐代替硝酸，与硫酸作用作混酸，硝化效果较好，并存在以下优点：不需要用难于运输与贮存的液态浓硝酸，减少危险发生；减少废酸量；浓硝酸再纯都含有少量氧化氮，易发生氧化反应，而硝酸盐不存在此问题；硝酸盐加料方便，几乎无硝酸雾气产生，改善了实验与生产条件。

(4) 有机溶剂中硝化 这种方法的优点是采用不同的溶剂、常常可以改变所得到的硝基异构产物的比例、避免使用大量硫酸作溶剂，以及使用接近理论量的硝酸。常用的有机溶剂有乙酸-乙酸酐、乙酸酐、二氯乙烷等，溶剂便于回收处理，但由于溶剂价格大大高于硫酸，所以应用上受到规模的限制，但因溶剂便于回收处理，有利于环境保护，仍有较多的应用。

（5）其他硝化剂　这些硝化剂并不很多，如氟硼酰硝酰（NO_2BF_4）是由95％以上发烟硝酸与无水 HF 反应后，在硝基甲烷中冰浴下通入 BF_3 而制得的：

$$HNO_3 + HF + 2BF_3 \xrightarrow{CH_3NO_2} NO_2BF_4 + BF_3 \cdot H_2O$$

氟硼酰硝酰是一种极强的硝化剂，可用于不易硝化的芳烃硝化，用特殊的高真空系统以及含氟原料价高有毒，限制了其应用。

另一种不常用的硝化剂也含氟，即三氟甲基磺酸硝酰（$^+NO_2CF_3SO_3^-$），可按下式制备：

$$HNO_3 + 2CF_3SO_3H \xrightarrow{CH_2Cl_2} {}^+NO_2CF_3SO_3^- + H_3O^+CF_3SO_3^-$$

制备后立即使用，进行硝化反应，该硝化剂为芳烃邻位硝化剂。

此外，要获得硝基化合物还可用间接硝化的方法，如卤素置换法，常用硝酸盐与卤代烃反应，可得硝基化合物。又如磺酸置换法，首先对苯环进行磺化，再用混酸硝化，即在磺酸处置换。另外，还有氧化法，即对氨基、肟或亚硝基的氧化，生成硝基化合物。

以上硝化剂与间接硝化法可根据被硝化物的结构条件和硝化产物的要求来选择。

参考文献

［1］　Feuer H．Organic Nitro Chemistry Series．New York，Weinheim：Wiley-VCH，2001：3-29.

［2］　吕春绪．硝酰阳离子理论．北京：兵器工业出版社，2006：44-101.

［3］　孙昌俊，曹晓冉，王秀菊．药物合成反应——理论与实践．北京：化学工业出版社，2007：133-141.

［4］　李仁利．药物构效关系．北京：中国医药科技出版社，2004：144-145.

［5］　郭宗儒．药物分子设计．北京：科学出版社，2005：194.

［6］　孙荣康，任特生，高怀琳．猛炸药的化学与工艺学（上册）．北京：国防工业出版社，1981：5-59.

3.9　综合实验

3.9.1　香豆素-3-羧酸（Coumarin-3-carboxylic Acid）的制备

【目的要求】

① 了解 Knoevenagel 反应的原理。

② 掌握合成香豆素环的实验方法。

③ 掌握缩合、环合和水解酸化等基本操作方法。

【实验原理】

香豆素为苯并-α-吡喃酮类化合物，广泛存在于自然界中。合成香豆素和取代香豆素的方法，归纳起来主要有两类。

一类反应是从酚制备，如用间苯二酚和氰乙酸乙酯可以合成 4,7-二羟基香豆素。

另一类反应是以水杨醛或其衍生物为原料，先在碱性条件下进行缩合反应，如 Perkin 反应或 Knoevenagel 反应，生成邻羟基肉桂酸，再在酸性条件下闭环成香豆素。

本实验合成香豆素-3-羧酸则是用水杨醛和丙二酸二乙酯在哌啶催化下，经过 Knoevenagel 缩合、闭环生成香豆素-3-羧酸乙酯，然后再经过碱水解和酸化而得。反应式如下：

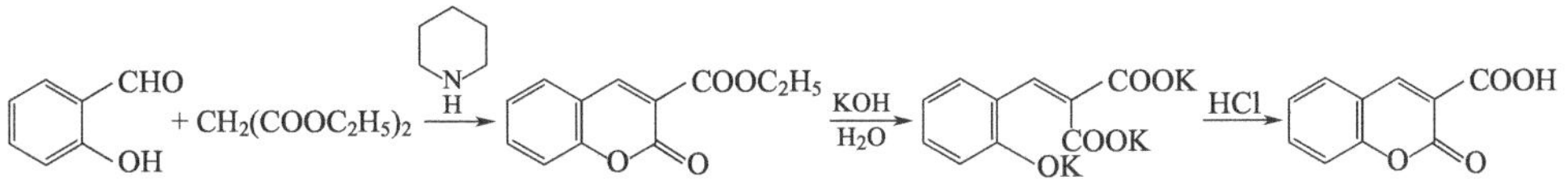

【实验方法】

（1）香豆素-3-羧酸乙酯的合成

① 原料与试剂

水杨醛	5.0g（0.041mol）
丙二酸二乙酯	7.2g（0.045mol）
哌啶	0.5mL
无水乙醇	25mL
冰乙酸	适量

② 实验步骤

在 100mL 干燥的圆底烧瓶中放置 5.0g（0.041mol）水杨醛、7.2g（0.045mol）丙二酸二乙酯和 25mL 无水乙醇，再用滴管滴入约 0.5mL 哌啶和两滴冰乙酸，加入几粒沸石，装上球形冷凝管，冷凝管上装一个氯化钙干燥管。加热回流 2h。稍放冷后，卸去干燥管，从冷凝管顶端加入 20mL 冷水，除去冷凝管，将反应瓶置于冰浴中冷却，使结晶完全析出。抽滤，所得固体用冰冷过的 50％乙醇洗涤 2～3 次，每次约 1mL（附注①）。干燥后得到白色晶体 6.5g，收率 73％，熔点为 92～93℃（附注②）。

（2）香豆素-3-羧酸

① 原料与试剂

香豆素-3-羧酸乙酯（自制）	4.0g（0.018mol）
氢氧化钾	4.0g（0.071mol）
95％乙醇	20mL
浓盐酸	10mL

② 实验步骤

在 100mL 的圆底烧瓶中加入 4.0g(0.071mol) 氢氧化钾、10mL 水、20mL 95％乙醇和 4.0g(0.018mol) 香豆素-3-羧酸乙酯，装上球形冷凝管，用水浴加热至酯溶解，再加热至微沸 15min，停止加热，将反应瓶置于温水浴上。用滴管吸取该温热的反应液，逐滴滴入到盛有 10mL 浓盐酸和 50mL 水的 250mL 锥形瓶中，边滴加边慢慢摇动锥形瓶。加完后，将锥形瓶置于冰水浴中冷却，使结晶析出完全。抽滤，固体用少量冰水洗涤，干燥，得到 3.3g 产物，收率 95％，溶点为 188～189℃。纯粹的香豆素-3-羧酸的熔点为 190℃(分解)。

【附注】

① 50％乙醇可以洗去粗产物中的黄色杂质。

② 粗产物已足够纯，要进一步提纯可用乙醇-水混合溶剂重结晶。

【思考题】

① 为了使 Knoevenagel 反应能够完全，实验还可以采用哪些方法？

② Knoevenagel 反应常用催化剂有哪些？

③ 试写出用 Perkin 反应自水杨醛制备香豆素的反应过程？

【参考文献】

［1］ Maryadele J O. The Merck Index. 13th ed. Rahway(New Jersey)：Merck & Co Inc, 2001：2589.

［2］ Horning E C, Horning M G, Dimmig D A. Org Synth, Coll Vol 3, 1955：165.

［3］ Rouessac F. Synth Commun, 1993, 23：1147.

3.9.2 盐酸普萘洛尔(Propranolol Hydrochloride) 的制备

【目的要求】

① 通过实验，了解 β-阻断剂的基本化学结构。

② 掌握醚化和氨化反应的基本原理和实验方法。

③ 掌握搅拌、回流、重结晶和减压蒸馏等基本实验操作。

【实验原理】

盐酸普萘洛尔(Propranolol Hydrochloride) 的化学名称为 1-异丙胺基-3-(1-萘氧基)-2-丙醇盐酸盐。本品为白色结晶性粉末，无臭，味微甜而后苦，遇光易变质，熔点为 161～165℃，溶于水、乙醇，微溶于氯仿。

普萘洛尔为 β-受体阻断剂，临床用于治疗心律失常、心绞痛和高血压等疾病。

普萘洛尔的制备以 α-萘酚、环氧氯丙烷和异丙胺为主要原料，经醚化、消除、氨化和成盐等反应制得。合成路线如下：

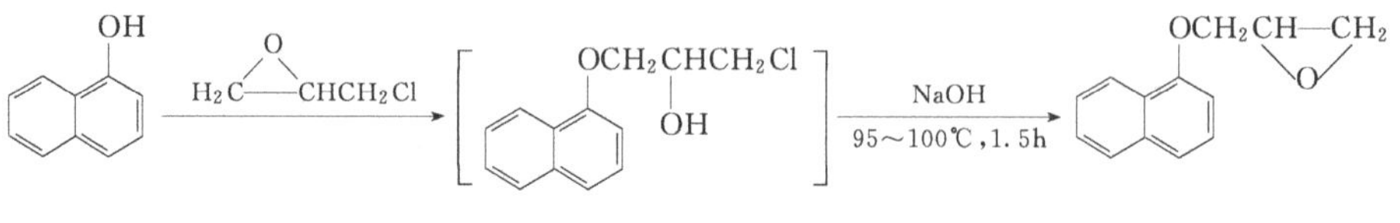

【实验方法】

（1）原料与试剂

α-萘酚	12.5g（0.087mol）
环氧氯丙烷	19.4g（0.209mol）
异丙胺	12g（0.203mol）
二甲苯	12mL
50％氢氧化钠	4.8g
丙酮	约20mL
浓盐酸	适量

（2）实验步骤（附注①）

在装有机械搅拌、回流冷凝管和滴液漏斗的 150mL 的反应瓶中，加入 12.5g（0.087mol）α-萘酚、19.4g（0.209mol）环氧氯丙烷，搅拌，升温至 80℃，滴加 5mL 50％氢氧化钠溶液由 4.8g NaOH 和 4.8mL 水配制而成，滴加温度控制在 110℃以下。加完后再在 95～105℃保温反应 1.5h。放冷至 50～60℃，加入约 18mL 去离子水溶解生成的盐，再用稀盐酸调节至 pH 7，静置，用分液漏斗分去水层，油层用去离子水洗涤一次。有机层减压回收环氧氯丙烷（附注②）。

降温到 30℃，加入 12g（0.203mol）异丙胺，回流反应 8h（附注③）。常压蒸出过量的异丙胺，加入 12mL 二甲苯，慢慢进行搅拌、冷却、结晶、抽滤。滤饼用少量二甲苯洗涤，抽干得到普萘洛尔。

将普萘洛尔和约 20mL 丙酮混合，加热溶解。加适量活性炭脱色，趁热过滤。滤液用浓盐酸调节 pH 2.5～3。冷却、结晶、抽滤。滤饼用少量水洗涤，再用少量丙酮洗涤，干燥得盐酸普萘洛尔。

【附注】

① 全部实验可以分成 3 次完成。

② 环氧氯丙烷的沸点为 115～118℃。搭蒸馏装置，可以用水泵减压蒸馏。

③ 内温控制在 50～60℃，过高会发生聚合反应，收率下降。

【思考题】

① 本实验的醚化反应条件与一般醚化反应有什么不同？为什么？

② 减压蒸馏操作需注意哪些问题？

③ 简要解析盐酸普萘洛尔红外光谱图（图 3-11）中主要吸收峰的归属？

【参考文献】

［1］ Crowther A F, Smith L H. J Med Chem, 1968, 11(5)：1009.

［2］ 赵军, 徐如玉. 中国医药工业杂志, 1997, 28(8)：339.

[3] Artin M, et al. Eur J Med Chem, 1974, 9: 563.

附：盐酸普萘洛尔的红外光谱图（图 3-11）

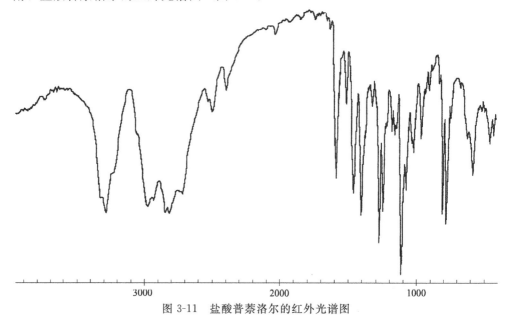

图 3-11   盐酸普萘洛尔的红外光谱图

3.9.3 硝苯地平（Nifedipine）的制备

【目的要求】

① 了解二氢吡啶类钙拮抗剂的基本化学结构。

② 掌握 Hantzsch 反应的原理及其在药物合成中的应用。

③ 掌握合成二氢吡啶环的实验方法。

④ 掌握回流、抽滤和重结晶等基本实验操作。

【实验原理】

硝苯地平(Nifedipine) 的化学名称为 2,6-二甲基-4-(2-硝基苯基)-1,4-二氢-3,5-吡啶二甲酸二甲酯。本品为黄色无臭无味的结晶性粉末，熔点为 172～174℃，无吸湿性，极易溶于丙酮和氯仿，溶于乙酸乙酯，微溶于甲醇、乙醇，几乎不溶于水。

硝苯地平为长效冠脉扩张药物，临床用于治疗急慢性冠脉功能不全、心绞痛和心肌梗死等疾病。

硝苯地平的制备，以邻硝基苯甲醛为原料和二分子乙酰乙酸甲酯及过量的氨水在甲醇中回流即可，本反应也称为 Hantzsch 反应。成品用甲醇或乙醇重结晶精制，合成路线如下：

【实验方法】

(1) 原料与试剂

邻硝基苯甲醛	15.1g(0.1mol)
乙酰乙酸甲酯	26.1g(0.23mol)
25％氨水	12mL
甲醇	30mL＋120mL

(2) 实验步骤

在装有机械搅拌和回流冷凝管的 150mL 三颈瓶中，加入 15.1g(0.1mol) 邻硝基苯甲醛、30mL 甲醇、26.1g(0.23mol) 乙酰乙酸甲酯和 2/3 量的氨水（附注①），缓缓加热回流 1h(附注②)，再加入余下的氨水，继续回流 4h。冰浴冷却结晶，抽滤，滤饼用少量甲醇洗涤，抽干，烘干得硝苯地平粗品。

将所得粗品放入锥形瓶中（附注③），加入 7.5 倍量的甲醇，水浴加热升温至 60℃热溶 1h。趁热过滤，滤液静置，冷却，结晶，抽滤，少量甲醇洗涤，抽干，干燥得硝苯地平。

【附注】

① 氨水刺激性较大、有毒，量取时注意通风。

② 用水浴或电热套加热，但是要注意电热套温度不能太高。

③ 最好加一冷凝管，防止甲醇蒸气逸出。

【思考题】

① 二氢吡啶环的合成除本实验方法外，还有什么路线？

② 为何氨水要分成两次加入？一次全部加入有什么不好？

③ 反应溶剂能否用乙醇代替甲醇？为什么？

【参考文献】

[1] Iwanami M，et al. Chem Pharm Bull，1979，27(6)：1426.

[2] 李绮云，胡春. 辽宁化工，1995，(3)：25.

[3] 匡华. 江苏技术师范学院学报，2004，10(2)：66.

3.9.4 曲尼司特（Tranilast）的制备

【目的要求】

① 熟悉烃化、Knoevenagel 缩合、酰卤化及酰胺化反应的方法和原理。

② 掌握药物合成中的无水实验操作方法。

③ 完成曲尼司特的制备。

【实验原理】

曲尼司特（Tranilast）又名利喘贝，化学名为 2-[[(3-(3,4-Dimethoxyphenyl)-1-oxo-2-propenyl)amino]benzoic acid]。本品为抗变态反应药物。用于预防或治疗支气管哮喘和过敏性鼻炎。本品具有口服胃肠易吸收、不良反应小等特点。

曲尼司特的制备以香兰醛为起始原料，经酚羟基上甲基化、Knoevenagel 反应得到 3,4-二甲氧基肉桂酸、用二氯亚砜酰氯化、再与邻氨基苯甲酸缩合得到曲尼司特。

合成路线如下：

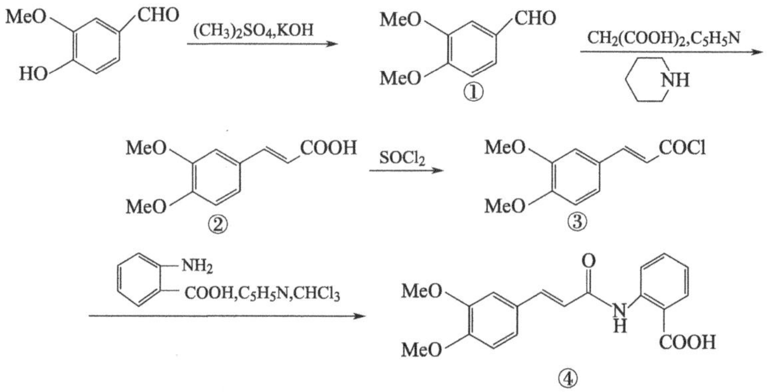

① 3,4-二甲氧基苯甲醛的制备；
② 3,4-二甲氧基肉桂酸的制备；
③ 3,4-二甲氧基肉桂酰氯的制备；
④ 曲尼司特的合成。

【实验方法】

(1) 3,4-二甲氧基苯甲醛的制备

① 原料与试剂

香兰醛	10g(0.06mol)
硫酸二甲酯	8mL(0.085mol)
40％氢氧化钾溶液	8mL

② 实验步骤

在 150mL 的四颈反应瓶中，加入 10g(0.06mol) 香兰醛（3-甲氧基-4-羟基苯甲醛），水浴加热熔融，搅拌下同时滴加 8mL(0.085mol) 硫酸二甲酯（附注①）和 8mL 40％氢氧化钾溶液，加完后继续保温搅拌反应 10min，冷却，过滤，水洗至中性，干燥得产品 10.5g，熔点为 42～43℃。用 TLC 方法控制产物纯度（附注②）。

本次实验约需 2h。

(2) 3,4-二甲氧基肉桂酸的制备（附注③）

① 原料与试剂

3,4-二甲氧基苯甲醛	上步制得
丙二酸	12.6g(0.12mol)
吡啶	50mL
哌啶	1mL
浓盐酸	50mL

② 实验步骤

在 150mL 干燥的三颈瓶中，加入上步产物、12.6g(0.12mol) 丙二酸、50mL 吡啶（附注④）及 1mL 哌啶，加热搅拌回流反应 2h。反应完，冷却，将反应液倒入 50mL 浓盐酸和 60g 碎冰的混合物中，析出白色固体，抽滤，得粗品。用 40% 乙醇重结晶，得白色针状结晶 12g，熔点为 181～183℃。

本次实验约需 4h。

(3) 3,4-二甲氧基肉桂酰氯的制备

① 原料与试剂

3,4-二甲氧基肉桂酸	5g(0.025mol)（上步产品）
氯化亚砜	3mL
三氯甲烷	20mL

② 实验步骤

在 50mL 干燥的三颈瓶（装有带氯化钙干燥管的回流冷凝管）中，加入 5g (0.025mol) 上步产品和 3mL 氯化亚砜（附注⑤），磁力搅拌，加热回流反应 40min，减压回收过量的氯化亚砜，冷却，加入 20mL 干燥的三氯甲烷，作为反应液用于下步反应。

本次实验约需 3h。

(4) 曲尼司特的合成

① 原料与试剂

邻氨基苯甲酸	4.3g(0.03mol)
吡啶	15mL
三氯甲烷	40mL

② 实验步骤

在干燥的 150mL 反应瓶中，加入 4.3g(0.03mol) 邻氨基苯甲酸、15mL 吡啶和 40mL 三氯甲烷，搅拌溶解后，通过恒压滴液漏斗滴加上步的三氯甲烷反应液，滴毕，加热搅拌回流反应 2h，减压回收溶剂，残留物冷却后倒入水中，析出黄色固体，抽滤，干燥得粗品。用乙醇重结晶，得到淡黄色结晶精品 3.8g，熔点为 210～213℃。

本次实验约需 4h。

(5) 曲尼司特的鉴定

① TLC 法。硅胶薄层板，展开剂为乙酸乙酯-氯仿（1∶1），正向展开，紫外灯下显蓝色荧光斑点，$R_f=0.8$。

② IR 法。ν_{max}(KBr):1695cm^{-1}(O＝C—Ar)，1655cm^{-1}(O＝C—NH—)。

【附注】

① 硫酸二甲酯毒性较大，使用时注意安全。

② TLC 检测条件。硅胶薄层板，展开剂为异丙醇-氯仿-氨水（40∶10∶20），3,4-二甲氧基苯甲醛的 $R_f=0.54$，香兰醛的 $R_f=0.40$。

③ Knoevenagel 反应为缩合脱水过程，注意仪器试剂需要事先干燥，如有可能的话，可以采用回流带水的方法，促使反应完全。

④ 吡啶要在通风橱中量取。

⑤ 酰氯制备仪器需要预先干燥，氯化亚砜刺激性和腐蚀性较大，回流冷凝管上要装干燥管和气体吸收装置。

【思考题】

① 酚羟基甲基化反应还可以用什么方法改进操作？

② Knoevenagel 反应条件如何控制？

③ 酰氯化反应还可以用什么试剂？本实验用氯化亚砜作酰氯化试剂有何优点？

【参考文献】

[1] 王堪等. 沈阳药学院学报，1986，3：44.

[2] Fosdick L S, et al. J Am Chem Soc，1940，62：3352.

[3] Scarpati M L, et al. Tetrahedron，1958，4：43.

附：曲尼司特红外图谱（图 3-12）

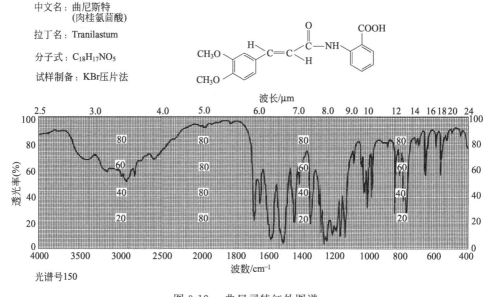

中文名：曲尼斯特
(肉桂氨茴酸)

拉丁名：Tranilastum

分子式：$C_{18}H_{17}NO_5$

试样制备：KBr压片法

光谱号150

图 3-12　曲尼司特红外图谱

3.9.5　联苯乙酸（Felbinac）的制备

【目的要求】

① 熟悉并掌握 Friedel-Crafts 酰基化反应及 Willgerodt-Kindler 反应的原理。

② 掌握药物合成中的无水实验操作方法。

③ 掌握各步反应的基本操作和终点的控制方法。

④ 掌握萃取、脱色和重结晶等分离纯化产品的基本操作方法。

【实验原理】

联苯乙酸（Felbinac）的化学名为(1,1-biphenyl)-4-acetic acid。本品为消炎镇痛药，是芬布芬的活性代谢物。用于变形性关节病、肩周炎、腱鞘炎、肌肉痛、外伤后肿胀以及疼痛等疾病的镇痛和消炎。

联苯乙酸的制备以联苯为起始原料，用氯化铝催化，乙酸酐乙酰化得联苯乙酮，再与硫黄、吗啉进行 Willgerodt-Kindler 反应得到硫酮酰胺，最后在碱性条件下水解、再酸化得到联苯乙酸。

联苯乙酸合成路线如下：

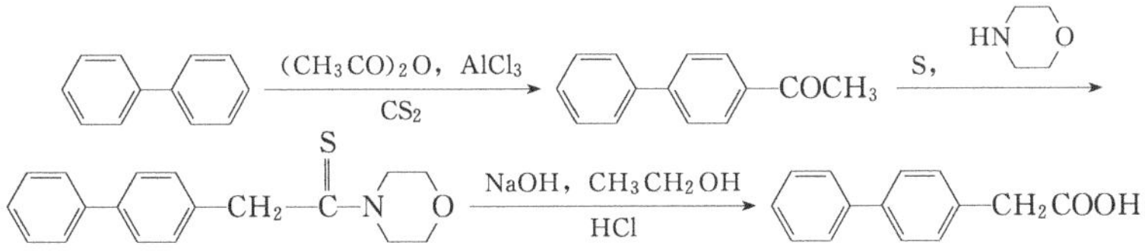

【实验方法】

（1）联苯乙酮的制备

① 原料与试剂

联苯	12g(0.08mol)
无水氯化铝	24g(0.18mol)
二硫化碳	70mL
乙酸酐	9.5g(0.18mol)
浓盐酸	45mL
三氯甲烷	3×30mL

② 实验步骤

在干燥的 150mL 反应瓶中，加入 12g（0.08mol）联苯、24g(0.18mol) 无水氯化铝（附注①）和 70mL 新蒸馏的二硫化碳（附注②），搅拌加热至回流，缓慢滴加 9.5g（0.18mol）乙酸酐（附注③），滴完后继续搅拌回流 2h（附注④）。反应结束后，反应液冷却，边搅拌边倒入含 45mL 浓盐酸的 50g 碎冰中，用三氯甲烷提取 3 次（每次三氯甲烷用量 30mL），合并有机层，依次用水、10％氢氧化钠、水各 30mL 洗涤，无水硫酸钠干燥。过滤，滤液用活性炭脱色（附注⑤），过滤，减压回收溶剂，残留物加入适量乙醇，析出结晶。抽滤，干燥，得到联苯乙酮12～14g，熔点为 116～118℃。

联苯乙酮的质控方法为，TLC［硅胶板，石油醚-乙酸乙酯（4∶1）］展开仅显示一个斑点。

本次实验约需 6h。

（2）硫酮酰胺的制备

① 原料与试剂

联苯乙酮	上步反应制得

硫黄	3.2g(0.099mol)
吗啉	20g(0.23mol)
甲醇	75mL

② 实验步骤

在干燥的 150mL 三颈瓶中，加入上步反应得到的联苯乙酮及 3.2g(0.099mol) 硫黄和 20g(0.23mol) 吗啉，加热搅拌回流反应 4h。反应完毕，加入 75mL 甲醇，加热溶解，加少量活性炭脱色（附注⑤），过滤，冷却，析出结晶。过滤，干燥，得硫酮酰胺粗品 15g，保存用于下步反应。

本次实验约需 6h。

（3）联苯乙酸的制备

① 原料与试剂

硫酮酰胺	上步反应制得
75％乙醇	60mL
50％氢氧化钠	11mL

② 实验步骤

在 150mL 三颈瓶中，加入上步反应粗品，加入 60mL 75％的乙醇和 11mL 50％的氢氧化钠溶液，加热搅拌回流 2h。反应完毕，过滤，减压回收溶剂后，加入适量的水，用稀盐酸酸化至 pH 1～2，析出白色固体，过滤，干燥，得到联苯乙酸粗品 5.5g。

本次实验约需 4h。

（4）联苯乙酸的精制和鉴定

① 精制。将联苯乙酸粗品加入装有回流装置的 100mL 圆底烧瓶中，加入适量的蒸馏水加热重结晶，过滤，干燥，得白色结晶 4.3g，熔点为 163～165℃。

② 鉴定。IR 法，ν_{max}(KBr) 1690cm^{-1}(C=O)。

本次实验约需 2h。

【附注】

① 氯化铝容易吸潮，拆分后应放在干燥器中保存，称量前在红外灯下用干燥的碾钵粉碎，称量最好在通风橱中快速进行。

② 二硫化碳易燃、易挥发、有毒，实验前由准备室教师重新蒸馏后使用。量取应在通风橱中进行，必要时由指导教师协助量取。

③ 滴加时间可以控制在 0.5～1h 内。

④ 反应过程中可以用 TLC 控制反应终点，TLC 检测条件：硅胶薄层板，展开剂石油醚-乙酸乙酯（4：1），以紫外灯下检测原料（联苯）斑点基本消失作为反应终点。

⑤ 活性炭脱色过滤滤纸要贴紧漏斗（掌握双层滤纸的正确铺贴方法），快速过滤，防止漏炭。

【思考题】

① 芳香脂肪族混合酮的常用制备方法有哪些？

② 联苯乙酮还可以用什么原料和方法制备？

③ 硫酮酰胺的制备除用吗啉外，还可以用什么试剂或原料替代？

④ 为什么控制中间体联苯乙酮的质量就可以得到合格的终产品？

【参考文献】

［1］ Drake N L，et al. J Am Chem Soc，1930，52：3715.

［2］ Long L M，et al. J Am Chem Soc，1941，63：1939.

［3］ 李光华等. 中国医药工业杂志，1991，22：250.

［4］ Shimada O，et al（Lederle Japan Ltd）. EP 212617，1987.

［5］ 磯贝宣雄（三菱瓦斯株式会社）. 公开特许公报. 平 01-132544(1987).

附：联苯乙酸红外图谱（图 3-13）

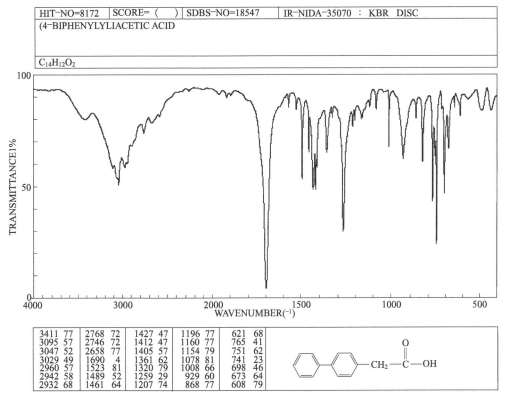

图 3-13　联苯乙酸红外光谱图

阅读材料：药物合成策略与方法的新发展

1. 药物合成策略的新发展

（1）"正向合成分析"（forward synthetic analysis）策略　自 20 世纪 70～80 年代以来，天然产物化学得到了空前的发展，人们从陆地到海洋，从植物、动物到微生物中不断发现和获得具有新型结构的天然产物分子，通常来自海洋与微生物中的天然产物结构复杂，含量低，具有独特的生物活性，引发天然产物全合成，吸引全球大多数有机合成精英的关注和参与。以天然产物为目标分子的全合成一直是药物合成、有机合成乃至整个有机化学界的中心点，一个个天然产物分子的合成常被比作一座座高峰的攀登。

我国有机合成家完成了的青蒿素全合成；美国哈佛大学的 Schreiber 等人合成出具有基因开关作用的 FK-10125；Woodward、Corey、Nicolaou 等合成大师不断地创造新法合成出一个又一个复杂的天然产物。在天然产物全合成和新发现的药物先导化合物的合成与修饰实践中，Corey 于 20 世纪 60～70 年代提出了"逆向合成分析"（retrosynthesis analysis）的合成设计策略，将有机合成和药物合成设计提到了逻辑推理的高度，使合成设计趋向于规律化和智能化；2000 年，Schreiber 等人又提出"正向合成分析"（forward synthetic analysis）新概念，补充了"逆向合成分析"的不足，完善了有机合成和药物合成规律，丰富了药物合成的策略，进一步促进了天然产物和药物合成与发展，天然产物全合成和药物合成已成为科学加艺术的产物。

在加快新药开发压力的推动下和高通量筛选技术发展的基础上，为充分发挥衍生于天然的或设计的药物先导化合物的作用，高效率地合成大量有机分子供活性筛选，组合化学（combinatorial chemistry）概念于 20 世纪 90 年代末应运而生。这种针对一种先导化合物、通过一批合成砌块（building block）尽可能地组合，展开多样性合成，获得系列目标分子库的手段被称为目标分子导向合成（target oriented synthesis，TOS）。由此而构筑的组合库被称为聚焦库（focused libraries），或靶标（targeted）库或定向（directed）库等，已发现可调控某一生物学过程的较佳候选药物，这类库中分子的合成设计可采用 Corey 的"逆向合成分析"策略。这类库的建立属于常见的先导化合物的结构修饰，显示"me too"和"me better"理念，其目的在于"优化"。

在近 10 多年药物研发与合成实践过程中，上述策略与思想取得不少成功，但这仅能得到一种结构类型分子对生命过程影响的信息，显然其效率不高，并且合成所用的起始原料与中间体的利用率也不高。因此，Schreiber 等人提出了"多样性导向合成"（diversity oriented synthesis，DOS）的新概念，这一概念是从起始原料或已有的中间体出发，通过选择合适的反应来扩展合成分子结构的多样性和提高分子的复杂性。由此可见，在 DOS 中，没有锁定目标分子结构，无法采用逆向合成分析来指导合成设计，于是 Schreiber 等人提出用"正向合成分析"策略指导合成设计，该策略要求用最少的反应来构建复杂分子，即在短的合成步骤（3～5 步）内用成环、产生手性中心及碳碳键形成等手段来实现；对增加产物多样性提出用附件多样性（即在骨架上引入不同基团或分子片段）、立体化学多样性和骨架多样性等方法，他们以大量的实验研究印证这些新构思、新策略的可行性与价值。例如，他们利用 Ugi 多组反应和 Dields-Alder 反应等合成出一个［7-5-5-7］多环化合物库；从莽草酸出发，经多样化反应，合成出超过 200 万个化合物库等。由 DOS 所形成的分子库被称为预期库 (prospecting libraries) 或随机 (random) 库，建库目的是"发现"各种新的潜在先导化合物。Schreiber 等人提出的一系列概念与方法发展了组合化学概念、思想和方法，预期库补充了聚焦库的不足，大大地扩大药物筛选的数量与范围，加快新药发现的步伐，同时也表明药物合成对药物设计的补充和反馈等作用，这些为新药研制开拓了新天地，对药物合成给出了新策略。

"逆向合成分析"和"正向合成分析"策略存在区别，又互为补充，具体的比较见表 3-3。

表 3-3　"逆向合成分析"和"正向合成分析"的策略比较

逆 向 合 成 分 析	正 向 合 成 分 析
从复杂到简单地分解	从简单到复杂地构建
从目标分子到起始原料	从起始原料到预期/随机分子
线形、会聚式合成	枝状、发散式合成
引入多样性官能团，保持核心结构	创制新结构多样性复杂分子
双组分反应为主	尽可能应用多组分反应
适于聚焦库的建立	适于预期库的建立
先导化合物的结构修饰与优化	发现新的潜在先导化合物
用于 TOS	用于 DOS

至此可见，从药物分子合成实践中形成的"逆向合成分析"和"正向合成分析"策略对药物合成路线设计和合成方法的选择将产生重要作用，对加快新药研发将发挥深远的影响。这一完整合成策略已从药物合成领域引进到催化剂研制与功能材料合成等领域，正获得广泛的应用。

(2) 绿色化学 (green chemistry) 思想　"传统"的药物合成化学方法以及由此而建立的"传统"药物合成与制造工业对人类的健康、生存质量和抵御疾病等已做出了巨大的贡献，然而，不可否认，它也成为对人类赖以生存的生态环境造成严重污染与破坏的最大原因之一。改革开放以来，国外药企纷纷将污染严重的药物中间体和原料药以"外包"形式移到我国制造，转嫁污染，这已成为我国环境污染的重要源头。江苏省近年来以治理、停产和关闭等手段来解决这一问题，花费了大量人力、物力和财力。

早在 20 世纪 90 年代初，就有化学家提出了"绿色化学"的概念，即从源头上减少、甚至消除污染的产生。"绿色化学"的目标是要求任何一个化学活动，包括使用化学原料、化学和化工过程以及最终的产品，对人类的健康和环境都是友好的。这些和药物研发的宗旨是一致的，因此，药物合成更应贯彻

"绿色化学"思想与策略。实现这一策略的相应方法在下文介绍。

2. 药物合成新方法和新技术

(1) 组合化学与固相合成技术　组合化学概念提出以来，人们在应用中已形成共识：组合化学是寻得有价值药物的较快捷、较好的方法。组合化学的内容、原理和方法近几年得到了较快的拓展，除上面所提及的在两种策略指导下所建立的用于筛选的组合分子库外，近年来，发展起来一种通过可逆平衡或自组装来产生组合库的方法，即动态组合化学（dynamic combinatorial chemistry，DCC）。DCC的基本原理是选择合适的合成砌块，它们之间有可逆互变作用，形成一个动态化合物库，当向库体系加入受体或酶时，受体或酶与库中某个分子发生相互作用，破坏原有的平衡，使平衡向生成这一分子的方向移动。这一概念提出后，立即引起很多从事药物合成的化学家的兴趣，针对各种受体与酶等的动态组合库被陆续报道，无疑，这为新药发现增加了机会，也为药物合成开拓了思路与方法。此外，点击化学（click chemistry）新技术为快速合成化合物库提供了新机会。因此，我们应总结和发展有机多组分反应和有机可逆反应等，为这些新组合化学技术服务。

建立各种组合化合物库的方法有两种，一种是液相合成法，另一种是固相合成法，因后一种方法有便于自动化合成和产物易于分离等优点，近10年获得了完善和较快的发展，主要表现在：①固相载体种类快速增多，如高载量载体、可溶性高分子载体等的商业化；②载体与反应物之间的连接桥设计更实用和多样化，如有亲电、亲核切除的连接桥，光敏感连接桥，金属催化切除的连接桥以及酶切除连接桥等。由于以上技术的发展，越来越多的有机合成反应被应用于固相合成法，可被合成的药物种类随之增多，较难合成的糖与多糖继多肽和核苷酸之后，已迈进了固相合成方法的大门。

(2) 手性药物合成　地球上所有生命形态都是建立在手性化合物的基础上的，正确地认识和使用手性药物会改善人们的健康水平与生活质量，否则将带来不良反应，甚至产生灾难性后果。至今发展起来各种不对称合成方法，较大部分都是围绕手性天然产物、手性药物和手性中间体的合成而建立起来的。目前国际上在研新药80%为手性药物。21世纪是手性药物世纪。以上这些共识、现状和发展趋势无不说明手性药物的重要性与必要性，它已成为世界新药发展的方向和热点领域。

化学合成仍然是获得手性药物及其中间体的最主要和最重要的方法，总的来讲，手性药物合成的技术与方法有3种：手性拆分（或称外消旋体拆分）、底物诱导（即为化学计量的不对称反应）与不对称催化（催化计量的不对称反应）。其中，不对称催化合成法是最有效的方法，这是因为其有手性放大作用，并有很高的对映体过量。手性催化剂主要是由各种类型的手性配体与过渡金属所组成的络合物，有些已经实现手性药物及其重要手性中间体的较大规模或工业化生产，如美国孟山都公司化学家 Knowles 成功地在 20 世纪 70 年代中期用手性膦-铑催化剂经不对称氢化合成出 L-多巴，得到 95% e.e.，并形成工业化生产，这一项开创性工作使他与日本名古屋大学 Noyori 教授以及美国 Scripps 研究所的 Sharpless 教授一起获得 2001 年诺贝尔化学奖，以表彰他们在不对称催化还原和氧化反应方面所做出的杰出贡献。

目前，不对称催化方面的研究主要集中在两方面：一是研制新型、高效、价格适宜的手性配体、催化剂以及新反应的设计，这是不对称催化的关键与基础；二是不对称合成方法学的研究，如手性催化反应的放大及工业化技术、手性催化剂的固相负载化技术以及无溶剂或水介质条件下的不对称催化等。

此外，还应关注手性化合物作催化剂进行手性药物合成的研究，如成功的 L-脯氨酸或 S-脯氨酸催化的不对称缩合反应被报道很多，具开发研究价值。开发手性药物的可供选择的化学战略与方法还有很多，如外消旋体拆分后单一对映体的化学转换的研究现阶段重新受到重视，这符合绿色化学理念，也具经济价值。

（3）药物绿色合成技术　药物研究与工业化制药相对于其他化学行业具有自身的特点，那就是品种多、更新快、反应步骤多、原辅材料用量大、总产率较低、三废排放量大和成分复杂、易造成环境污染，所以，在药物合成领域中贯彻绿色化学理念和运用其原理与技术十分必要，绿色化学发展方向与相关技术包括以下方面。

① 以"原子经济性"为基本原则，实现"零排放"（zero emission），在药物合成中应尽可能地选择能使原料中原子高效转化为产品的反应与方法，如催化反应、周环反应和发展新反应过程等。

② 尽可能地采用无毒、无害的原料（包括溶剂）和催化剂，开发固体酸/碱和酶载负催化剂等。

③ 开发超临界流体（SCF），特别是超临界 CO_2 作溶剂，其最大优点是无毒、不可燃、价廉与循环使用等。以超临界 CO_2、水或近临界水作溶剂的药物合成研究正在广泛地进行。

（4）微波促进药物合成　自 1986 年加拿大化学家 Gedye 等人将微波技术应用到有机合成以来，该方法在药物合成中已得到广泛的应用，并逐渐成为常规的药物合成手段。虽然还有待在理论上及相应的技术上进行更深入的研究，使微波技术从实验室中走出来，让药物在微波促进下实现管道化与规模化生产，但这种能瞬间极大地提高药物合成反应速度的技术，已给药物合成带来如下好处：体系受热均匀、升温迅速、缩短反应时间、提高反应的选择性与收率、减少溶剂用量或不用溶剂以及减少三废等。

（5）现代药物合成其他技术　最近，烯烃复分解反应（RCM）和离子液体（ionic liquids）等新技术正在药物合成中获得应用和发展。

　　药物合成方法近10年来发展迅速，一直处于动态和不断前进的状态，对此，应不断地关注、跟踪、吸收、应用和发展。

参考文献

［1］ Corey E J. Pure Appl Chem, 1967, 14(1)：19-37.

［2］ Schreiber S L. Science, 2000, 287：1964-1969.

［3］ Maclean D, Baldwin J J, Ivanov V T, et al. J Comb Chem, 2000, 2：562-578.

［4］ Burke M D, Schreiber S L. Angew Chem Int Ed Engl, 2004, 43(1)：46-58.

［5］ (a) Lee D, Sello J K, Schreiber S L. Org Lett, 2000, 2(5)：709-712；(b) Tan D S, Foley M A, Schreiber S L, et al. J Am Chem Soc, 1998, 120(33)：8565-8566；(c) Chen C, Li X, Schreiber S L. J Am Chem Soc, 2003, 125(34)：10174-10175；(d) Kwon O, Park S B, Schreiber S L. J Am Chem Soc, 2002, 124(45)：13402-13404；(e) Burke M D, Berger E M, Schreiber S L. Science, 2003, 302：613-618.

［6］ (a) Trost B M. Science, 1991, 254：1471-1477；(b) Anastas P T, Williamson T C. Oxford：Oxford Univ Press, 1998；(c) Poliakoff M, Fitzpatrick J M, Farren T R, et al. Science, 2002, 297：807-810.

［7］ (a) Lehn J M, Eliseev A V. Science, 2001, 291：2331-2332. (b) Otto S, Furlan R L E, Sanders J K M. Drug Discov Today, 2002, 7(2)：117-125.

［8］ Kolb H C, Finn M G, Sharpless K B. Angew Chem Int Ed Engl, 2001, 40 (11)：2004-2021.

［9］ Francotte E, Lindner W. Weinheim：Wiley-VCH Verlag GmbH & KgaA, 2006：18-24, 29-61.

［10］ (a) List B, Pojarliev P, Biller W T, et al. J Am Chem Soc, 2002, 124：827-833；(b) Zheng Y S, Mitchell A A. Tetrahedron, 2004, 60 (9)：2091-2095.

［11］ (a) Gedye R, Smith F, Westaway K, et al. Tetrahedron Lett, 1986, 27：279-282；(b) Giguere R J, Bray T L, Duncam S M. Tetraedron Lett, 1986, 27：4945-4948.

附录 1 C、H、N、O 等原子量累加表 和常用元素的原子量表

C		C		H	
C(碳 6)	12.011	C_{34}	408.374	H_{17}	17.134
C_2	24.022	C_{35}	420.385	H_{18}	18.142
C_3	36.033	C_{36}	432.396	H_{19}	19.150
C_4	48.044	C_{37}	444.407	H_{20}	20.158
C_5	60.055	C_{38}	456.418	H_{21}	21.166
C_6	72.066	C_{39}	468.429	H_{22}	22.174
C_7	84.077	C_{40}	480.440	H_{23}	23.182
C_8	96.088	C_{41}	492.451	H_{24}	24.190
C_9	108.099	C_{42}	504.462	H_{25}	25.1975
C_{10}	120.110	C_{43}	516.473	H_{26}	26.205
C_{11}	132.121	C_{44}	528.484	H_{27}	27.213
C_{12}	144.132	C_{45}	540.495	H_{28}	28.221
C_{13}	156.143	C_{46}	552.506	H_{29}	29.229
C_{14}	168.154	C_{47}	564.517	H_{30}	30.237
C_{15}	180.165	C_{48}	576.528	H_{31}	31.245
C_{16}	192.176	C_{49}	588.539	H_{32}	32.253
C_{17}	204.187	H		H_{33}	33.261
C_{18}	216.198	H(氢 1)	1.008	H_{34}	34.269
C_{19}	228.209	H_2	2.016	H_{35}	35.2765
C_{20}	240.220	H_3	3.024	H_{36}	36.284
C_{21}	252.231	H_4	4.032	H_{37}	37.292
C_{22}	264.242	H_5	5.0395	H_{38}	38.300
C_{23}	276.253	H_6	6.047	H_{39}	39.308
C_{24}	288.264	H_7	7.055	H_{40}	40.316
C_{25}	300.275	H_8	8.063	H_{41}	41.324
C_{26}	312.286	H_9	9.071	H_{42}	42.332
C_{27}	324.297	H_{10}	10.079	H_{43}	43.340
C_{28}	336.308	H_{11}	11.087	H_{44}	44.348
C_{29}	348.319	H_{12}	12.095	H_{45}	45.3555
C_{30}	360.330	H_{13}	13.103	H_{46}	46.363
C_{31}	372.341	H_{14}	14.111	H_{47}	47.371
C_{32}	384.352	H_{15}	15.1185	H_{48}	48.379
C_{33}	396.363	H_{16}	16.126	H_{49}	49.387

H		$C_n H_m$		$C_n H_m$	
H_{50}	50.395	$C_3 H_8$	44.096	$C_6 H_5$	77.1065
H_{51}	51.403	$C_3 H_9$	45.104	$C_6 H_6$	78.113
H_{52}	52.411	$C_3 H_{10}$	46.122	$C_6 H_7$	79.121
H_{53}	53.419	$C_3 H_{11}$	47.120	$C_6 H_8$	80.129
H_{54}	54.427	$C_4 H_1$	49.052	$C_6 H_9$	81.137
H_{55}	55.4345	$C_4 H_2$	50.060	$C_6 H_{10}$	82.145
H_{56}	56.442	$C_4 H_3$	51.068	$C_6 H_{11}$	83.153
H_{57}	57.450	$C_4 H_4$	52.0755	$C_6 H_{12}$	84.161
H_{58}	58.458	$C_4 H_5$	53.083	$C_6 H_{13}$	85.169
H_{59}	59.466	$C_4 H_6$	54.091	$C_6 H_{14}$	86.177
H_{60}	60.474	$C_4 H_7$	55.099	$C_6 H_{15}$	87.1845
H_{61}	61.482	$C_4 H_8$	56.107	$C_6 H_{16}$	88.192
H_{62}	62.490	$C_4 H_9$	57.115	$C_6 H_{17}$	89.200
H_{63}	63.498	$C_4 H_{10}$	58.123	$C_6 H_{18}$	90.208
H_{64}	64.506	$C_4 H_{11}$	59.131	$C_6 H_{19}$	91.216
H_{65}	65.5135	$C_4 H_{12}$	60.139	$C_6 H_{20}$	92.224
$C_n H_m$		$C_4 H_{13}$	61.147	$C_7 H_1$	85.085
CH	13.019	$C_4 H_{14}$	62.1545	$C_7 H_2$	86.093
CH_2	14.027	$C_4 H_{15}$	63.162	$C_7 H_3$	87.101
CH_3	15.035	$C_4 H_{16}$	64.170	$C_7 H_4$	88.109
CH_4	16.043	$C_5 H_1$	61.063	$C_7 H_5$	89.1165
CH_5	17.0505	$C_5 H_2$	62.071	$C_7 H_6$	90.124
CH_6	18.058	$C_5 H_3$	63.079	$C_7 H_7$	91.132
$C_2 H_1$	25.030	$C_5 H_4$	64.087	$C_7 H_8$	92.140
$C_2 H_2$	26.038	$C_5 H_5$	65.0945	$C_7 H_9$	93.148
$C_2 H_3$	27.046	$C_5 H_6$	66.102	$C_7 H_{10}$	94.156
$C_2 H_4$	28.054	$C_5 H_7$	67.110	$C_7 H_{11}$	95.164
$C_2 H_5$	29.0615	$C_5 H_8$	68.118	$C_7 H_{12}$	96.172
$C_2 H_6$	30.069	$C_5 H_9$	69.126	$C_7 H_{13}$	97.180
$C_2 H_7$	31.077	$C_5 H_{10}$	70.134	$C_7 H_{14}$	98.188
$C_2 H_8$	32.085	$C_5 H_{11}$	71.142	$C_7 H_{15}$	99.1955
$C_2 H_9$	33.093	$C_5 H_{12}$	72.150	$C_7 H_{16}$	100.203
$C_2 H_{10}$	34.101	$C_5 H_{13}$	73.158	$C_7 H_{17}$	101.211
$C_3 H_1$	37.041	$C_5 H_{14}$	74.166	$C_7 H_{18}$	102.219
$C_3 H_2$	38.049	$C_5 H_{15}$	75.174	$C_7 H_{19}$	103.227
$C_3 H_3$	39.057	$C_5 H_{16}$	76.181	$C_7 H_{20}$	104.235
$C_3 H_4$	40.065	$C_6 H_1$	73.074	$C_7 H_{21}$	105.243
$C_3 H_5$	41.0725	$C_6 H_2$	74.082	$C_8 H_1$	97.096
$C_3 H_6$	42.080	$C_6 H_3$	75.090	$C_8 H_2$	98.104
$C_3 H_7$	43.088	$C_6 H_4$	76.098	$C_8 H_3$	99.112

C_nH_m		C_nH_m		Br	
C_8H_4	100.120	C_9H_{19}	127.249	Br_5	399.520
C_8H_5	101.128	C_9H_{20}	128.257	Br_6	479.424
C_8H_6	102.135	C_9H_{21}	129.265	Br_7	559.328
C_8H_7	103.143	C_9H_{22}	130.273	Br_8	639.232
C_8H_8	104.151	C_9H_{23}	131.281	**Ca**	
C_8H_9	105.159	C_9H_{24}	132.289	Ca(钙 20)	40.08
C_8H_{10}	106.167	C_9H_{25}	133.296	Ca_2	80.16
C_8H_{11}	107.175	$C_{10}H_1$	121.118	Ca_3	120.24
C_8H_{12}	108.183	$C_{10}H_2$	122.126	Ca_4	160.32
C_8H_{13}	109.191	$C_{10}H_3$	123.134	**Cl**	
C_8H_{14}	110.199	$C_{10}H_4$	124.142	Cl(氯 17)	35.453
C_8H_{15}	111.206	$C_{10}H_5$	125.150	Cl_2	70.906
C_8H_{16}	112.214	$C_{10}H_6$	126.157	Cl_3	106.359
C_8H_{17}	113.222	$C_{10}H_7$	127.165	Cl_4	141.812
C_8H_{18}	114.230	$C_{10}H_8$	128.173	Cl_5	177.265
C_8H_{19}	115.238	$C_{10}H_9$	129.181	Cl_6	212.718
C_8H_{20}	116.246	$C_{10}H_{10}$	130.189	Cl_7	248.171
C_8H_{21}	117.254	$C_{10}H_{11}$	131.197	**F**	
C_8H_{22}	118.262	$C_{10}H_{12}$	132.205	F(氟 9)	18.998
C_8H_{23}	119.270	$C_{10}H_{13}$	133.213	F_2	37.997
C_8H_{24}	120.278	$C_{10}H_{14}$	134.221	F_3	56.995
C_8H_{25}	121.286	$C_{10}H_{15}$	135.229	F_4	75.994
C_9H_1	109.107	$C_{10}H_{16}$	136.236	F_5	94.992
C_9H_2	110.115	$C_{10}H_{17}$	137.244	F_6	113.990
C_9H_3	111.123	$C_{10}H_{18}$	138.252	F_7	132.989
C_9H_4	112.131	$C_{10}H_{19}$	139.260	F_8	151.987
C_9H_5	113.138	$C_{10}H_{20}$	140.268	F_9	170.986
C_9H_6	114.146	$C_{10}H_{21}$	141.276	F_{10}	189.984
C_9H_7	115.154	$C_{10}H_{22}$	142.284	**I**	
C_9H_8	116.162	$C_{10}H_{23}$	143.292	I(碘 53)	126.904_5
C_9H_9	117.170	$C_{10}H_{24}$	144.300	I_2	253.809
C_9H_{10}	118.178	$C_{10}H_{25}$	145.308	I_3	380.713_5
C_9H_{11}	119.186	$C_{10}H_{26}$	146.315	I_4	507.618
C_9H_{12}	120.194	$C_{10}H_{27}$	147.323	I_5	634.522_5
C_9H_{13}	121.202	$C_{10}H_{28}$	148.331	I_6	761.427
C_9H_{14}	122.210	**Br**		**K**	
C_9H_{15}	123.218	Br(溴 35)	79.904	K(钾 19)	39.098
C_9H_{16}	124.225	Br_2	159.808	K_2	78.196
C_9H_{17}	125.233	Br_3	239.712	K_3	117.294
C_9H_{18}	126.241	Br_4	319.616	K_4	156.392

K		O		其他常用元素	
K_5	195.490	O_{12}	191.993	B(硼 5)	10.811
Mg		O_{13}	207.992	Ba(钡 56)	137.33
Mg(镁 12)	24.305	O_{14}	223.992	Be(铍 4)	9.0122
Mg_2	48.610	O_{15}	239.991	Bi(铋 83)	208.9804
Mg_3	72.915	**P**		Cd(镉 48)	112.41
Mg_4	97.220	P(磷 15)	30.974	Ce(铈 58)	140.115
N		P_2	61.948	Co(钴 27)	58.9332
N(氮 7)	14.007	P_3	92.921	Cr(铬 24)	51.996
N_2	28.013	P_4	123.895	Cu(铜 29)	63.546
N_3	42.020	P_5	154.869	Fe(铁 26)	55.847
N_4	56.027	**$(H_2O)_n$**		Ga(镓 31)	69.723
N_5	70.033_5	$(H_2O)_{0.5}$	9.008	Ge(锗 32)	72.61
N_6	84.040	H_2O	18.015	Hg(汞 80)	200.59
N_7	98.047	$(H_2O)_{1.5}$	27.023	Li(锂 3)	6.941
N_8	112.054	$(H_2O)_2$	36.030	Mn(锰 25)	54.938
N_9	126.060	$(H_2O)_3$	54.046	Mo(钼 42)	95.94
N_{10}	140.067	$(H_2O)_4$	72.061	Ni(镍 28)	58.69
N_{11}	154.074	$(H_2O)_5$	90.076	Pb(铅 82)	207.20
N_{12}	168.080	**S**		Pd(钯 46)	106.42
N_{13}	182.067	S(硫 16)	32.06	Pt(铂 78)	195.08
N_{14}	196.094	S_2	64.12	Re(铼 75)	186.21
N_{15}	210.1005	S_3	96.18	Rh(铑 45)	102.91
Na		S_4	128.24	Ru(钌 44)	101.07
Na(钠 11)	22.990	S_5	160.30	Sb(锑 51)	121.75
Na_2	45.980	S_6	192.36	Se(硒 34)	78.96
Na_3	68.969	S_7	224.42	Sn(锡 50)	118.71
Na_4	91.959	S_8	256.48	Sr(锶 38)	87.62
Na_5	114.949	S_9	288.54	Te(碲 52)	127.60
O		**Si**		Th(钍 90)	232.0381
O(氧 8)	15.999	Si(硅 14)	28.086	Ti(钛 22)	47.88
O_2	31.999	Si_2	56.172	Tl(铊 81)	204.38
O_3	47.998	Si_3	84.258	U(铀 92)	238.029
O_4	63.998	Si_4	112.344	V(钒 23)	50.9415
O_5	79.997	Si_5	140.430	W(钨 74)	183.84
O_6	95.996	Si_6	168.516	Zn(锌 30)	65.38
O_7	111.996	其他常用元素		Zr(锆 40)	91.22
O_8	127.995	Ag(银 47)	107.868	**惰性气体**	
O_9	143.995	Al(铝 13)	26.9815	He(氦 2)	4.0026
O_{10}	159.994	As(砷 33)	74.9216	Ne(氖 10)	20.1797
O_{11}	175.993	Au(金 79)	196.9665	Ar(氩 18)	39.948

惰性气体		其他常用基团		其他常用基团	
Kr(氪 36)	83.80	$(OCH_3)_6$	186.20	CH_3CO_2	59.04
Xe(氙 54)	131.29	$(OCH_3)_7$	217.24	$(CH_3CO_2)_2$	118.09
Rn(氡 86)	222.0176	$(OCH_3)_8$	248.27	$(CH_3CO_2)_3$	177.13
其他常用基团		**HOC_2H_5**	46.07	$(CH_3CO_2)_4$	236.18
$HOCH_3$	32.04	OC_2H_5	45.06	$(CH_3CO_2)_5$	295.22
OCH_3	31.03	$(OC_2H_5)_2$	90.12	$(CH_3CO_2)_6$	354.26
$(OCH_3)_2$	62.07	$(OC_2H_5)_3$	135.18	$(CH_3CO_2)_7$	413.31
$(OCH_3)_3$	93.10	$(OC_2H_5)_4$	180.24	$(CH_3CO_2)_8$	472.25
$(OCH_3)_4$	124.14	$(OC_2H_5)_5$	225.30	$(CH_3CO_2)_9$	531.40
$(OCH_3)_5$	155.17	**CH_3CO_2H**	60.05	$(CH_3CO_2)_{10}$	590.44

注：括号中元素名称后数字为原子序号。

附录2 常用溶剂与试剂的¹H NMR 和¹³C NMR 数据

表1 ¹H NMR 数据

项 目	质子	峰的多重性	CDCl₃	(CD₃)₂CO	(CD₃)₂SO	C₆D₆	CD₃CN	CD₃OD	D₂O
溶剂残留峰			7.26	2.05	2.50	7.16	1.94	3.31	4.79
H_2O		s	1.56	2.84①	3.33①	0.40	2.13	4.87	
乙酸	CH₃	s	2.10	1.96	1.91	1.55	1.96	1.99	2.08
丙酮	CH₃	s	2.17	2.09	2.09	1.55	2.08	2.15	2.22
乙腈	CH₃	s	2.10	2.05	2.07	1.55	1.96	2.03	2.06
苯	CH	s	7.36	7.36	7.37	7.15	7.37	7.33	
叔丁醇	CH₃	s	1.28	1.18	1.11	1.05	1.16	1.40	1.24
	OH③	s			4.19	1.55	2.18		
叔丁基甲基醚	CCII₃	s	1.19	1.13	1.11	1.07	1.14	1.15	1.21
	OCH₃	s	3.22	3.13	3.08	3.04	3.13	3.20	3.22
BHT②	ArH	s	6.98	6.96	6.87	7.05	6.97	6.92	
	OH③	s	5.01		6.65	4.79	5.20		
	ArCH₃	s	2.27	2.22	2.18	2.24	2.22	2.21	
	ArC(CH₃)₃	s	1.43	1.41	1.36	1.38	1.39	1.40	
氯仿	CH	s	7.26	8.02	8.32	6.15	7.58	7.90	
环己烷	CH₂	s	1.43	1.43	1.40	1.40	1.44	1.45	
1,2-二氯乙烷	CH₂	s	3.73	3.87	3.90	2.90	3.81	3.78	
二氯甲烷	CH₂	s	5.30	5.63	5.76	4.27	5.44	5.49	
乙醚	CH₃	t,7	1.21	1.11	1.09	1.11	1.12	1.18	1.17
	CH₂	q,7	3.48	3.41	3.38	3.26	3.42	3.49	3.56
二甘醇二甲醚	CH₂	m	3.65	3.56	3.51	3.46	3.53	3.61	3.67
	CH₂	m	3.57	3.47	3.38	3.34	3.45	3.58	3.61
	OCH₃	s	3.39	3.28	3.24	3.11	3.29	3.35	3.37
1,2-二甲氧基乙烷	CH₃	s	3.40	3.28	3.24	3.12	3.28	3.35	3.37
	CH₂	s	3.55	3.46	3.43	3.33	3.45	3.52	3.60
N,N-二甲基乙酰胺	CH₃CO	s	2.09	1.97	1.96	1.60	1.97	2.07	2.08
	NCH₃	s	3.02	3.00	2.94	2.57	2.96	3.31	3.06
	NCH₃	s	2.94	2.83	2.78	2.05	2.83	2.92	2.90
DMF	CH	s	8.02	7.96	7.95	7.63	7.92	7.97	7.92
	CH₃	s	2.96	2.94	2.89	2.36	2.89	2.99	3.01
	CH₃	s	2.88	2.78	2.73	1.86	2.77	2.86	2.85
DMSO	CH₃	s	2.62	2.52	2.54	1.68	2.50	2.65	2.71
二氧六环	CH₂	s	3.71	3.59	3.57	3.35	3.60	3.66	3.75
乙醇	CH₃	t,7	1.25	1.12	1.06	0.96	1.12	1.19	1.17
	CH₂	q,7④	3.72	3.57	3.44	3.34	3.54	3.60	3.65
	OH	s③,④	1.32	3.39	4.63		2.47		

续表

项　目	质子	峰的多重性	CDCl$_3$	(CD$_3$)$_2$CO	(CD$_3$)$_2$SO	C$_6$D$_6$	CD$_3$CN	CD$_3$OD	D$_2$O
乙酸乙酯	CH$_3$CO	s	2.05	1.97	1.99	1.65	1.97	2.01	2.07
	CH$_2$CH$_3$	q,7	4.12	4.05	4.03	3.89	4.06	4.09	4.14
	CH$_2$CH$_3$	t,7	1.26	1.20	1.17	0.92	1.20	1.24	1.24
甲基乙基酮	CH$_3$CO	s	2.14	2.07	2.07	1.58	2.06	2.12	2.19
	CH$_2$CH$_3$	q,7	2.46	2.45	2.43	1.81	2.43	2.50	3.18
	CH$_2$CH$_3$	t,7	1.06	0.96	0.91	0.85	0.96	1.01	1.26
1,2-亚乙基二醇	CH$_2$	s⑤	3.76	3.28	3.34	3.41	3.51	3.59	3.65
grease⑥	CH$_3$	m	0.86	0.87		0.92	0.86	0.88	
	CH$_2$	brs	1.26	1.29		1.36	1.27	1.29	
正己烷	CH$_3$	t	0.88	0.88	0.86	0.89	0.89	0.90	
	CH$_2$	m	1.26	1.28	1.25	1.24	1.28	1.29	
HMPA⑦	CH$_3$	d,9.5	2.65	2.59	2.53	2.40	2.57	2.64	2.61
甲醇 1	CH$_3$	s⑧	3.49	3.31	3.16	3.07	3.28	3.34	3.34
	OH	s③,⑧	1.09	3.12	4.01		2.16		
硝基甲烷	CH$_3$	s	4.33	4.43	4.42	2.94	4.31	4.34	4.40
正戊烷	CH$_3$	t,7	0.88	0.88	0.86	0.87	0.89	0.90	
	CH$_2$	m	1.27	1.27	1.27	1.23	1.29	1.29	
2-丙醇	CH$_3$	d,6	1.22	1.10	1.04	0.95	1.09	1.50	1.17
	CH	sep,6	4.04	3.90	3.78	3.67	3.87	3.92	4.02
吡啶	CH(2)	m	8.62	8.58	8.58	8.53	8.57	8.53	8.52
	CH(3)	m	7.29	7.35	7.39	6.66	7.33	7.44	7.45
	CH(4)	m	7.68	7.76	7.79	6.98	7.73	7.85	7.87
硅(润滑)脂⑨	CH$_3$	s	0.07	0.13		0.29	0.08	0.10	
四氢呋喃	CH$_2$	m	1.85	1.79	1.76	1.40	1.80	1.87	1.88
	CH$_2$O	m	3.76	3.63	3.60	3.57	3.64	3.71	3.74
甲苯	CH$_3$	s	2.36	2.32	2.30	2.11	2.33	2.32	
	CH(o/p)	m	7.17	7.1-7.2	7.18	7.02	7.1-7.3	7.16	
	CH(m)	m	7.25	7.1-7.2	7.25	7.13	7.1-7.3	7.16	
三乙胺	CH$_3$	t,7	1.03	0.96	0.93	0.96	0.96	1.05	0.99
	CH$_2$	q,7	2.53	2.45	2.43	2.40	2.45	2.58	2.57

①在这些溶剂中，分子间交换速度很慢，以致也常观察到 HDO 出现的一个峰，在丙酮与 DMSO 中 HDO 峰分别出现在 2.81ppm 和 3.30ppm 处，前一溶剂中，也常见到 1:1:1 的三重峰，$J_{HD}=1$Hz。②2,6-二甲基-4-叔-丁基苯酚。③能交换的质子信号常不能被鉴别。④在有些情况下（见注①），CH$_2$ 和 OH 中质子间的相互偶合也能观察到（$J=5$Hz）。⑤在 CD$_3$CN 溶剂中，OH 中质子常在 δ2.69 处出现多重峰。⑥长链，直链脂肪烷烃，它们在 DMSO 中的溶解性太低，不能出现明显的峰。⑦六甲基磷酰胺：[（CH$_3$）$_2$N]$_3$PO。⑧在有些情况下（见注①，④），CH$_3$ 和 OH 中质子间的相互偶合也能观察到（$J=5.5$Hz）。⑨聚（二甲基硅氧烷）。它们在 DMSO 中的溶解性太低，不能出现明显的峰。

表 2　^{13}C NMR 数据①

项　目		CDCl$_3$	(CD$_3$)$_2$CO	(CD$_3$)$_2$SO	C$_6$D$_6$	CD$_3$CN	CD$_3$OD	D$_2$O
溶剂信号		77.16± 0.06	29.84± 0.01 206.26± 0.13	39.52± 0.06	128.06± 0.02	1.32± 0.02 118.26± 0.02	49.00± 0.01	

项 目		CDCl$_3$	(CD$_3$)$_2$CO	(CD$_3$)$_2$SO	C$_6$D$_6$	CD$_3$CN	CD$_3$OD	D$_2$O
乙酸	CO	175.99	172.31	171.93	175.82	173.21	175.11	177.21
	CH$_3$	20.81	20.51	20.95	20.37	20.73	20.56	21.03
丙酮	CO	207.07	205.87	206.31	204.43	207.43	209.67	215.94
	CH$_3$	30.92	30.60	30.56	30.14	30.91	30.67	30.89
乙腈	CN	116.43	117.60	117.91	116.02	118.26	118.06	119.68
	CH$_3$	1.89	1.12	1.03	0.20	1.79	0.85	1.47
苯	CH	128.37	129.15	128.30	128.62	129.32	129.34	
叔丁醇	C	69.15	68.13	66.88	68.19	68.74	69.40	70.36
	CH$_3$	31.25	30.72	30.38	30.47	30.68	30.91	30.29
叔丁基甲基醚	OCH$_3$	49.45	49.35	48.70	49.19	49.52	49.66	49.37
	C	72.87	72.81	72.04	72.40	73.17	74.32	75.62
	CCH$_3$	26.99	27.24	26.79	27.09	27.28	27.22	26.60
BHT	C(1)	151.55	152.51	151.47	152.05	152.42	152.85	
	C(2)	135.87	138.19	139.12	136.08	138.13	139.09	
	CH(3)	125.55	129.05	127.97	128.52	129.61	129.49	
	C(4)	128.27	126.03	124.85	125.83	126.38	126.11	
	CH$_3$Ar	21.20	21.31	20.97	21.40	21.23	21.38	
	CH$_3$C	30.33	31.61	31.25	31.34	31.50	31.15	
	C	34.25	35.00	34.33	34.35	35.05	35.36	
氯仿	CH	77.36	79.19	79.16	77.79	79.17	79.44	
环己烷	CH$_2$	26.94	27.51	26.33	27.23	27.63	27.96	
1,2-二氯乙烷	CH$_2$	43.50	45.25	45.02	43.59	45.54	45.11	
二氯甲烷	CH$_2$	53.52	54.95	54.84	53.46	55.32	54.78	
乙醚	CH$_3$	15.20	15.78	15.12	15.46	15.63	15.46	14.77
	CH$_2$	65.91	66.12	62.05	65.94	66.32	66.88	66.42
二甘醇二甲醚	CH$_3$	59.01	58.77	57.98	58.66	58.90	59.06	58.67
	CH$_2$	70.51	71.03	69.54	70.87	70.99	71.33	70.05
	CH$_2$	71.90	72.63	71.25	72.35	72.63	72.92	71.63
1,2-二甲氧基乙烷	CH$_3$	59.08	58.45	58.01	58.68	58.89	59.06	58.67
	CH$_2$	71.84	72.47	17.07	72.21	72.47	72.72	71.49
N,N-二甲基乙酰胺	CH$_3$	21.53	21.51	21.29	21.16	21.76	21.32	21.09
	CO	171.07	170.61	169.54	169.95	171.31	173.32	174.57
	NCH$_3$	35.28	34.89	37.38	34.67	35.17	35.50	35.03
	NCH$_3$	38.13	37.92	34.42	37.03	38.26	38.43	38.76
DMF	CH	162.62	162.79	162.29	162.13	163.31	164.73	165.53
	CH$_3$	36.50	36.15	35.73	35.25	36.57	36.89	37.54
	CH$_3$	31.45	31.03	30.73	30.72	31.32	31.61	32.03
DMSO	CH$_3$	40.76	41.23	40.45	40.03	41.31	40.45	39.39
二氧六环	CH$_2$	67.14	67.60	66.36	67.16	67.72	68.11	67.19
乙醇	CH$_3$	18.41	18.89	18.51	18.72	18.80	18.40	17.47
	CH$_2$	58.28	57.72	56.07	57.86	57.96	58.26	58.05
乙酸乙酯	CH$_3$CO	21.04	20.83	20.68	20.56	21.16	20.88	21.15
	CO	171.36	170.96	170.31	170.44	171.68	172.89	175.26
	CH$_2$	60.49	60.56	59.74	60.21	60.98	61.50	62.32
	CH$_3$	14.19	14.50	14.40	14.19	14.54	14.49	13.92

续表

项　目		CDCl$_3$	(CD$_3$)$_2$ CO	(CD$_3$)$_2$ SO	C$_6$D$_6$	CD$_3$CN	CD$_3$OD	D$_2$O
甲乙酮	CH$_3$CO	29.49	29.30	29.26	28.56	29.60	29.39	29.49
	CO	209.56	208.30	208.72	206.55	209.88	212.16	218.43
	CH$_2$CH$_3$	36.89	36.75	35.83	36.36	37.09	37.34	37.27
	CH$_2$CH$_3$	7.86	8.03	7.61	7.91	8.14	8.09	7.87
1,2-亚乙基二醇	CH$_2$	63.79	64.26	62.76	64.34	64.22	64.30	63.17
"grease"	CH$_2$	29.76	30.73	29.20	30.21	30.86	31.29	
正己烷	CH$_3$	14.14	14.34	13.88	14.32	14.43	14.45	
	CH$_2$(2)	22.70	23.28	22.05	23.04	23.40	23.68	
	CH$_2$(3)	31.64	32.30	30.95	31.96	32.36	32.73	
HMPA[②]	CH$_3$	36.87	37.04	36.42	36.88	37.10	37.00	36.46
甲醇	CH$_3$	50.41	49.77	48.59	49.97	49.90	49.86	49.50[③]
硝基甲烷	CH$_3$	62.50	63.21	63.28	61.16	63.66	63.08	63.22
正戊烷	CH$_3$	14.08	14.29	13.28	14.25	14.37	14.39	
	CH$_2$(2)	22.38	22.98	21.70	22.72	23.08	23.38	
	CH$_2$(3)	34.16	34.83	33.48	34.45	34.89	35.30	
2-丙醇	CH$_3$	25.14	25.67	25.43	25.18	25.55	25.27	24.38
	CH	64.50	63.85	64.92	64.23	64.30	64.71	64.88
吡啶	CH(2)	149.90	150.67	149.58	150.27	150.76	150.07	149.18
	CH(3)	123.75	124.57	123.84	123.58	127.76	125.53	125.12
	CH(4)	135.96	136.56	136.05	135.28	136.89	138.35	138.27
硅脂	CH$_3$	1.04	1.40		1.38		2.10	
四氢呋喃	CH$_2$	25.62	26.15	25.14	25.72	26.27	26.48	25.67
	CH$_2$O	67.97	68.07	67.03	67.80	68.33	68.83	68.68
甲苯	CH$_3$	21.46	21.46	20.99	21.10	21.50	21.50	
	C(i)	137.89	138.48	137.35	137.91	138.90	138.85	
	CH(o)	129.07	129.76	128.88	129.33	129.94	129.91	
	CH(m)	128.26	129.03	128.18	128.56	129.23	129.20	
	CH(p)	125.33	126.12	125.29	125.68	126.28	126.29	
三乙胺	CH$_3$	11.61	12.49	11.74	12.35	12.38	11.09	9.07
	CH$_2$	46.25	47.07	45.74	46.77	47.10	46.96	47.19

① 见表 1。

② $^2J_{PC}=3$Hz。表 1 与表 2 数据出自：Gottlieb H E, Kotlyar V, Nudelman A. J Org Chem, 1997, 62 (21): 7512-7515。

③ 见表 1。

附录3 常用有机溶剂的纯化

有机溶剂的纯化是药物合成工作的一项基本操作，这是因为溶剂的纯度对反应的速率、反应产物的产率和纯度有影响。虽然市场上可以买到各种纯度规格的溶剂和无水溶剂［目前市售溶剂的纯度规格大体分为四级：一级（GR），保证试剂；二级（AR），分析试剂；三级（CP），化学纯试剂；四级（LR），实验试剂］，但纯度愈高，价格愈贵。由于药物合成中使用溶剂的量都比较大，若只依靠从市场购买纯品，不仅价格昂贵，而且有时也不一定能满足某些反应的要求。因此，了解常用有机溶剂的性质及其纯化方法，是十分必要的。

这里介绍的是市售的普通溶剂常用的纯化方法。

丙酮

沸点 56.2℃，折光率 1.3588，相对密度 0.7899。

普通丙酮常含有少量的水及甲醇、乙醛等还原性杂质。其纯化方法有：

① 于 250mL 丙酮中加入 2.5g 高锰酸钾回流，若高锰酸钾紫色很快消失，再加入少量高锰酸钾继续回流，至紫色不褪为止。然后将丙酮蒸出，用无水碳酸钾或无水硫酸钙干燥，过滤后蒸馏，收集 55～56.5℃ 的馏分。用此法纯化丙酮时，须注意丙酮中含还原性物质不能太多，否则会过多消耗高锰酸钾和丙酮，使处理时间增长。

② 将 100mL 丙酮装入分液漏斗中，先加入 4mL 10％ 硝酸银溶液，再加 3.6mL 的 1mol/L 氢氧化钠溶液，振摇 10min，分出丙酮层，再加入无水硫酸钾或无水硫酸钙进行干燥。最后蒸馏收集 55～56.5℃ 馏分。此法比方法①要快，但硝酸银较贵，只宜做小量纯化用。

四氢呋喃

沸点 67℃，折光率 1.4050，相对密度 0.8892。

四氢呋喃与水能混溶，并常含有少量水分及过氧化物。如要制得无水四氢呋喃，可用氢化铝锂在隔绝潮气下回流（通常 1000mL 约需 2～4g 氢化铝锂）除去其中的水和过氧化物，然后蒸馏，收集 66℃ 的馏分（蒸馏时不要蒸干，将剩余少量残液倒出）。精制后的液体加入钠丝并应在氮气氛中保存。处理四氢呋喃时，应先用小量进行试验，在确定其中只有少量水和过氧化物，作用不致过于激烈时，方可进行纯化。四氢呋喃中的过氧化物可用酸化的碘化钾溶液来检验。如过氧化物较多，应另行处理为宜。

二氧六环

沸点 101.5℃，熔点 12℃，折光率 1.4424，相对密度 1.0336。

二氧六环能与水任意混合，常含有少量二乙醇缩醛与水，久贮的二氧六环可能含有过氧化物（鉴定和除去参阅乙醚）。二氧六环的纯化方法为在 500mL 二氧六环中加入 8mL 浓盐酸和 50mL 水的溶液，回流 6～10h，在回流过程中，慢慢通入氮气以除去生成的乙醛。冷却后，加入固体氢氧化钾，直到不能再溶解为止，分去水层，再用固体氢氧化钾干燥 24h。然后过滤，在金属钠存在下加热回流 8～12h，最后在金属钠存在下蒸馏，压入钠丝密封保存。精制过的 1，4-二氧环己烷应当避免与空气接触。

吡啶

沸点 115.5℃，折光率 1.5095，相对密度 0.9819。

分析纯的吡啶含有少量水分，可供一般实验用。如要制得无水吡啶，可将吡啶与粒状氢氧化钾（钠）一同回流，然后隔绝潮气蒸出备用。干燥的吡啶吸水性很强，保存时应将容器口用石蜡封好。

石油醚

石油醚为轻质石油产品，是低相对分子质量烷烃类的混合物。其沸程为 30～150℃，收集的温度区间一般为 30℃左右。有 30～60℃、60～90℃以及 90～120℃等沸程规格的石油醚。其中含有少量不饱和烃，沸点与烷烃相近，用蒸馏法无法分离。石油醚的精制通常将石油醚用其等体积的浓硫酸洗涤 2～3 次，再用 10% 硫酸加入高锰酸钾配成的饱和溶液洗涤，直至水层中的紫色不再消失为止。然后再用水洗，经无水氯化钙干燥后蒸馏。若需绝对干燥的石油醚，可加入钠丝（与纯化无水乙醚相同）。

甲醇

沸点 64.96℃，折光率 1.3288，相对密度 0.7914。

普通未精制的甲醇含有 0.02% 丙酮和 0.1% 水。而工业甲醇中这些杂质的含量达 0.5%～1%。

为了制得纯度达 99.9% 以上的甲醇，可将甲醇用分馏柱分馏。收集 64℃的馏分，再用镁去水（与制备无水乙醇相同）。甲醇有毒，处理时应防止吸入其蒸气。

乙酸乙酯

沸点 77.06℃，折光率 1.3723，相对密度 0.9003。

乙酸乙酯一般含量为 95%～98%，含有少量水、乙醇和乙酸。可用下法纯化：于 1000mL 乙酸乙酯中加入 100mL 乙酸酐，10 滴浓硫酸，加热回流 4h，除去乙醇和水等杂质，然后进行蒸馏。馏液用 20～30g 无水碳酸钾振荡，再蒸馏。产物沸点为 77℃，纯度可达 99％以上。

乙醚

沸点 34.51℃，折光率 1.3526，相对密度 0.7138。普通乙醚常含有 2％乙醇和 0.5％水。久藏的乙醚常含有少量过氧化物。

过氧化物的检验和除去：在干净的试管中放入 2～3 滴浓硫酸，1mL 2％碘化钾溶液（若碘化钾溶液已被空气氧化，可用稀亚硫酸钠溶液滴到黄色消失）和 1～2 滴淀粉溶液，混合均匀后加入乙醚，出现蓝色即表示有过氧化物存在。除去过氧化物可用新配制的硫酸亚铁稀溶液（配制方法是 $FeSO_4 \cdot 7H_2O$ 60g、100mL 水和 6mL 浓硫酸）。将 100mL 乙醚和 10mL 新配制的硫酸亚铁溶液放在分液漏斗中洗数次，至无过氧化物为止。

醇和水的检验和除去：乙醚中放入少许高锰酸钾粉末和一粒氢氧化钠。放置后，氢氧化钠表面附有棕色树脂，即证明有醇存在。水的存在用无水硫酸铜检验。先用无水氯化钙除去大部分水，再经金属钠干燥。其方法是：将 100mL 乙醚放在干燥锥形瓶中，加入 20～25g 无水氯化钙，瓶口用软木塞塞紧，放置一天以上，并间断摇动，然后蒸馏，收集 33～37℃的馏分。用压钠机将 1g 金属钠直接压成钠丝放于盛乙醚的瓶中，用带有氯化钙干燥管的软木塞塞住，或在木塞中插一末端拉成毛细管的玻璃管，这样，既可防止潮气浸入，又可使产生的气体逸出。放置至无气泡发生即可使用。放置后，若钠丝表面已变黄变粗时，须再蒸一次，然后再压入钠丝。

乙醇

沸点 78.5℃，折光率 1.3616，相对密度 0.7893。

制备无水乙醇的方法很多，根据对无水乙醇质量的要求不同而选择不同的方法。

若要求 98％～99％的乙醇，可采用下列方法。

① 利用苯、水和乙醇形成低共沸混合物的性质，将苯加入乙醇中，进行分馏，在 64.9℃时蒸出苯、水和乙醇的三元恒沸混合物，多余的苯在 68.3℃与乙醇形成二元恒沸混合物被蒸出，最后蒸出乙醇。工业上多采用此法。

② 用生石灰脱水。于 100mL 95％乙醇中加入新鲜的块状生石灰 20g，回流 3～5h，然后进行蒸馏，得处理后的乙醇。

若要求 99％以上的乙醇，可采用下列方法。

① 在 100mL 99％乙醇中，加入 7g 金属钠，待反应完毕，再加入 27.5g 邻苯二甲酸二乙酯或 25g 草酸二乙酯，回流 2～3h，然后进行蒸馏。金属钠虽能与乙醇中的水作用，产生氢气和氢氧化钠，但所生成的氢氧化钠又与乙醇发生平衡反应，因此单独使用金属钠不能完全除去乙醇中的水，须加入过量的高沸点酯，如邻苯二甲酸二乙酯与生成的氢氧化钠作用，抑制上述反应，从而达到进一步脱水的目的。

② 在 60mL 99％乙醇中，加入 5g 镁和 0.5g 碘，待镁溶解生成醇镁后，再加入 900mL 99％乙醇，回流 5h 后，蒸馏，可得到 99.9％乙醇。由于乙醇具有非常强的吸湿性，所以在操作时，动作要迅速，尽量减少转移次数以防止空气中的水分进入，同时所用仪器必须事前干燥好。

二甲基亚砜（DMSO）

沸点 189℃，熔点 18.5℃，折光率 1.4783，相对密度 1.100。

二甲基亚砜能与水混合，可用分子筛长期放置加以干燥。然后减压蒸馏，收集 76℃/1600Pa（12mmHg）馏分。蒸馏时，温度不可高于 90℃，否则会发生歧化反应生成二甲砜和二甲硫醚。也可用氧化钙、氢化钙、氧化钡或无水硫酸钡来干燥，然后减压蒸馏。也可用部分结晶的方法纯化。二甲基亚砜与某些物质混合时可能发生爆炸，例如氢化钠、高碘酸或高氯酸镁等应予注意。

N,N-二甲基甲酰胺（DMF）

沸点 149～156℃，折光率 1.4305，相对密度 0.9487。无色液体，与多数有机溶剂和水可任意混合，对有机化合物和无机化合物的溶解性能较好。

N,N-二甲基甲酰胺含有少量水分。常压蒸馏时有些分解，产生二甲胺和一氧化碳。在有酸或碱存在时，分解加快。所以加入固体氢氧化钾（钠）在室温放置数小时后，即有部分分解。因此，最常用硫酸钙、硫酸镁、氧化钡、硅胶或分子筛干燥，然后减压蒸馏，收集 76℃/4800Pa(36mmHg) 的馏分。其中如含水较多时，可加入其 1/10 体积的苯，在常压及 80℃以下蒸去水和苯，然后再用无水硫酸镁或氧化钡干燥，最后进行减压蒸馏。纯化后的 N,N-二甲基甲酰胺要避光贮存。N,N-二甲基甲酰胺中如有游离胺存在，可用 2,4-二硝基氟苯产生颜色来检查。

二氯甲烷

沸点 40℃，折光率 1.4242，相对密度 1.3266。

使用二氯甲烷比氯仿安全，因此常常用它来代替氯仿作为比水重的萃取剂。普通的二氯甲烷一般都能直接作萃取剂。如需纯化，可用 5％碳酸钠溶液洗涤，再用水洗涤，然后用无水氯化钙干燥，蒸馏收集 40～41℃的馏分，保存在棕色瓶中。

二硫化碳

沸点 46.25℃，折光率 1.6319，相对密度 1.2632。

二硫化碳为有毒化合物，能使血液神经组织中毒。具有高度的挥发性和易燃性，因此，使用时应避免与其蒸气接触。

对二硫化碳纯度要求不高的实验，在二硫化碳中加入少量无水氯化钙干燥几小时，在水浴 55～65℃下加热蒸馏、收集。如需要制备较纯的二硫化碳，在试剂级的二硫化碳中加入 0.5％高锰酸钾水溶液洗涤 3 次。除去硫化氢再用汞不断振荡以除去硫。最后用 2.5％硫酸汞溶液洗涤，除去所有的硫化氢（洗至没有恶臭为止），再经氯化钙干燥，蒸馏收集。

氯仿

沸点 61.7℃，折光率 1.4459，相对密度 1.4832。

氯仿在日光下易氧化成氯气、氯化氢和光气（剧毒），故氯仿应贮存于棕色瓶中。市场上供应的氯仿多用 1％乙醇作稳定剂，以消除产生的光气。

氯仿中乙醇的检验可用碘仿反应；游离氯化氢的检验可用硝酸银的醇溶液。除去乙醇可将氯仿用其二分之一体积的水振摇数次分离下层的氯仿，用氯化钙干燥 24h，然后蒸馏。另一种纯化方法是将氯仿与少量浓硫酸一起振动两三次。每 200mL 氯仿用 10mL 浓硫酸，分去酸层以后的氯仿用水洗涤，干燥，然后蒸馏。除去乙醇后的无水氯仿应保存在棕色瓶中并避光存放，以免光化作用产生光气。

苯

沸点 80.1℃，折光率 1.5011，相对密度 0.87865。

普通苯常含有少量水和噻吩，噻吩的沸点为 84℃，与苯接近，不能用蒸馏的方法除去。噻吩的检验：取 1mL 苯加入 2mL 溶有 2mg 吲哚醌的浓硫酸，振荡片刻，若酸层呈蓝绿色，即表示有噻吩存在。

噻吩和水的除去：将苯装入分液漏斗中，加入相当于苯体积七分之一的浓硫酸，振摇使噻吩磺化，弃去酸液，再加入新的浓硫酸，重复操作几次，直到酸层呈现无色或淡黄色并检验无噻吩为止。将上述无噻吩的苯依次用 10％碳酸钠溶液和水洗至中性，再用氯化钙干燥，进行蒸馏，收集 80℃的馏分，最后用金属钠脱去微量的水得无水苯。

附录4 常用酸碱溶液相对密度及百分含量表

1. 盐 酸

HCl 质量分数/%	相对密度 (d_4^{20})	100mL 水溶液中含 HCl 的克数	HCl 质量分数/%	相对密度 (d_4^{20})	100mL 水溶液中含 HCl 的克数
1	1.0032	1.003	22	1.1083	24.38
2	1.0082	2.006	24	1.1187	26.85
4	1.0181	4.007	26	1.1290	29.35
6	1.0279	6.167	28	1.1392	31.90
8	1.0376	8.301	30	1.1492	34.48
10	1.0474	10.47	32	1.1593	37.10
12	1.0574	12.69	34	1.1691	39.75
14	1.0675	14.95	36	1.1789	42.44
16	1.0776	17.24	38	1.1885	45.16
18	1.0878	19.53	40	1.1980	47.92
20	1.0980	21.96			

2. 硫 酸

H₂SO₄ 质量分数/%	相对密度 (d_4^{20})	100mL 水溶液中含 H₂SO₄ 的克数	H₂SO₄ 质量分数/%	相对密度 (d_4^{20})	100mL 水溶液中含 H₂SO₄ 的克数
1	1.0051	1.005	65	1.5533	101.0
2	1.0118	2.024	70	1.6105	112.7
3	1.0184	3.055	75	1.6692	125.2
4	1.1250	4.100	80	1.7272	138.2
5	1.0317	5.159	85	1.7786	151.2
10	1.0661	10.66	90	1.8144	163.3
15	1.1020	16.53	91	1.8195	165.6
20	1.1394	22.79	92	1.8240	167.8
25	1.1783	29.46	93	1.8279	170.2
30	1.2185	36.55	94	1.8312	172.1
35	1.2599	44.10	95	1.8337	174.2
40	1.3028	52.11	96	1.8355	176.2
45	1.3476	60.64	97	1.8364	178.1
50	1.3951	69.76	98	1.8361	179.9
55	1.4453	79.49	99	1.8342	181.6
60	1.4983	89.90	100	1.8305	183.1

3. 硝　酸

HNO₃ 质量分数/%	相对密度 (d_4^{20})	100mL 水溶液中含 HNO₃ 的克数	HNO₃ 质量分数/%	相对密度 (d_4^{20})	100mL 水溶液中含 HNO₃ 的克数
1	1.0036	1.004	65	1.3913	90.43
2	1.0091	2.018	70	1.4134	98.94
3	1.0146	3.044	75	1.4337	107.5
4	1.0201	4.080	80	1.4521	116.2
5	1.0256	5.128	85	1.4686	124.8
10	1.0543	10.54	80	1.4826	133.4
15	1.0842	16.26	91	1.4850	135.1
20	1.1150	22.30	92	1.4873	136.8
25	1.1460	28.67	93	1.4892	138.5
30	1.1800	35.40	94	1.4912	140.2
35	1.2140	42.49	95	1.4932	141.9
40	1.2463	49.85	96	1.4952	143.5
45	1.2780	57.52	97	1.4974	145.2
50	1.3100	65.60	98	1.5008	147.1
55	1.3393	73.63	99	1.5056	149.1
60	1.3667	82.00	100	1.5129	151.3

4. 乙　酸

CH₃CO₂H 质量分数/%	相对密度 (d_4^{20})	100mL 水溶液中含 CH₃CO₂H 的克数	CH₃CO₂H 质量分数/%	相对密度 (d_4^{20})	100mL 水溶液中含 CH₃CO₂H 的克数
1	0.9996	0.9996	65	1.0666	69.33
2	1.0012	2.002	70	1.0685	74.80
3	1.0025	3.003	75	1.0696	80.22
4	1.0040	4.016	80	1.0700	85.60
5	1.0055	5.028	85	1.0689	90.86
10	1.0125	10.13	90	1.0661	95.95
15	1.0195	15.29	91	1.0652	96.93
20	1.0263	20.53	92	1.0643	97.92
25	1.0326	25.82	93	1.0632	98.88
30	1.0384	31.15	94	1.0619	99.82
35	1.0408	36.53	95	1.0605	100.7
40	1.0488	41.95	96	1.0588	101.6
45	1.0534	47.40	97	1.0570	102.5
50	1.0575	52.88	98	1.0549	103.4
55	1.0611	58.36	99	1.0524	104.2
60	1.0642	63.85	100	1.0498	105.0

5. 氢溴酸

HBr 质量分数/%	相对密度 (d_4^{20})	100mL 水溶液中含 HBr 的克数	HBr 质量分数/%	相对密度 (d_4^{20})	100mL 水溶液中含 HBr 的克数
10	1.0732	10.7	45	1.4446	65.0
20	1.1579	23.2	50	1.5173	75.8
30	1.2580	37.7	55	1.5953	87.7
35	1.3150	46.0	60	1.6787	100.7
40	1.3772	56.1	65	1.7675	114.9

6. 氢碘酸

HI 质量分数/%	相对密度 (d_4^{20})	100mL 水溶液中含 HI 的克数	HI 质量分数/%	相对密度 (d_4^{20})	100mL 水溶液中含 HI 的克数
20.77	1.1578	24.4	56.78	1.6998	96.6
31.77	1.2962	41.2	61.97	1.8218	112.8
42.7	1.4489	61.9			

7. 发烟硫酸

游离 SO_3 质量分数/%	相对密度 (d_4^{20})	100mL 中游离 SO_3 的克数	游离 SO_3 质量分数/%	相对密度 (d_4^{20})	100mL 中游离 SO_3 的克数
1.54	1.860	2.8	10.07	1.900	19.1
2.66	1.865	5.0	10.56	1.905	20.1
4.28	1.870	8.0	11.43	1.910	21.8
5.44	1.875	10.2	13.33	1.915	25.5
6.42	1.880	12.1	15.95	1.920	30.6
7.29	1.885	13.7	18.67	1.925	35.9
8.16	1.890	15.4	21.34	1.930	41.2
9.43	1.895	17.7	25.65	1.935	49.6

8. 氨　水

NH_3 质量分数/%	相对密度 (d_4^{20})	100mL 水溶液中含 NH_3 的克数	NH_3 质量分数/%	相对密度 (d_4^{20})	100mL 水溶液中含 NH_3 的克数
1	0.9939	9.94	16	0.9362	149.8
2	0.9895	19.79	18	0.9295	167.3
4	0.9811	39.24	20	0.9229	184.6
6	0.9730	58.38	22	0.9164	201.6
8	0.9651	77.21	24	0.9101	218.4
10	0.9575	95.75	26	0.9040	235.0
12	0.9501	114.0	28	0.8980	251.4
14	0.9430	132.0	30	0.8920	267.6

9. 氢氧化钠

NaOH 质量分数/%	相对密度 (d_4^{20})	100mL 水溶液中含 NaOH 的克数	NaOH 质量分数/%	相对密度 (d_4^{20})	100mL 水溶液中含 NaOH 的克数
1	1.0095	1.010	26	1.2848	33.40
2	1.0207	2.041	28	1.3064	36.58
4	1.0428	4.171	30	1.3279	39.84
6	1.0648	6.389	32	1.3490	43.17
8	1.0869	8.695	34	1.3696	46.57
10	1.1089	11.09	36	1.3900	50.04
12	1.1309	13.57	38	1.4101	53.58
14	1.1530	16.14	40	1.4300	57.20
16	1.1751	18.80	42	1.4494	60.87
18	1.1972	21.55	44	1.4685	64.61
20	1.2191	24.38	46	1.4873	68.42
22	1.2411	27.30	48	1.5065	72.31
24	1.2629	30.31	50	1.5253	76.27

10. 氢氧化钾

KOH 质量分数/%	相对密度 (d_4^{15})	100mL 水溶液中含 KOH 的克数	KOH 质量分数/%	相对密度 (d_4^{15})	100mL 水溶液中含 KOH 的克数
1	1.0083	1.008	28	1.2695	35.55
2	1.0175	2.035	30	1.2905	38.72
4	1.0359	4.144	32	1.3117	41.97
6	1.0544	6.326	34	1.3331	45.33
8	1.0730	8.564	36	1.3549	48.78
10	1.0918	10.92	38	1.3769	52.32
12	1.1103	13.33	40	1.3991	55.96
14	1.1299	15.82	42	1.4215	59.70
16	1.1493	19.70	44	1.4443	63.55
18	1.1688	21.04	46	1.4673	67.50
20	1.1884	23.77	48	1.4907	71.55
22	1.2083	26.58	50	1.5143	75.72
24	1.2285	29.48	52	1.5382	79.99
26	1.2489	32.47			

11. 碳酸钠

NaCO3 质量分数/%	相对密度 (d_4^{20})	100mL 水溶液中含 NaCO3 的克数	NaCO3 质量分数/%	相对密度 (d_4^{20})	100mL 水溶液中含 NaCO3 的克数
1	1.0086	1.009	12	1.1244	13.49
2	1.0190	2.038	14	1.1463	16.05
4	1.0398	4.159	16	1.1682	18.50
6	1.0606	6.364	18	1.1905	21.33
8	1.0816	8.635	20	1.2132	24.26
10	1.1029	11.03			

附录5 常用溶剂极性与水中溶解度表

溶 剂	极性指数	折光度（20℃）	紫外截止波长/nm	沸点/℃	黏度/cPoise	水中溶解度（质量分数）/%
乙酸	6.2	1.372	230	118	1.26	100
丙酮	5.1	1.359	330	56	0.32	100
乙腈	5.8	1.344	190	82	0.37	100
苯	2.7	1.501	280	80	0.65	0.18
正丁醇	4.0	1.394	254	125	0.73	0.43
四氯化碳	1.6	1.399	263	77	0.97	0.08
氯仿	4.1	1.466	245	61	0.57	0.815
环己烷	0.2	1.426	200	81	1.00	0.01
二氯乙烷	3.5	1.444	225	84	0.79	0.81
二氯甲烷	3.1	1.424	235	41	0.44	1.6
二甲基甲酰胺	6.4	1.431	268	155	0.92	100
二甲基亚砜	7.2	1.478	268	189	2.00	100
二氧六环	4.8	1.422	215	101	1.54	100
乙酸乙酯	4.4	1.372	260	77	0.45	8.7
乙醇	5.2	1.360	210	78	1.20	100
乙醚	2.8	1.353	220	35	0.32	6.89
正庚烷	0.0	1.387	200	98	0.39	0.0003
正己烷	0.0	1.375	200	69	0.33	0.001
甲醇	5.1	1.329	205	65	0.60	100
甲乙酮	4.7	1.379	329	80	0.45	24
戊烷	0.0	1.358	200	36	0.23	0.004
异丙醇	3.9	1.377	210	82	2.30	100
正丙醇	4.0	1.384	210	97	2.27	100
叔丁基甲基醚	2.5	1.369	210	55	0.27	4.8
四氢呋喃	4.0	1.407	215	65	0.55	100
二异丙醚	2.2	1.368	220	68	0.37	—
甲苯	2.4	1.496	285	111	0.59	0.051
三氯乙烷	1.0	1.477	273	87	0.57	0.11
水	9.0	1.333	200	100	1.00	100
二甲苯	2.5	1.500	290	139	0.61	0.018

附录6 溶剂混溶性表

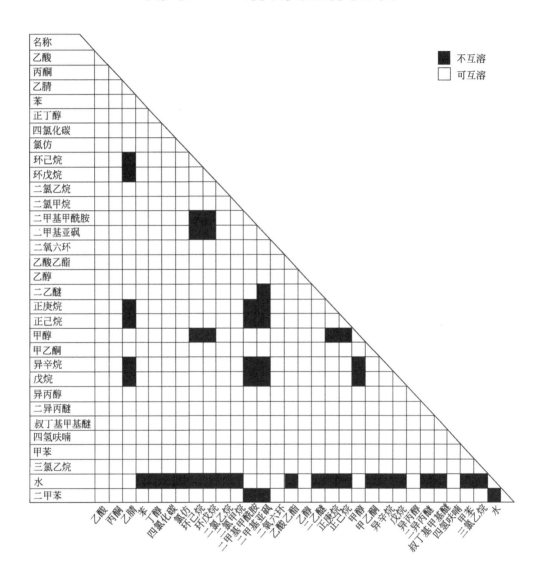

	不互溶
■	不互溶
□	可互溶

附录7 各种显色剂及其配制方法

显色剂名称	可鉴别化合物	配 制 方 法
硫酸铈	生物碱	10％硫酸铈(IV)＋15％硫酸的水溶液
氯化铁	苯酚类化合物	1％$FeCl_3$＋50％乙醇水溶液
桑色素(羟基黄酮)	广谱,有荧光活性	0.1％桑色素＋甲醇
茚三酮	氨基酸	1.5g 茚三酮＋100mL 正丁醇＋3.0mL 醋酸
二硝基苯肼(DNP)	醛和酮	12g 二硝基苯肼＋60mL 浓硫酸＋80mL 水＋200mL 乙醇
香草醛(香兰素)	广谱	15g 香草醛＋250mL 乙醇＋2.5mL 浓硫酸
高锰酸钾	含还原性基团化合物,比如羟基、氨基、醛	1.5g $KMnO_4$＋10g K_2CO_3＋1.25mL 10％ $NaOH$＋200mL 水,使用期 3 个月
溴甲酚绿	羧酸,$pk_a \leqslant 5.0$	在 100mL 乙醇中,加入 0.04g 溴甲酚绿,缓慢滴加 0.1mol/L 的 $NaOH$ 水溶液,刚好出现蓝色即止
钼酸铈	广谱	235mL 水＋12g 钼酸铵＋0.5g 钼酸铈铵＋15mL 浓硫酸
茴香醛(对甲氧基苯甲醛)1	广谱	135 乙醇＋5mL 浓硫酸＋1.5mL of 冰醋酸＋3.7mL 茴香醛,剧烈搅拌,使混合均匀
茴香醛(对甲氧基苯甲醛)2	萜烯、桉树脑(cineoles)、睡茄醇(withanolides)、出油柑碱(acronycine)	茴香醛：$HClO_4$：丙酮：水(1：10：20：80)
磷钼酸(PMA)	广谱	10g 磷钼酸＋100mL 乙醇

附录8　各类化合物的常用鉴别方法

化 合 物 类 型	鉴 别 方 法
烯烃、二烯、炔烃	①溴的四氯化碳溶液,红色褪去 ②高锰酸钾溶液,紫色褪去
含有炔氢的炔烃	①硝酸银,生成炔化银白色沉淀 ②氯化亚铜的氨溶液,生成炔化亚铜红色沉淀
小环烃	三元、四元脂环烃可使溴的四氯化碳溶液褪色
卤代烃	硝酸银的醇溶液,生成卤化银沉淀。不同结构的卤代烃生成沉淀的速度不同,叔卤代烃和烯丙式卤代烃最快,仲卤代烃次之,伯卤代烃需加热才出现沉淀
醇	①与金属钠反应放出氢气(鉴别6个碳原子以下的醇) ②用卢卡斯试剂鉴别伯醇、仲醇、叔醇,叔醇立刻变浑浊,仲醇放置后变浑浊,伯醇放置后也无变化
酚或烯醇类化合物	①用三氯化铁溶液产生颜色(苯酚产生蓝紫色) ②苯酚与溴水生成三溴苯酚白色沉淀
羰基化合物	①鉴别所有的醛酮用2,4-二硝基苯肼,产生黄色或橙红色沉淀 ②区别醛与酮用托伦试剂,醛能生成银镜,而酮不能 ③区别芳香醛与脂肪醛或酮与脂肪醛,用斐林试剂,脂肪醛生成砖红色沉淀,而酮和芳香醛不生成 ④鉴别甲基酮和具有结构的醇,用碘的氢氧化钠溶液,生成黄色的碘仿沉淀
甲酸	用托伦试剂,甲酸能生成银镜,而其他酸不能
胺(区别伯、仲、叔胺有两种方法)	①用苯磺酰氯或对甲苯磺酰氯,在NaOH溶液中反应,伯胺生成的产物溶于NaOH;仲胺生成的产物不溶于NaOH溶液;叔胺不发生反应 ②用$NaNO_2 + HCl$ 脂肪胺:伯胺放出氮气,仲胺生成黄色油状物,叔胺不反应 芳香胺:伯胺生成重氮盐,仲胺生成黄色油状物,叔胺生成绿色固体
糖类	①单糖都能与托伦试剂和斐林试剂作用,产生银镜或砖红色沉淀 ②葡萄糖与果糖。用溴水可区别葡萄糖与果糖,葡萄糖能使溴水褪色,而果糖不能 ③麦芽糖与蔗糖。用托伦试剂或斐林试剂,麦芽糖可生成银镜或砖红色沉淀,而蔗糖不能